アヒマディ博士の宝石学

宝石を科学的に解説！

Dr.Ahmadjan Abduriyim

The Science of Gemstones

阿依 アヒマディ

はじめに

宝石は鉱物結晶の一部、鉱物は岩石の一部、そして岩石は地球の地殻を構成する最も重要な物質です。

地下深部750キロメートルから地殻数キロメートルまでに存在する火成岩から、地殻の数十キロメートルから数キロメートルまでにある変成岩から、そして地球表面数十メートルからゼロメートルまでの堆積岩から、宝石が生まれてきます。

宝石愛好家は、きっとこのような質問をしたいと思います。これは何という宝石？　宝石はどのように成長する？　どこで採れる？　何種類の宝石がある？　ダイヤモンドはなぜ一番硬い？　などなど……。興味津々の質問が山ほどあるでしょう。

本書は、宝石を身に着ける贅沢品として紹介するのではなく、自然から生まれた美しい鉱物結晶として解説します。最も理解すべき鉱物結晶学的な知識や、宝石学的な特性、成長要因と産状、そして、世界的な名産地を多くの写真を使いながら紹介していきます。さらに、宝石名の由来や歴史、処理の

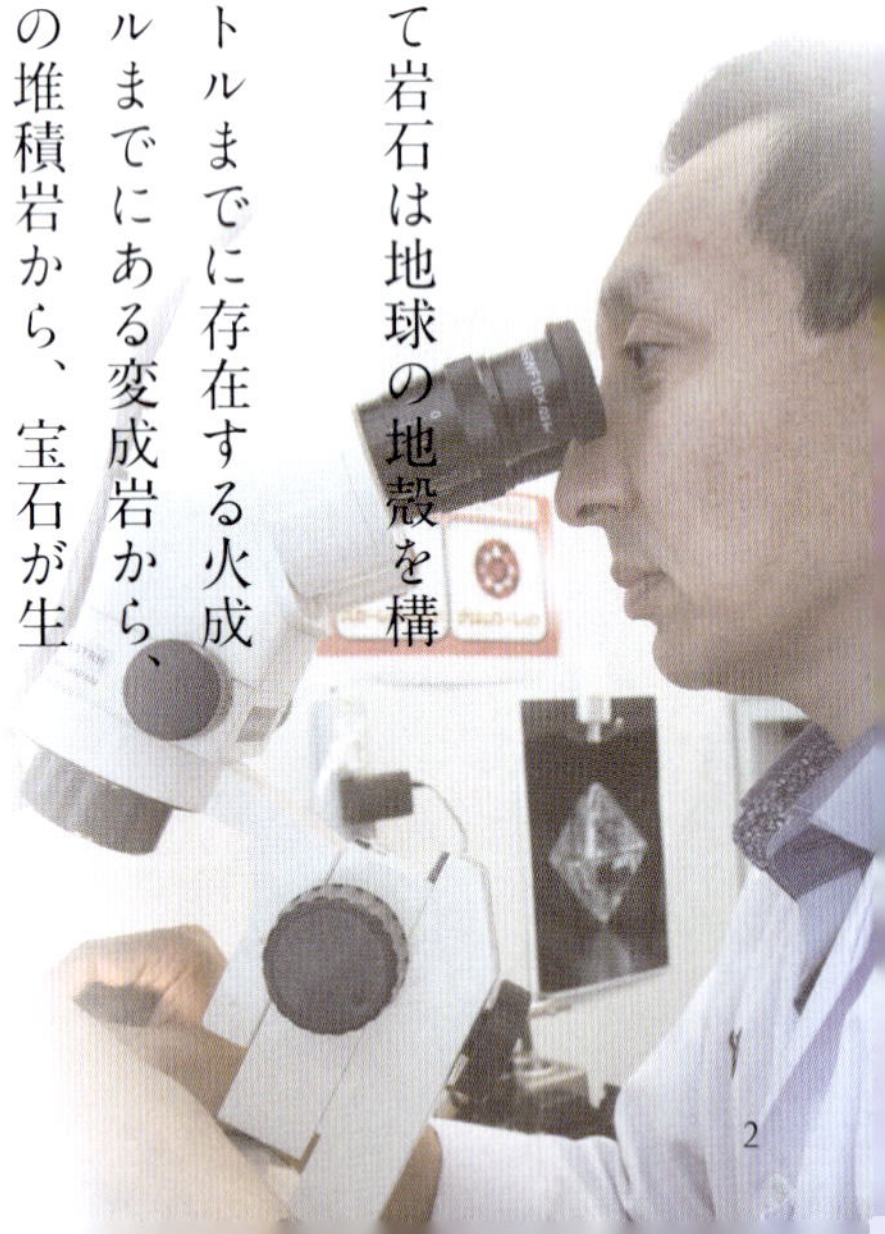

有無、品質や選び方などについてもまとめました。

日々、多種多様な宝石を鑑別しながら多くの研究を行っている筆者には、ふだん書きなれた学術論文とは異なり、一般の読者や宝石の初心者の方々に向けて、わかりやすい言葉で執筆するのはなかなか大変なことでした。専門用語をなるべく理解しやすい文章で説明したり、模式図を使って見慣れないものをイメージできるように心がけました。

また、カットされた宝石をよく見ている方々に、大自然から誕生した宝石原石の姿をそのまま伝え、宝石がどのような場所で採れているのか、鉱山の姿や採掘の様子まで解説することをこの本の主旨としました。

本書では、読者のみなさんにとって身近な宝石を取り上げています。宝石には多くの興味深い科学が存在していることを感じていただき、宝石が持っている基本要素と特徴、美しさと価値について理解を深めていただければ、ご自分の好きな宝石の魅力をもっと発見できるかもしれません。身に着けた素晴らしい宝石のロマンを、歴史や科学を含めて幅広くいつまでも語れるかもしれません。さらに奥深い宝石の魅力を、この本から見つけていただくことを心から願っております。

阿依　アヒマディ　（理学博士）

刊行に寄せて

北村雅夫（京都大学名誉教授）

この本は、宝石学の先端的研究に携わる若手研究者が、広い範囲の読者を対象として執筆したものである。著者の阿依アヒマディさんは、北京大学を卒業後、京都大学大学院に進学し、天然ダイヤモンドの内部組織に関する研究で博士号を取得。その後も、宝石鑑別機関などで研究を続けている。

著者の精力的な研究対象は、現在の宝石学にとって不可欠である、相互に関連した三つの分野にわたっている。基本となるのは先端機器などを用いた天然鉱物や宝石の研究であり、その成果を国際誌に発表してきた。また、宝石の多様性を知るためにも不可欠な原産地調査を行い、テレビなどを通して積極的に情報を提供している。さらに、宝石鑑定・鑑別法に関する研究を重ね、特に現在の宝石学にとって重要な分野の一つとなっている合成石や処理石の鑑定・鑑別についても先端機器を用いる研究を実践している。

この本には、宝石学の基礎事項のみならず、三つの分野での著者の研究活動に基づいた最新の情報なども多く含まれている。新しい宝石学の構築を目指す著者ならではの意欲にあふれた本であり、ぜひご一読をお勧めする。

目次

モザンビークのルビー鉱山

ダイヤモンド原石

サファイア原石

エメラルド原石

アクアマリン原石

ウォーターメロン・トルマリン原石

バイカラー・トルマリン原石

スペサルティン・ガーネット原石

TOPICS

ナミビアのトルマリン鉱山

アメシスト原石

宝石と地球科学

宝石の理解を深めるために、宝石と鉱物の関係性や
生成条件、宝石鉱物の結晶系について解説しましょう

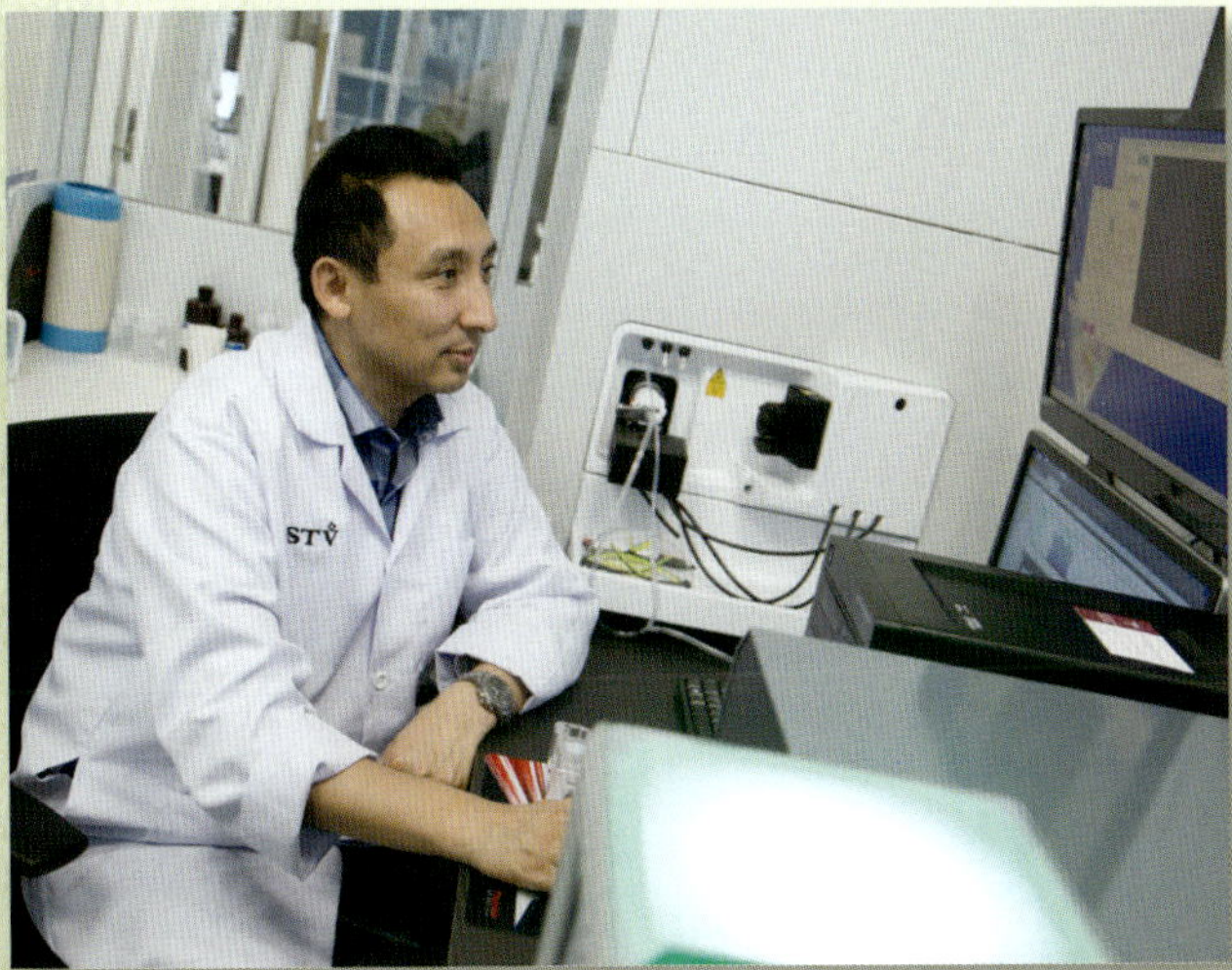

宝石分析中の筆者

大がかりな露天鉱脈採掘の代表例。ロシアのミールダイヤモンド鉱山

宝石を科学的に見る

✧鉱物とは何か

数千年の間、人間は地球上で形成された無機物質の鉱物と生命起源から誕生した有機物質の美しいものを装身具として、しかも価値のあるものと位置づけて使用してきました。時には、富と権力の象徴と見なされて王族の最高位のシンボルになったり、時を超えて、庶民の愛着の品や、アマチュア愛好家の収蔵品になったり、宝石鑑別士や研究者の学習と研究の対象になったりもしてきました。

地球上に存在する250万種の植物、100万種の昆虫類、10万種の動物・鳥類と比べ、鉱物はたった5500種足らずしか知られていません。そのうち宝石として最も普遍的に使われているのはわずか50種で、希少石を含めて市場に流通しているのは、せいぜい100種あまりです。これらには彫刻された柔らかい珍品や身に着けられない、傷がつきやすいカットをされた石は含まれていません。宝石として認められるには、美しさ、耐久性、希少性が必須です。

鉱物質の宝石は、地球を形成する三つのタイプの岩石から由来するも

美しさ、耐久性、希少性を備えた個性豊かな宝石

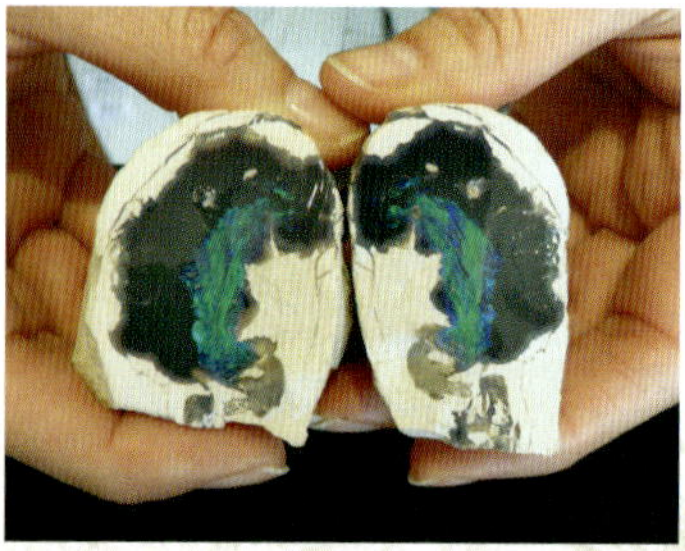

堆積岩起源のオパール

砂礫を洗い出して
サファイアの原石
を探す地元の人々

伝統的な河川での採掘現場
(Vincent Pardieu 撮影)

ので、長い地質年代を経て、地中で特別な地質環境と、熱水作用や変成作用や堆積作用などの条件によって生まれます。一定の化学組成を持つ無機質で、規則的な結晶構造からなり、さまざまな美しい色を呈する透明から不透明の鉱物結晶、これが宝石原石です。これらは、地下深部の鉱脈から、または、地表にある岩石が風化されてできた砂礫からなる漂砂鉱床から採掘されます。そして人間の手によってさまざまな形に加工され、鮮やかな輝きを持った研磨石が魅力的なジュエリーに仕立てられます。また、宝石には、生物から生み出された有機質のものもあります。貝殻から生まれる真珠、樹脂からできた化石の琥珀、海で成長した珊瑚、動物の歯である象牙などが、宝飾品や装身具に使われています。

宝石は単なる豪華な贅沢品ではありません。地球の神秘的な地質環境で誕生した特有の結晶構造、結晶形、物理的な性質、光学性質、化学組成を持つ特別な鉱物なのです。

宝石を理解するためには、地球科学である地質学、鉱物学、結晶学、そして物理学、量子力学、化学などの知識が必要です。なぜならば、それぞれの宝石種には特有の地質産状、結晶構造、化学成分、色を形成するための遷移金属元素や構造の欠陥、光と相互作用する光学的な性質などがあるからです。

二枚貝から真珠をくりぬく

天然血赤《ちあか》サンゴの
ペンダント(右)とブローチ

スリランカの漂砂鉱床。
サファイアとクリソベリル
が採取できる

✧宝石としての物理的条件

宝石に最も欠かせない重要な要素は物理的な性質です。硬い物性でできたか柔らかい物性でできたか（硬度）、重いものか軽いものか（比重）、割れにくいか割れやすいか（劈開《へきかい》、断口《だんこう》）。これらはすべて、石の原子結合の仕方によります。自然界でダイヤモンドは最も硬いものなので、耐久性は優れています。一方、クオーツ（モース硬度7）より硬度が低い石は傷つきやすいのです。宝石としての選定には、その物理的な性質を正確に検査する必要があります。

光学特性は宝石の美しさを決める重要な要素です。光が宝石を通る際に、宝石に含まれる微量元素や不純物などによる選択的な吸収スペクトルが起こり、透過した光が宝石の色を決めます。このようなスペクトルの分析で原子構造を理解し、宝石の色の起源を特定できます。また、宝石の多色性や光学現象、干渉効果や光沢などを理解するためには、結晶系の種類や屈折率と、内部構造の配列や内包物の分布などを明らかにする必要があります。

宝石としての最後の要素は希少性です。世界中で宝石品質

黄色のサファイアリング
オレンジのサファイアリング
グリーングロッシュラー・ガーネットリング
ネオンブルーが美しいパライバ・トルマリンのダイヤモンドリング
ルビーダイヤモンドリング
ブルーサファイアダイヤモンドリング
バイオレットのアイオライトリング
ピンクスピネルリング

宝石は多様な色を持つ

大理石中に含まれる
最高品質のモゴック産
ルビー原石（GIA提供）

として産出されるものは鉱物のほんの一部でしかなく、経済的に成り立つ埋蔵量のある産出地も非常に限られています。水晶やトパーズや赤いガーネットなどは地殻に多く存在するため、安価な宝石として評価されますが、ダイヤモンドやルビー、サファイア、エメラルドなどは、地下の特別な地質条件のもとで成長するため、産出量も少なく、市場での評価も非常に高いのです。希少性は宝石価値の決定に直接反映するもので、その希少性にさらに品質と美しさが反映されると、大変人気のある宝石となります。最高品質とされるものには、例えば、ミャンマーのモゴック産ルビー、カシミール産ブルーサファイア、スリランカ産パパラチャ・サファイア、コロンビア産エメラルド、ロシア産とブラジル産アレキサンドライト、ロシア産デマントイド・ガーネット、アメリカ産レッドベリル、タンザニア産タンザナイト、マダガスカル産グランディディエライトなどがあり、宝石好きの方々が買い求めています。

近年、科学的な地質調査や採掘技術も発展を遂げ、新たな高品質の宝石の原産地が続々と発見されています。それに伴い、消費者からも宝石の原産地鑑別のリクエストが増えています。高品質の宝石が産出される地理的原産地を推定するために、宝石研究者は、世界中の鉱山に足を運び、宝石がどの地質環境と地球テクトニクスで成長したのか、どのような母岩に含まれるのかを調べる必要があ

アメリカ、ワーワーマウンテン
(Wah Wah Mountains)から
産出した母岩つきのレッドベリル結晶

片麻岩中にある
タンザニア産
アレキサンドライト原石

2004年に宝飾市場に出現した
鉛ガラスを含浸させたルビー

スリランカで
伝統的に行わ
れている吹管《すいかん》
法による加熱

ります。そして、標本石を集めて宝石学的な特性値の検査や内部特徴の観察、光による分析（紫外－可視分光分析・赤外線分光分析・ラマン分光分析）、X線と電子線による化学組成の分析、レーザー照射（LA-ICP-MS法）による微量元素分析と同位体分析などを行い、膨大なデータベースを作り、高度な知識と経験によって未知の宝石の産地を判断することが求められています。

✧宝石としての物理的条件

天然の宝石は、すべてが美しい高品質なものであるとは限りません。よりよい美しさを引き出すため、よりよい透明度を与えるため、耐久性を増して丈夫にするため、古くから色の改良や透明度の改善処理などが行われています。人為的な加熱、放射線照射、含浸、着色（染色）といったさまざまな処理法が宝石に応用されます。このような処理を施された宝石は、当然ながら天然宝石と同程度の価値を持つことはなく、価値が下がります。そしてこのような宝石の処理が行われているかどうかは、通常は見分けられない場合が多く、宝石鑑別機関（ラボ）により高い技術レベルでの鑑別が求められます。宝石市場においては、処理に関する情報開示を十分に行い、消費者に信頼できる宝石を提供することが世界的な潮流です。

今日、合成宝石（天然宝石と同じ化学組成と光学性質を持つ）の商業的

熱水合成法によって作られたエメラルド。
宝石の材料を水溶液で溶解させて結晶化させる

ベルヌーイ法で作られたルビーと
イエローサファイア、無色サファイア

合成アメシスト。
上のエメラルドと
同じく熱水合成法
で作られた

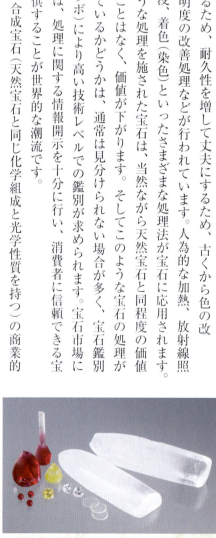

合成ダイヤモンドのリング。
素人が見分けるのは困難

ダイヤモンドの代用品として
人造キュービック・ジルコニア
がよく使われる（目の部分）

大量生産が増加し、高温高圧法とＣＶＤ法によるダイヤモンドをはじめ、熱水法によるエメラルド、火炎熔融法（ベルヌーイ法）によるルビーやサファイア、スピネル、溶液沈殿法によるオパール、トルコ石、ラピスラズリなどが、天然石に混じって市場に出回っていますが、価値は極めて低いです。また、見かけ上では天然宝石に酷似した模造宝石（異なる化学組成と物理性質を持つ）がアクセサリーとして使用される場合も多く、ダイヤモンドの代用品の人造キュービック・ジルコニア、イットリウム・アルミニウム・ガーネット、ルビーの代用品の赤いガラス、トルコ石の代用品として染色したハウライトなどがあり、高価な宝石に似たように加工されます。天然か合成かイミテーション（模造）かを判別するには、より高度な宝石学の知識が必要で、熟練した鑑別技術と非破壊検査法が求められます。

このように、身近な宝石も地球深部から誕生した美しく魅力的な鉱物であることや、さまざまな鉱物種と変種があることを理解し、興味を深めれば、今以上に神秘的なストーリーが見えてきます。本当に資産価値のある宝石やジュエリーと、コマーシャルレベルでの宝石を見分けられれば、宝飾品としての使い方も変わってきます。

宝石科学の世界は広く、基礎知識や専門知識を深めることは、宝石のプロフィールに対する親近感を増し、宝石を身に着ける方、宝飾販売を専門分野にする方、宝石鑑別研究職の方々にとって、欠かせない能力となります。

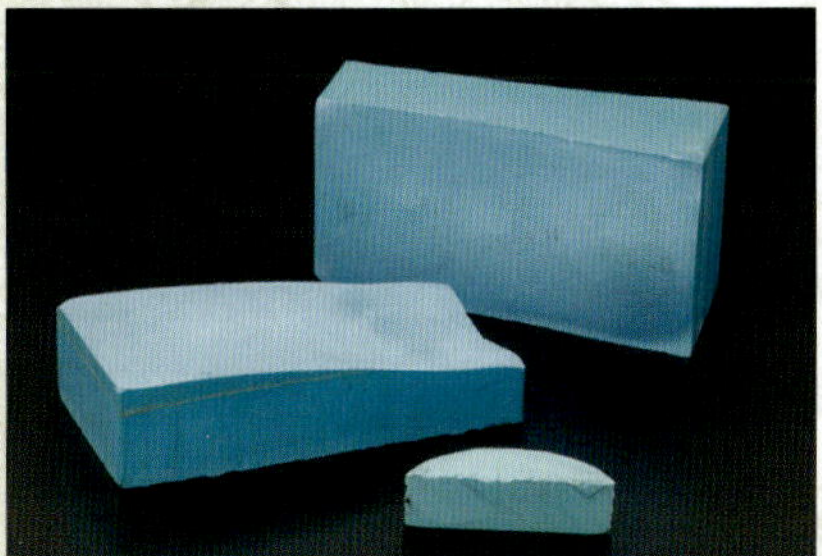

ギルソン法によって作られた合成トルコ石

溶液沈殿法によって作られた合成ブラックオパールとホワイトオパール

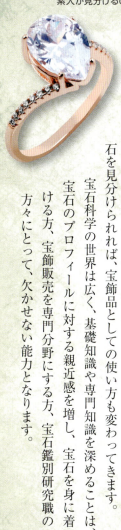

堆積岩中に産出する
脈状のオパール

堆積岩起源のオパール鉱山、オーストラリアのライトニングリッジ地区

宝石の誕生とその成因

✧宝石の母体となる地球

宝石の誕生に至る前に、まず宇宙から地球への変遷を語らなければなりません。138億年前に、すべての物質の誕生の起源となったビッグバンの爆発は、宇宙を誕生させました。ガスの集まりから星が形成され、銀河や超銀河団へ発達し、巨大な高温の恒星の内部では元素の合成が始まり、重元素が形成されていきます。その後、恒星が爆発し、重元素を含む多くの物質が星と星の間に散らばりました。やがて46億年前に、星間物質が集まり太陽の元となる高温の恒星が形成されます。内部にはガス元素である水素とヘリウム、そして重元素であるウランや金、鉄などが含まれます。太陽の重力によって多くの物質が収縮されますが、残りの物質はさらに集まり、小惑星や小天体や宇宙塵などができ、円盤状の太陽系へ進化していきました。

原始の地球と現在の地球の構造

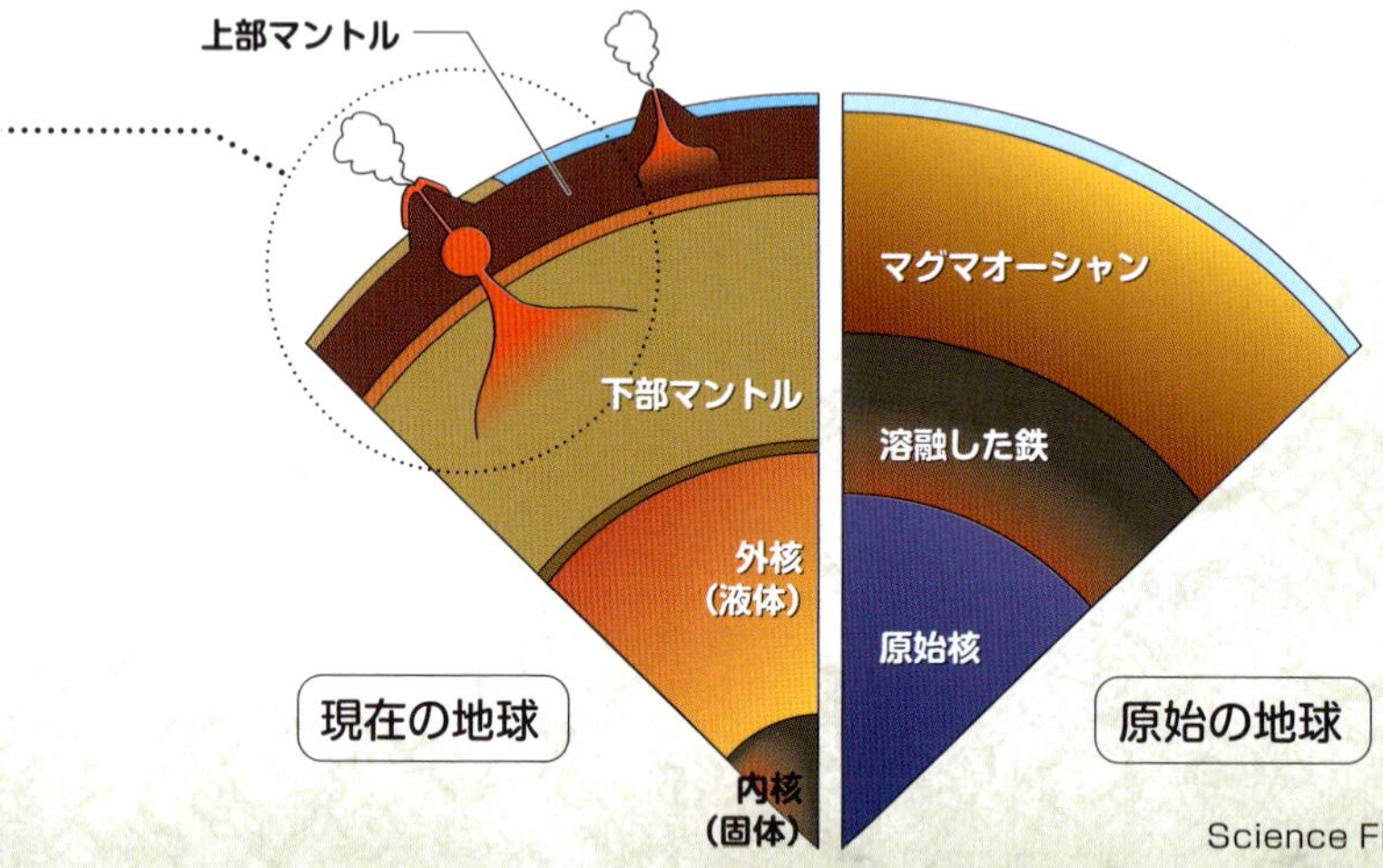

Science First Hand 参考

アメリカのサンディエゴにある火成岩(ペグマタイト)から高品質のトルマリンが産出する

✧地球の成立と鉱物の誕生

地球もこのような重元素を含む小惑星の衝突により、太陽系の誕生とほぼ同時に形成されました。熱いマグマのオーシャンが冷え、地表に硬い固体の岩石から構成される地殻ができ、その下に溶岩でできたマントルと鉄を主成分とする中心核の三層構造が形成されていきました。最も先にジルコンという鉱物が44億年前に出来上がり、その後、地球深部の高温高圧部でダイヤモンドが形成されます。マグマの温度がさらに下がり、安定化して結晶が成長し、橄欖石《かんらんせき》、輝石《きせき》、角閃石《かくせんせき》、黒雲《こくうん》母《も》という順に色つきの鉱物が晶出されていきます。無色の鉱物としては、斜長石《しゃちょうせき》から石英《せきえい》、カリ長石、白雲母へと晶出されていきました。

　これらの鉱物がさまざまなプロセスを経て地表に到達し、人間に発見され、美しいものが宝石として扱われるようになります。

ペグマタイト起源のトルマリン

岩石と宝石の成り立ち（本文18ページ）

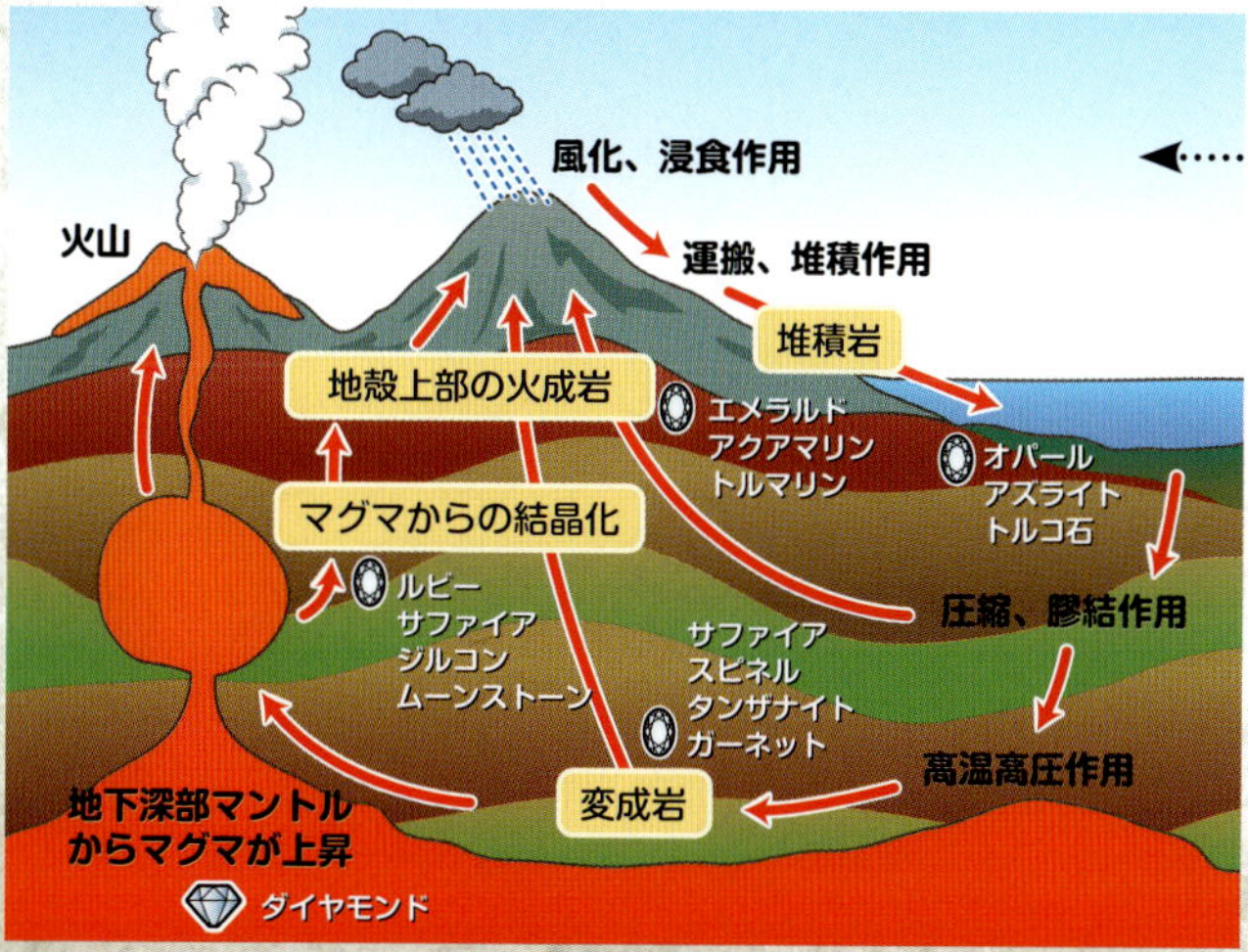

Gem Rock Auctions 参考

変成岩起源のエメラルド鉱床、ブラジルのベルモント鉱山

✧宝石が生まれるプロセス

宝石は、マグマの熱気、非常に高い圧力、その後の緩やかな冷却過程によって育てられます。マグマが凝結したり、液体が蒸発したりする過程で、原子が規則正しく配列して、結晶が成長し、固体となります。宝石が十分に成長するためには、時間と空間が必要です。これは宝石が形成されるために、最も必要な条件とプロセスです。宝石の結晶成長に必要な環境として、マグマの溶液、ガス、熱水、環境の変化による変成作用、表層水そして地球深部のマントルなどが挙げられます。宝石は、主に地殻の岩石の中で結晶しますが、その岩石は次の3種類に分類されます。

火成岩……地球深部のマグマが、地下や地表で冷えて固まった岩石（火山岩と深成岩がある）

堆積岩……地表に露出した岩石が物理的、化学的な風化作用を受けて破壊され、河川の運搬によって下流に堆積されて生じた岩石（砕屑岩《さいせつがん》）。また、生物の遺骸が海底に沈殿して生じた岩石（石灰岩）

変成岩……火成岩・堆積岩がマグマに接触したり、熱や圧力を受

火成岩

火山岩は玄武岩、安山岩、流紋岩などが有名。深成岩は斑れい岩、閃緑岩、花崗岩などが知られる

広域変成岩中
のルビー

広域変成岩、片麻岩中
のエメラルド結晶

けたりして、元の岩石組織および鉱物組織が変化し、
再結晶化した岩石（ホルンフェルス、結晶片岩、片麻岩）

例えば、深成岩である花崗岩《かこうがん》のマグマは、地殻深部で冷えるにつれ、多様な化学成分が結晶化し、長時間にわたって液体状態で残存すると、十分大きな結晶が形成されます。ルビー、サファイア、ガーネット、ジルコン、ムーンストーンなどが代表的な例です。また、岩脈や岩石の割れ目から、大きなエメラルドやアクアマリン、トルマリンなどの結晶も形成されます。マグマの侵入により上層部にある既存の岩石と接触し、温度の上昇とマグマから流出した溶液によって元の岩石が分解され、再結晶することもあります。この過程で多くの新しい鉱物が生まれることがあり、ガーネット、ルビー、サファイア、スピネルなどが代表的な例です。地表においても、風や雨水などに風化された岩石の砂利が河川によって運ばれる過程で、河砂利に重い鉱物が沈殿し、長い年月をかけて押し固められながら、水分が少しずつ蒸発し、新たな鉱物や宝石が生成されます。その代表的なものが、オパール、トルコ石、アズライト、マラカイト、化石などです。

このように、宝石はさまざまな母岩を持ち、与えられた成分、温度、圧力条件の下で、自然に生まれてくることにより、宝石の種類が異なるのです。

変成岩

高温高圧の条件下でできた広域変成岩のうち一般的なものは蛇紋岩、角閃岩、片麻岩、片岩など。高温低圧条件下でできた接触変成岩は、ホルンフェルス、スカルン、石灰岩、大理石が挙げられる

堆積岩

堆積岩の代表的なものとしては砂岩、泥岩、礫岩、チャート、凝灰岩など

宝石鉱物の結晶系

✧鉱物の性質

宇宙に存在するあらゆる惑星、隕石、私たちが住んでいる地球とその衛星である月は、鉱物からできています。鉱物は原子が規則正しく配列し、原子と原子が結合して、特定の温度や圧力の条件下で成長した、明確な化学組成を持つものです。鉱物はさまざまな化学元素から構成された結晶質の固体です。鉱物が集まると岩石を作り、地層や山などを形成します。鉱物単体は結晶と呼ばれ、平らな面で囲まれた幾何学的な形をしています。

地表付近のマグマの領域で生まれた独特な結晶面を持つ水晶の集合体

✧結晶の誕生と自然の美しさ

古くから結晶のことをギリシャ語で「キュロス（Kryos）」と呼び、これは冷たい氷のようなものを指し、永久に解けない硬い氷だと思われてきました。

鉱物の結晶は、地球内部のマグマから生まれ、適切な条件下で成長した透明から不透明な完全と不完全な面を持つ、特殊な

地下深部のマグマで生まれた独特な結晶面を持つトルマリン、石英、長石の結晶

外観を示す固体です。結晶はマグマが冷えるにつれ、溶融した固体や液体や気体から形成され、一層一層の成長面から三次元に規則正しく積み重なって大きく成長し、さまざまな種類と形や、美しい色を示す無機質の結晶となっていきます。自然の中で十分に大きく成長した結晶は非常に少なく、とても貴重です。特に宝石用原石になる結晶はさらに厳選され、希少性、耐久性、美しさを持つ価値の高い結晶のみです。人間の手によって採掘され、カットと研磨の加工により宝石に仕立てられ、デザインによって素晴らしい宝飾品の装身具になります。また、動物や植物の内部で、アラゴナイトやカルサイト、アパタイトが結晶化する場合があり、真珠やサンゴ、ベッ甲、象牙などが代表的な例です。

✧ 鉱物は「7つの結晶系」に分類される

自然に形成された鉱物結晶は、一定の法則によって成長したため、お互いに平行する面があり、面と面は鏡のような対称性を示します。また、結晶を回転すると、同じ結晶面のパターンが何回か現れる対称軸があり、その対称の程度が多いか少ないかによって7つの結晶系に分類されます。

ナミビアから産出した
世界最大の水晶群14t

❶立方（等軸）晶系……地球上の12％の鉱物がこの結晶系に属し、対称性が最も高い。互いに直交する3本の結晶軸が存在し、その長さがすべて等しい結晶です。基本的に八面体と立方体の形態を示し、ダイヤモンド、スピネル、ガーネット、黄鉄鉱、蛍石《ほたるいし》、岩塩などがその代表。

❷正方晶系……9％の鉱物がこの結晶系に属し、互いに直交する3本の結晶軸のうち、2本の軸の長さが等しく残る1本の長さが異なる結晶です。例えば、ジルコン、ルチル、ベスビアナイトです。

❸六方晶系……ひとつの平面上で互いに60度で交わる、同じ長さを持つ3本の結晶軸と、これらに垂直な異なる長さの1軸を有する結晶です。基本的に六角柱の形態を示し、ベリル（エメラルドやアクアマリン）がその代表です。

❹三方晶系……長さの等しい3本の対称軸が互いに120度に接し、その交点に1本の垂直な軸が交わる結晶です。コランダム（ルビーやサファイア）、クオーツ（ロック・クリスタルやアメシスト）、トルマリン、カルサイトなどが代表です。三方晶系は六方晶系として扱われる場合があり、18％の鉱物がこの両方に属します。

❺直方（斜方）晶系……22％の鉱物がこの結晶系に属し、3本の結晶軸が互いに直角に交わり、その軸の長さが異なります。ペリドット、輝石と角閃石《かくせんせき》の一部、トパーズ、タンザナイトがその代表的な結晶です。

❻ 単斜晶系……31％の鉱物がこの結晶系に属し、長さの異なる3本の結晶軸を持ち、2本の軸が互いに斜交し、3本目の軸は直交する結晶です。多くの輝石と角閃石、正長石、スフェーン、クンツァイトがその代表です。

❼ 三斜晶系……8％の鉱物はこの結晶系に属し、3本の軸が斜めに交わり、長さも異なる結晶です。斜長石とトルコ石がその代表です。

宝石鉱物の７つの結晶系

立方晶系	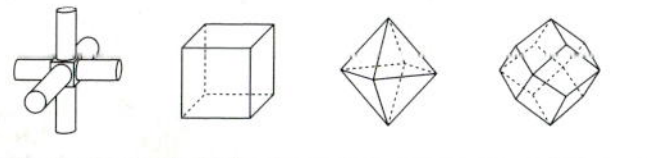	ダイヤモンド　パイライト　ガーネット　スピネル 
正方晶系	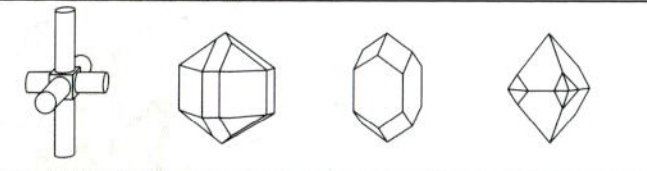	ジルコン　ルチル 
六方晶系	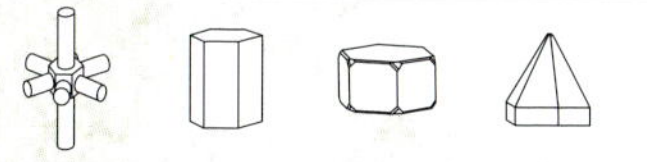	アクアマリン　エメラルド 
三方晶系		サファイア　トルマリン　アメシスト　ロック・クリスタル 
直方晶系	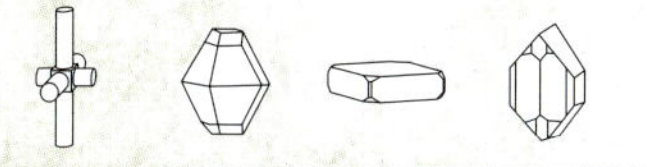	ペリドット　トパーズ　タンザナイト 
単斜晶系	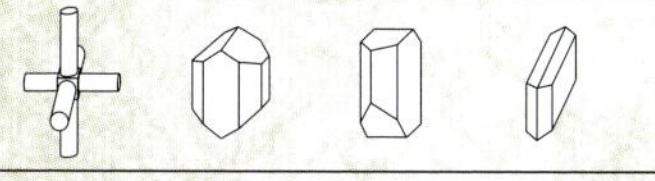	輝石　クンツァイト　スフェーン 
三斜晶系	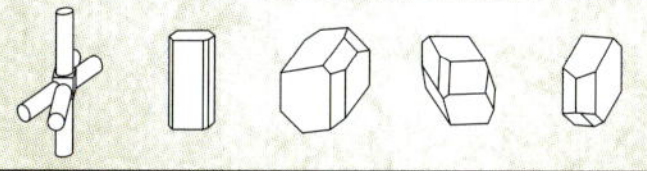	サンストーン　トルコ石 

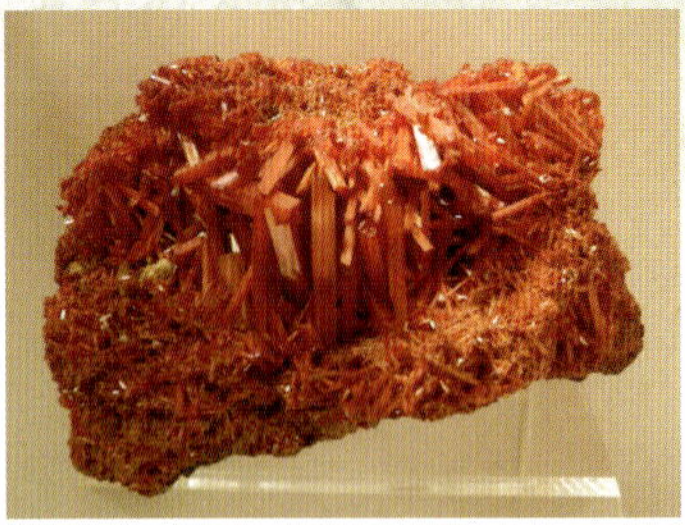

美しい針状として成長したクロコアイトの結晶集合体

マンガンによって発色された鮮やかな赤ピンク色のロードクロサイト(菱マンガン鉱)の集合体

空洞の中に盛り沢山に成長し結晶化した、シトリンとアメシストの集合体

✧単一結晶と集合体

結晶は地球の進化に伴い、温度、圧力、化学組成、空間、時間などの特殊な条件下で成長します。単一結晶として大きく成長する場合と、同じ種類の結晶がひとつの結晶面を共有して結合した双晶として成長する場合、そして、多数の微小な結晶が集まった集合体として同時に成長する場合があります。

「単一結晶」のものは宝石として使われる場合が多く、一定の光軸、屈折率、硬度、比重、光の吸収といった重要な特性が揃っています。例えば、ダイヤモンド、コランダム、ベリル、トルマリンなどが挙げられます。

「集合体」のものは放射状、針状、球状、塊状、樹枝状、豆石状のような美しい集合体の形態群となり、結晶の塊として宝石にカットされますが、構成する微結晶の結晶軸はあらゆる方向に向かっているため、光の散乱が大きく、半透明や不透明になります。ヒスイ、軟玉、ラピスラズリ、トルコ石、カルセドニーが代表的な例です。鉱物結晶のコレクターからは、結晶原石の自然の美しさが最も高く評価されます。

蝶の形に似た接触双晶と呼ばれる日本式双晶

結晶面が囲まれて、非常に美しく大きく成長した単一結晶のアクアマリン

宝石解説

世界の宝飾市場で取引されている主な宝石の
歴史や産状、品質、価値について紹介します

左上から
ダイヤモンド、ルビー、サファイア、
エメラルド、真珠、
アメシスト、ブラック・オパール

1 ダイヤモンド①

宝石に必要なすべての要素を満たす類いまれな王者の石

南アフリカ産のダイヤモンド原石

名前の由来と人類との出会い

周知の通り、宝石の王者であるダイヤモンドはギリシャ語の「Adamas」（アダマス＝征服されざるもの）に派生し名づけられました。宝石としてすべての条件（美しさ、希少性、硬度、化学的な安定性）をトップクラスで満たしています。和名では金鋼石《こんごうせき》と呼びます。

ダイヤモンドが人類と出会ったのは、紀元前4世紀のインドでした。そのためヨーロッパにもたらされるダイヤモンドは長い間、インド産のみ。それから数百年後、1725年にブラジルの砂金採掘現場からダイヤモンドが発見されると、たちまち世界最大の供給源として注目されました。さらに1866年の南アフリカ（オレンジ川流域）におけるダイヤモンドの発見は、ダイヤモンド・ラッシュを生みました。やがてそれまでの漂砂鉱床から、初めてのパイプ鉱床としてキンバリー鉱山が発見され、これがデビアスのダイヤモンド・シンジケート確立の契機となったのです。

南アフリカのキンバリー鉱山にあるビッグホール。
露天掘りの採掘場として世界最大級の規模を誇った

ラウンドブリリアントカットのダイヤモンド。強い輝きが感じられる人気のカット

ダイヤモンドの性質

46億年の地球の歴史の中で、さまざまな鉱物がマグマや水溶液やガスなどから、温度と圧力の条件によって形成されました。ダイヤモンドは地球誕生後20億年を経てから、地下150km以下の高温高圧のマグマの中で結晶しました。唯一の単元素、炭素から構成された宝石で、単純であるがゆえに不思議な性質を持つ鉱物です。ダイヤモンドを構成する炭素は共有結合しているので最高の結合力を持ち、地球上で最も硬い物質でもあります。屈折率は2・417に達し、立方晶系であるため、どの方向でも高い輝き、ブリリアンシーを生みます。そして分散度も0・044と他の鉱物と比較しても高く、美しい虹色の輝き、ファイアが見られます。これらの性質からダイヤモンドは光の全反射と分散の効果をうまく利用して、内部から虹のような色を湧き出させるようにカットします。

また、宝石としての性質が優れているだけでなく、工業用素材としても重要です。ダイヤモンドは熱伝導性が高く銀の約5倍です。ダイヤモンドには不対電子がないため、通常は電気を通さないのですが、ボロン(ホウ素)を含

地球の1000kmまでの断面図、大粒ダイヤモンドの成長領域を示す(GIA参考)

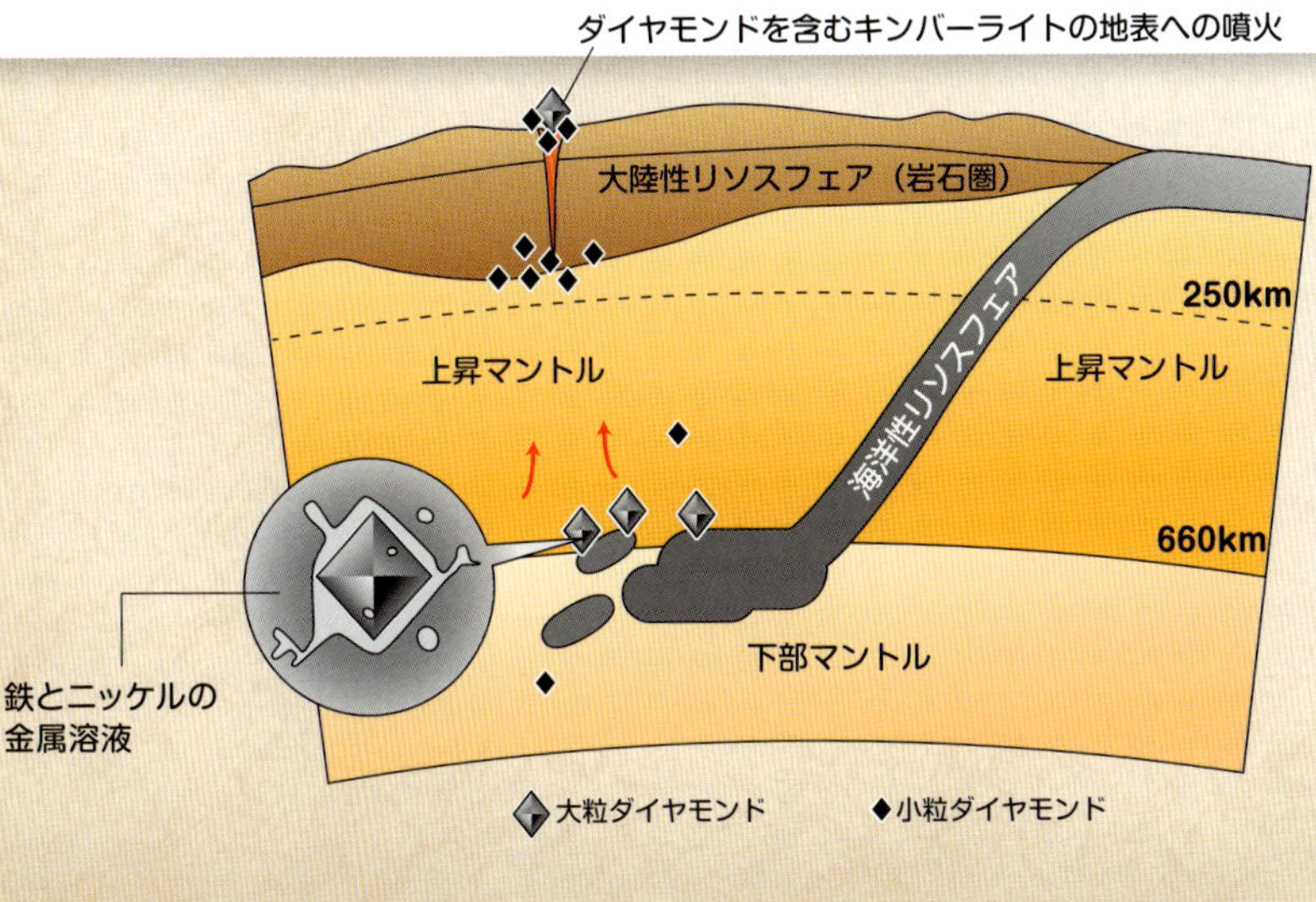

クリッパーダイヤモンド（Clippir Diamond）と呼ばれる大型のダイヤモンド原石14～91ct（Gem Diamonds Ltd.-Lesotho Diamond Mine. とGIA提供）。金属インクルージョンを含み、地球のはるかな深部、地下350～750kmで形成されたと推定されている

むブルーダイヤモンドのみが半導体の性質を持ちます。一部の宝石は日常生活で使われる酢や薬品、洗剤、気体（酸素、炭酸ガス、硫化水素）などと反応して表面が分解されてしまい、輝きが失われますが、ダイヤモンドはどんな酸やアルカリ溶液にも冒されず、耐久性に優れています。ただし、弱点もあります。火に弱いのです。火事にあえば、表面から炭酸ガスとなって消えていきます。酸素のないところでは、高温になると石墨《せきぼく》に変わってしまいます。

ダイヤモンドの誕生

ダイヤモンドは高温高圧の環境下で成長します。安定した状態で生成するには、4万5千気圧に相当する地下150km以下の深度と1100度以上の温度が必要です。私たちが生活している地表（1気圧、20度）は、ダイヤモンドにとっては不安定な領域です。それなのに、なぜ私たちはダイヤモンドを手に取ることができるのでしょうか。仮に地下で生成されたダイヤモンドがゆっくりとマグマと一緒に上がってくると、石墨に変わってしまうおそれがあ

ダイヤモンドの形成深度

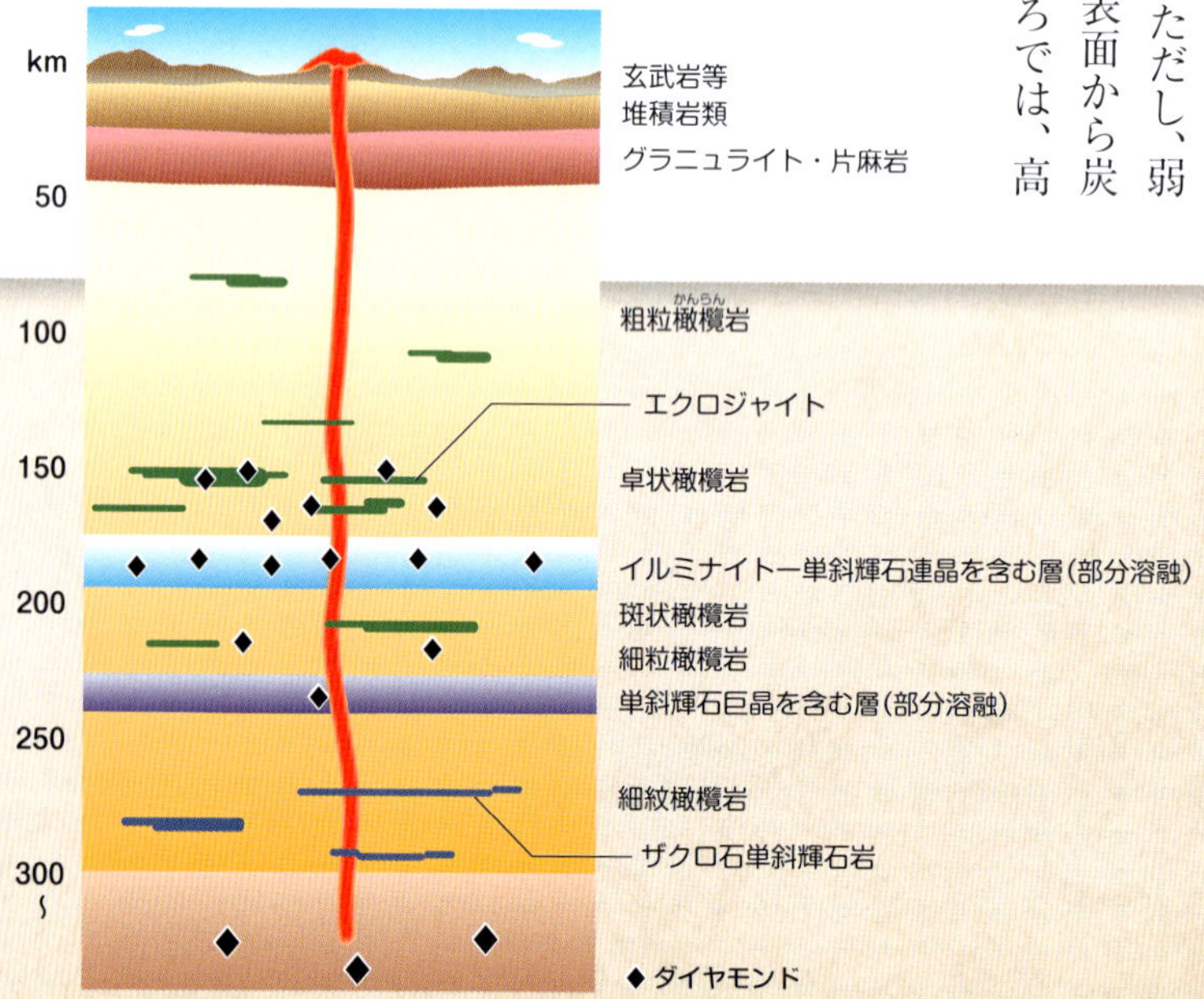

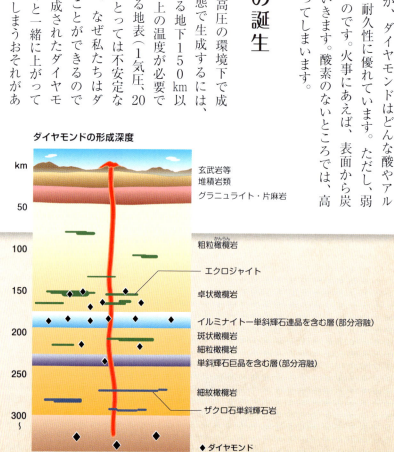

ダイヤモンドの母岩であるキンバーライトに包まれたダイヤモンド原石

ります。つまり、ダイヤモンドがきわめて短時間に、とてつもない速度のマグマの上昇によって地表に運ばれたことを示唆しています。その急激な押し上げによって石墨に変化することなく、生成されたときの状態を維持できたのです。

運び屋としてのマグマ、キンバーライトは、ダイヤモンドの生成領域である地下140~250kmよりも深いところで発生したと考えられます。最近の研究では、多くの大粒のダイヤモンドは深さ350~750kmほどのところで生成される、と結論づけています。

2017~2018年は大きなダイヤモンドに恵まれた年になりました。著名なダイヤモンド鉱山会社である3社が巨大なダイヤモンド原石の発見を次々と発表したのです。

ボツワナのカロウェ(Kerowe)鉱山を運営するルカラ・ダイヤモンド社(Lucara Diamond Corp)が、史上2番目の大きさを誇る1100ctのレセディ・ラ・ロナ(Lesedi La Rona)ダイヤモンドを発見したのは2015年のことでした。その同じ場所で2018年に過去3番目の大きさに匹敵する472ctと1000ctを超える5つのダイヤモンドが続々と採掘されました。ロンドンを拠点とするジェム・ダイヤモンド社(Gem Diamond)では、南アフリカのレソトにあるレツェング(Letseng)鉱山から910ctのタイプⅡaダイヤモンドを発見。鉱山の名前にちなみレッツェング・レ

ダイヤモンドを地下から運ぶキンバーライトのパイプ

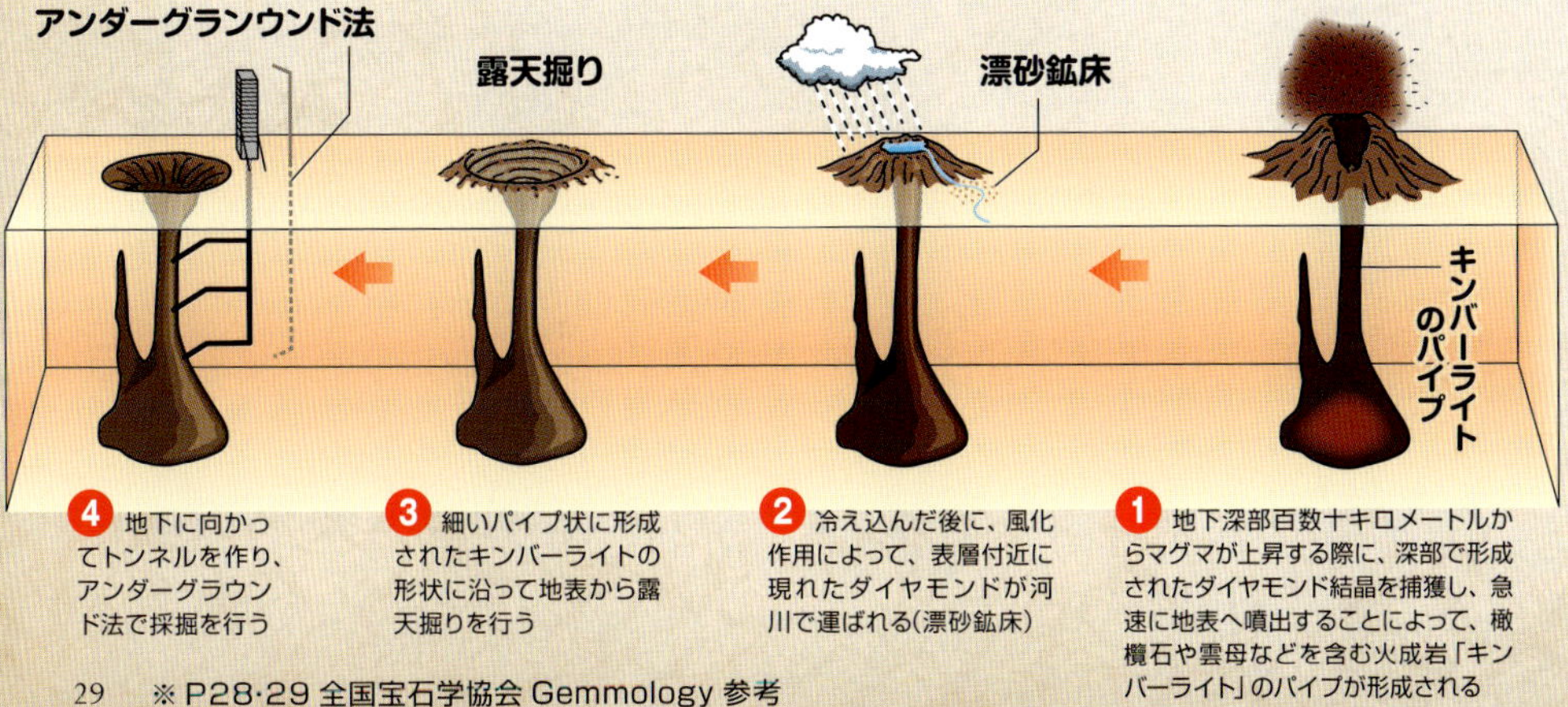
アンダーグラウンド法
露天掘り
漂砂鉱床
キンバーライトのパイプ
4 地下に向かってトンネルを作り、アンダーグラウンド法で採掘を行う
3 細いパイプ状に形成されたキンバーライトの形状に沿って地表から露天掘りを行う
2 冷え込んだ後に、風化作用によって、表層付近に現れたダイヤモンドが河川で運ばれる(漂砂鉱床)
1 地下深部百数十キロメートルからマグマが上昇する際に、深部で形成されたダイヤモンド結晶を捕獲し、急速に地表へ噴出することによって、橄欖石や雲母などを含む火成岩「キンバーライト」のパイプが形成される

※P28·29 全国宝石学協会 Gemmology 参考

石墨の炭素原子の配列

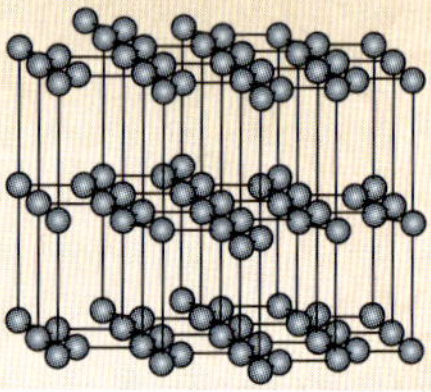

ダイヤモンドの炭素原子の配列

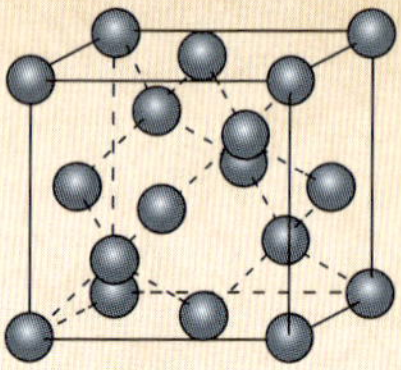

ジェンドと命名しました。そのほか2017～2018年は、100ct以上のダイヤモンドを合計13個も採鉱しました。オーストラリアを拠点とするルカパ・ダイヤモンド社（Lucapa Diamond Company）では、アンゴラのルオ（Luo）鉱山で404ctの無色のダイヤモンドと46ctのファンシーピンクダイヤモンド原石を採掘し、この鉱山で採れた最大のファンシーカラーダイヤモンドとなりました。

ダイヤモンドの結晶形

ダイヤモンドの原子配列を見ると、単位格子は立方体です。実際に地層から産出された形は、平らなピラミッド面で囲まれた八面体が圧倒的に多く、地下マグマの高温高圧の環境下で成長したダイヤモンドの理想形です。これに次いで多いのが、六面体と十二面体結晶です。結晶面には、溶解作用の結果と思われる円卓状や網目状の構造を示しています。立方体の六面体ダイヤモンドはまれにしか出現しないのですが、マグマの温度が低下すると、このような結晶が生まれると考えられ、成長深度は地下100kmあたりと推定されています。これら以外にも、三角形のダイヤモンド双晶や、結晶面が発達しない不規則な球状結晶もあります。

ロシアのミールヌイ鉱山から産出した八面体のダイヤモンド結晶（1～3ct）

ダイヤモンドのさまざまな結晶形
（全国宝石学協会 Gemmology 引用）

2 ダイヤモンド ②

ダイヤモンド産出量の変遷と主要な原産地の歴史

コンゴのミバ鉱山から産出した美しい八面体のダイヤモンド結晶54ct

ダイヤモンドの主な産出地

紀元前4世紀ごろにインドのゴルコンダ（Golconda）地域の砂礫《されき》層からダイヤモンドが発見されたと書籍に記載されています。以降、6世紀から18世紀にかけてインドで採掘されたダイヤモンドがヨーロッパの王室や貴族たちに渡りました。

1720年代には砂金の採掘がブラジルで始められ、偶然にミナス・ジェライス州でダイヤモンドを含む火山岩（ランプロアイト）のパイプからダイヤモンドが発見され、世界最大の産地となりました。

近代においては、世界のダイヤモンド年間総産出量は1億ct以上と推算され、世界の20数か所から産出されています。ダイヤモンドの最大の産出地は南アフリカだと思っている人が多いでしょうが、国別に見ると現在5番目あたりになっています。産出量の多い国を以下に示します。

主なダイヤモンド産出国と鉱山の分布図

アーガイル鉱山から産出するダイヤモンドの80%はブラウンダイヤモンドで、ピンクダイヤモンドは世界で最も多く採掘されている

さまざまなカットのピンクダイヤモンド

南アフリカを抜いて世界で最も高品質のダイヤモンドをボツワナから産出している

主要なダイヤモンド鉱山

1位 オーストラリアのアーガイル鉱山

1982年から本格的に採掘しはじめ、産出量は世界最大となっています（工業用50％、ニア・ジェム45％、宝石用5％）。ブラウニッシュピンク、シャンペン（淡褐色）、コニャック（褐色）などを多く産出するのが特徴です。

2位 コンゴ民主共和国（旧ザイール）のミバ鉱山、ムブジ・マイ鉱山

1950年頃に南アフリカを抜き、産出は豊富でも小粒で低級品が多いです。立方体結晶の産地として有名です。

3位 ボツワナのジュワネング鉱山、レトルハカン鉱山、オラパ鉱山

1980年半ばあたりから始まり、今後20年間にわたり世界のダイヤモンド産出量の30％以上がこれらの鉱山に依存するといわれるほど、良質で豊富な原石に恵まれています。宝石クラスの産出量では、世界第2位といわれます。

ボツワナのジュワネング鉱山
(Debswana Diamond Company から引用)

オーストラリア北西部にあるアーガイル鉱山

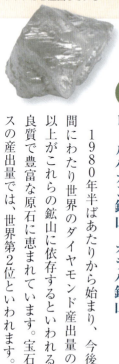

ダイヤモンドの聖地と呼ばれてきた南アフリカ産の多色なダイヤモンド原石

1870年代から採掘された南アフリカのキンバリー鉱山

ミールヌイ鉱山から産出した八面体のダイヤモンド結晶

4位 ロシアのサハ共和国、ウダチナヤ鉱山、ジュビリー鉱山、ミールヌイ鉱山

1000以上のキンバーライトのパイプが確認され、大粒で良質な原石が産出します。特にウダチナヤ鉱山は、現在のロシアの総産出量の85％を占めますが、将来の主力はジュビリーやミールヌイ鉱山に移行しつつあります。

5位 南アフリカのキンバリー鉱山、プレミア鉱山、フィンシェ鉱山

19世紀から20世紀半ばまで、世界一の産出を誇りました。1888年にデビアス社（De Beers Consolidated Mines Limited）が設立され、全採掘権を得ました。1905年には、世界最大の3106ctというカリナン・ダイヤモンドを産出し、100ctを超す大型ダイヤモンドが300個以上も発見されています。1970年以降はフィンシェ鉱山が発見され、南アフリカにおけるデビアスの産出量を30％以上も増加させているといわれています。

これら以外にも、高品質大粒のダイヤモンドを産出する鉱山としてアンゴラ、ナミビア、中央アフリカ、シエラレオネ、レソトなどの産出国が挙げられます。これらの一部の国の反政府ゲリラによる不正輸出が、武器調達の資金源となり、内

地下、数百メートルも深いトンネル内でダイヤモンドを含むキンバーライト岩石を削りながらさらに粉砕し、ダイヤモンド原石を回収する

ロシアのミールヌイ鉱山は深さ525m、直径1250mとなる世界最大級の露天掘り鉱山

ミールヌイ鉱坑で働く鉱夫たち

海岸90kmにわたりダイヤモンドを含む砂をパイプで吸い上げて採掘している

ナミビアの海底の砂礫から採掘する海洋ダイヤモンド

戦を助長させる一因として国際的な問題になりました。

新鉱山の開発として、カナダの北部にあるエカティ鉱山が知られています。1998年からオープンカット法による本格的な操業を開始し、年間350～400万ctを生産しています。これは世界総産出量の4％に相当します。

日本でダイヤモンドが産出するかと質問されたら、日本列島は比較的新しい陸であり、古い地殻もなく、ダイヤモンドが生まれる環境ではないと答えます。しかし、一説によると、新生代の初期に九州地方は中国の山東半島に近かったため、流れてきた砕屑物《さいせつぶつ》がある可能性は高く、漂砂鉱床としてのダイヤモンドがいつか見つかるかもしれません。

ダイヤモンドの主なカット

ダイヤモンドの多くは無色と黄色です。その素晴らしい輝きを出すための研磨の最も大きな障害となったのは、ダイヤモンドの硬度でした。古来、宝石に使われるダイヤモンドは原石の形を生かしてジュエリーに使用されてきましたが、14世紀半ばに初めてダイヤモンドを使ってダイヤモンドを研磨するという技術（“Diamond to Diamond”）が開発

ローズカットダイヤモンド。控えめな輝きが美しい

ローズカットの模式図。ドーム形なのがわかる

ロシアで採掘された過去2番目の大きさとなるイエローダイヤモンド320ct。アレクサンドル・パーシキン（Alexander Pushkin）と命名された

中粒ダイヤモンドを中心に革新的なファンシーカットにチャレンジするイスラエルの研磨産業

インドは世界最大のダイヤモンド研磨の加工国

され、今日に至っています。16世紀の初め頃に、八面体結晶から十二面体結晶がダイヤモンドの劈開《へきかい》面を利用して切断され、研磨できるようになりました。そして簡単なテーブルカットからローズカットが誕生しました。このドームのようなカットから引き出したきらめきはそれほど顕著ではありませんでしたが、19世紀まで流行しました。

1910年、ファセットの全反射によりダイヤモンドの輝きを最大限に引き出すべく、不断の試行錯誤を行った結果、ラウンドブリリアントカットが開発されました。58のファセットから構成されたこのカットは世界の標準カットとなり、光の分散から生まれる虹色のようなファイアはダイヤモンドの美しさの最大の特徴といえます。また、ダイヤモンド原石の形と内包物や傷などの位置を考慮し、無駄な削りを避け、オーバル（楕円形）、ペアーシェイプ（洋梨形）、ハートシェイプ（ハート形）、両先端が尖がった長円形のマーキースブリリアントカットなどが職人たちの工夫と技により作り出され、多様な美しさが現れています。

最近では、標準のラウンドブリリアントカットのクラウン部に16個、パビリオン部に8個のファセットが付け加えられ、82面、またはそれ以上のカット面を持つ、さらに華やかなダイヤモンドも登場しています。

ダイヤモンドの輝きを追求して開発されたラウンドブリリアントカット

85面のファセットを持つクリスカット（Crisscut）ダイヤモンド（LiLi Diamond 社提供）

10ct の大粒のダイヤモンドを研磨するベテランの研磨士。イスラエルのナタニアにあるダイヤモンド研磨所にて

3 ダイヤモンド③

合成ダイヤモンドの優れた工業材料としての期待

インド産CVD合成ダイヤモンド
0.08～0.09ct

ダイヤモンドの合成法とその用途

過去、多くの科学者たちがダイヤモンドの合成に挑んできました。地球深部で形成された天然ダイヤモンドの成長環境を明確に把握するため、科学的な調査も繰り返しました。それと同時に、非常に高価なダイヤモンドを安価で作ることができるか、多くの科学者らが実験を試みています。前述した通り、ダイヤモンドは元素のひとつ「炭素」のみでできており、非常に厳密な結晶配列になっているため、地球上では最も硬く、そして最も優れた物質といえます。実験の繰り返しと不断の努力、そして科学技術の進歩によって、１９５０年代、ついにダイヤモンドの合成に成功します。

現在、合成ダイヤモンドは高温高圧合成法（ＨＰＨＴ）と化学気相蒸着法（ＣＶＤ）によって作られています。

合成イエローダイヤモンドの原石（全国宝石学協会 Gemmology 引用）

無色合成ダイヤモンドの原石

合成ダイヤモンド製造に使用されるキュービック・アンビル高圧装置

高温高圧合成法（HPHT）による合成ダイヤモンド

そもそもダイヤモンドが炭素でできていることがわかったのは、1772年、フランスのアントニー・アボアジェとイギリスの科学者スミソン・テナントの研究によってです。その100年後、ドイツの鉱物学者エミル・コーエンがダイヤモンドを地表に運んできたのは地球深部の火山岩（キンバレー岩）であると説明しました。それは合成ダイヤモンドを作るためには、非常に高い温度と圧力が必要であることを示唆します。1880年から1928年までに、イギリスのジェームス・ハネと著名なフランスの化学者フェルディナン・フレデリック・アンリ・モアッサンが合成を試みましたが、すべて失敗していました。転機が訪れたのは1950年代に入ってからです。スウェーデンの研究グループが最初にダイヤモンド合成に成功しましたが、結果を公表することはありませんでした。その5年後、1955年にアメリカのゼネラル・エレクトリック（GE）社が合成ダイヤモンドを作り上げ、世界初の成功例として発表しました。

合成ダイヤモンドは、アンビルと呼ばれる高温高圧装置

無色の宝飾用高温高圧合成ダイヤモンド0.02ct以下。中国で複数の生産企業によって作られている

中国河南省にある力量ダイヤモンド股份有限公司

合成のイエローダイヤモンドのカット石

合成のブルーダイヤモンドのカット石

を用いて製造します。数万トンの高圧プレスを使用し、内部には２０００度ぐらいの高温を出せる発熱装置が装備されています。原材料である石墨を鉄やコバルトやニッケルなどの金属溶媒に溶かし、下部の低温部に置いた小さなダイヤモンド種結晶の上に、溶解した炭素がダイヤモンドの結晶として成長していきます。この高温高圧装置で作られたダイヤモンドはほとんど黄色のIbダイヤモンドですが、希に無色のIIaダイヤモンドやIIbのブルーダイヤモンドも生産可能です。１９９０年に宝石品質の大粒の合成ダイヤモンドをロシアが市場に提供するようになりました。その後、アメリカのチャザム社がさまざまな処理を施した合成カラーダイヤモンドを販売しはじめました。近年、30ct以上のものが作られるようになり、ファセットカットされた無色の合成ダイヤモンドのサイズは10ctに達しています。

一方、２０１０年代初めから、メレーサイズの合成ダイヤモンドの生産拠点は中国の河南省に移り、工業用と宝石用小粒原石の大量生産ができるようになりました。７０００台以上の合成用超高圧装置を整備し、年間１２０億ctのダイヤモンド砥粒を生産しています。品質と価格競争により、各社は技術開発を促進し、無色の宝石品質のダイヤモンドを２０１４年から世界市場に提供しはじめ、月産15万〜30

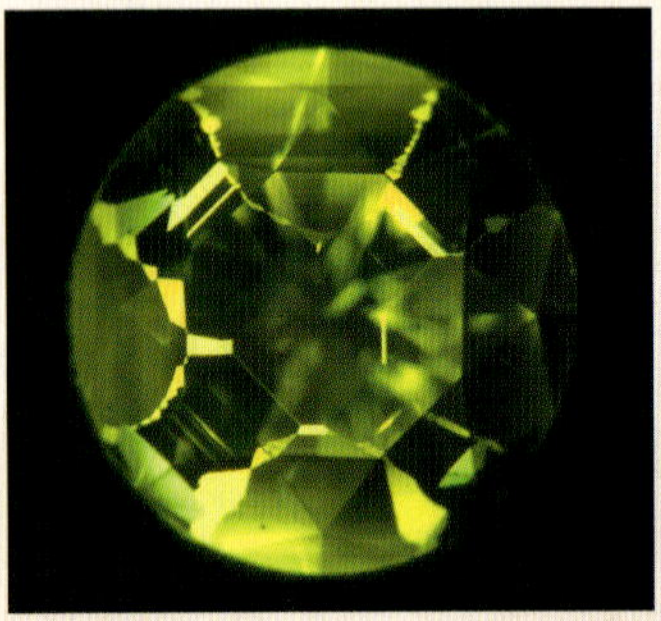

高温高圧による合成ダイヤモンドの成長分域構造

ベルト式高温高圧装置
（物質材料研究機構）

高圧セルと合成ダイヤモンドの仕組み

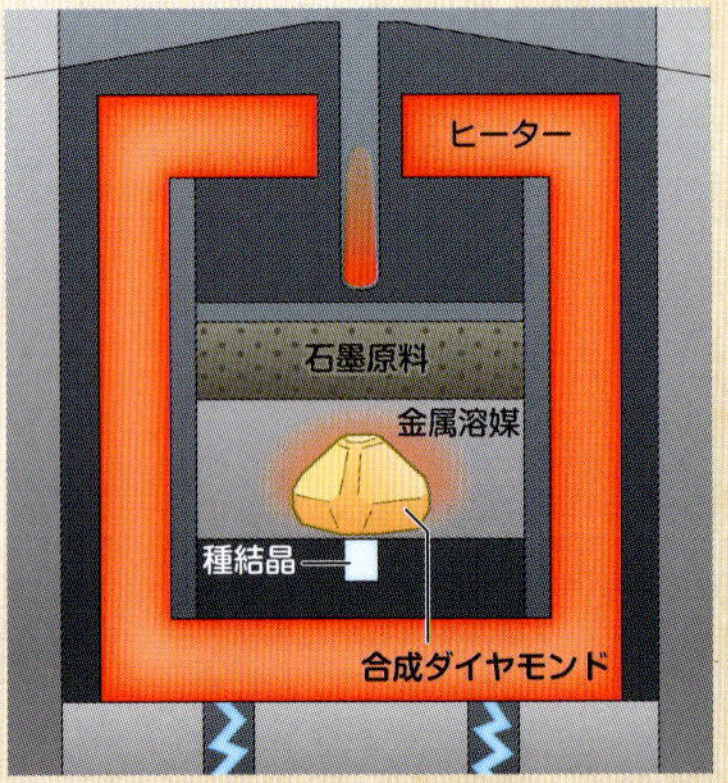

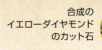

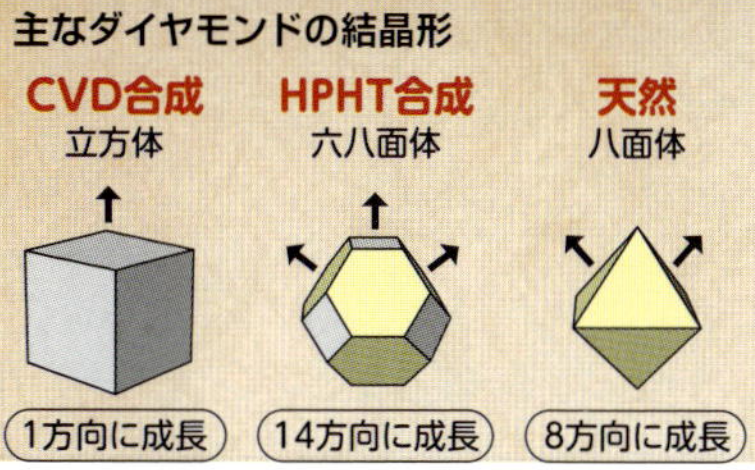

天然と合成ダイヤモンドの結晶形と成長方向

2017年以降、中国産合成ダイヤモンドは大型サイズ（0.10〜0.30ct）の生産を目指している

万ct（小粒ダイヤモンド原石の数は450万〜1000万個）を製造しています。

高温高圧法で作られた合成ダイヤモンドは、金属溶媒の中で成長したため、微細な金属インクルージョンが取り込まれています。このような金属インクルージョンは磁気性を持つため、強力な磁石に引き寄せられることがあり、天然ダイヤモンドと容易に識別できます。また、最先端の分光分析やカソード・ルミネッセンス分析、燐光分析などによって、確実に合成ダイヤモンドの特徴を突き止めることができます。

化学《かがく》気相《きそう》蒸着《じょうちゃく》法《ほう》（CVD）による合成ダイヤモンド

合成ダイヤモンドは高温高圧の条件でないと成長できないと考えられてきましたが、1950年代の後半に、旧ソ連の研究者らによって気体から炭素を分解し、ダイヤモンドを晶出する方法が世界に発表されました。原材料は固体の石墨でなく、炭素を主成分とする気体、メタンガスやアセチレンガスです。これらからダイヤモンドを成長させることを化学気相蒸着法と呼び、この方法でできたダイヤモンドはCVDダイヤモンドと呼ばれます。1970年代半ば

高温高圧合成ダイヤモンドに含まれる金属インクルージョン（全国宝石学協会Gemmology引用）

CVDダイヤモンドの合成装置（セキテクノトロン社製）

高温高圧合成ダイヤモンドに含まれるFe-Ni金属インクルージョン

金属インクルージョンによって磁石に引き寄せられる合成ダイヤモンド

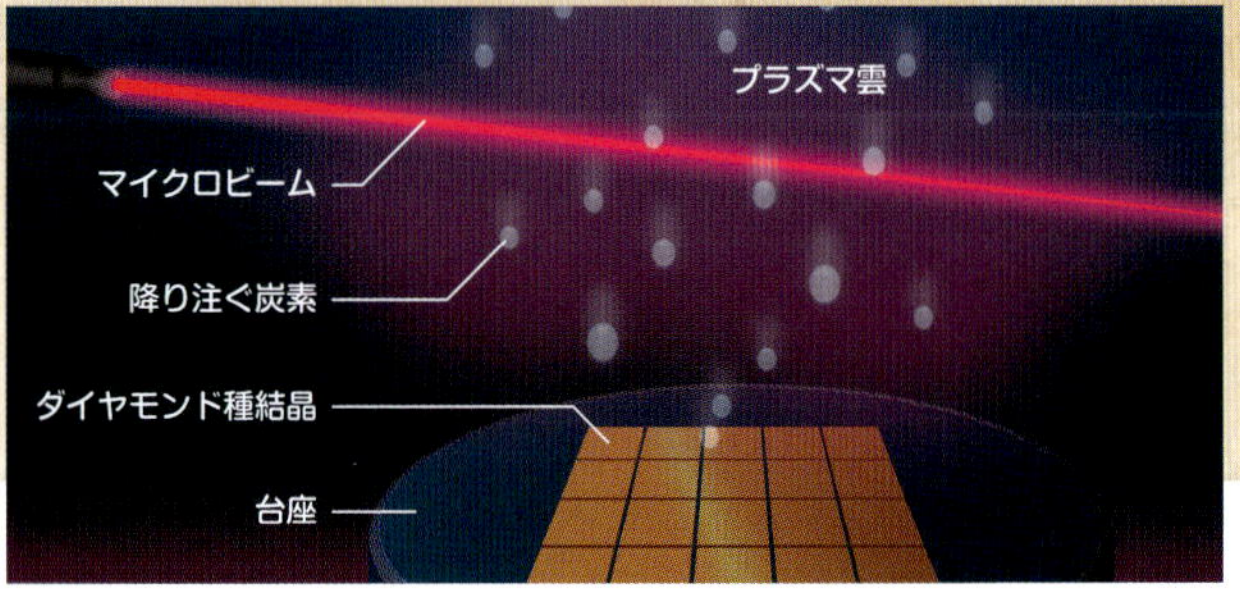

プラズマによって分解された炭素が基板上に降り注ぐ（Apollo社参考）

から、日本の無機材質研究所や日本工業大学でＣＶＤダイヤモンドの研究が進められ、アルコールでＣＶＤダイヤモンドを作ったという話題を新聞などが大きく取り上げました。２０００度に熱せられたフィラメントの付近でアルコールが分解され、炭素がダイヤモンドとして基板の上に降り注ぎます。ＣＶＤダイヤモンドは基板上で非常に微細な結晶の集合体として成長しますので、膜状のダイヤモンドとなります。

最近では、マイクロ波を使ってプラズマ状態を作り出し、混合したメタンガスと水素ガスを流し、基板の上に四角形にカットされた合成ダイヤモンドや天然ダイヤモンドの単結晶を種結晶として使用することで、より効率のよい大きなＣＶＤダイヤモンドを作れるようになりました。成長速度は1時間当たり１５０ミクロンの厚さが得られ、一日に3〜4㎜の宝石質で、高い透明度の結晶を作り、高温高圧処理で無色にすることが可能となっています。

２００３年に、宝飾品としてはじめてＣＶＤダイヤモンドがアメリカのアポロ社によって販売されました。０・２〜０・５ctのものでしたが、２００７年から無色の１ctサイズの良質品を提供できるようになり、価格は天然ダイヤモンドより10％から30％は安いものの、格安とはいえない

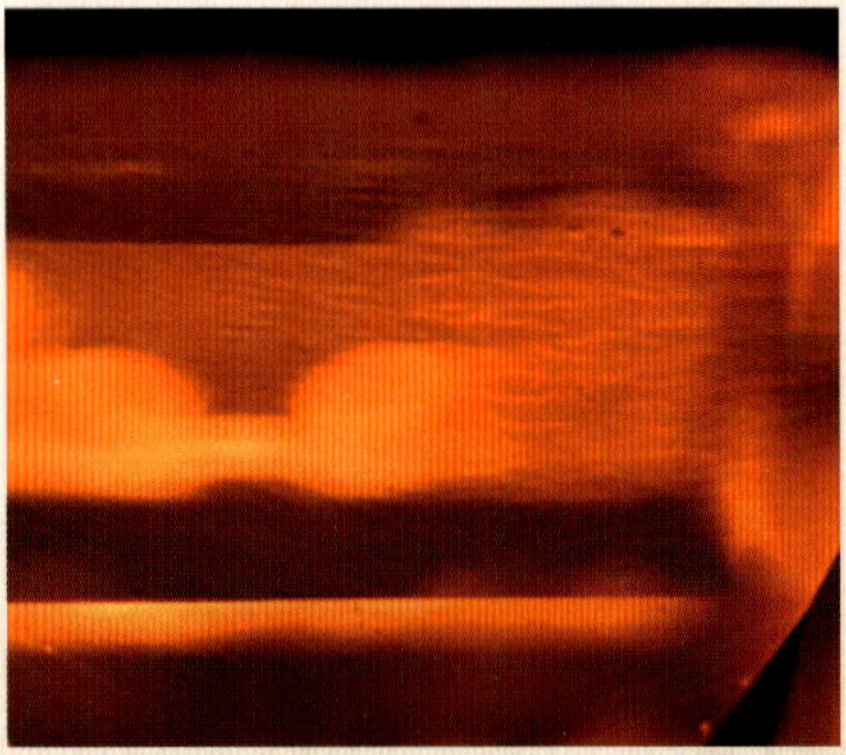

CVDダイヤモンドの積層成長模様とオレンジ色蛍光

CVDダイヤモンドの成長表面

CVDダイヤモンドの結晶とファセットカット
（全国宝石学協会 Gemmology 引用）

宝飾展示会で実際に販売しているピンク色のCVDダイヤモンドのジュエリー

値段で取引されています。現在、ＣＶＤダイヤモンドの提供社として、シオ・ダイヤモンド・テクノロジー（SCIO Diamond Technology Corp）、ワシントン・ダイヤモンド・コーポレーション（Washington Diamond Corp）、ジェメシス（Gemesis Corp）などが知られています。

通常、ＣＶＤダイヤモンドは独特な強いオレンジ色蛍光を発し、識別の指標になります。また、高度な分析機器による検査では、天然ダイヤモンドに見られない分光の特徴や成長構造の模様があるため、ＣＶＤダイヤモンドの識別は可能です。

日本は宝飾用と工業用ダイヤモンドの消費大国であり、その美しさと優れた性質が私たちの生活に取り込まれています。しかし、天然ダイヤモンドは地球深部から生まれた希少な美しいものであり、合成ダイヤモンドと同等に並べるものではないと思います。ただし、合成ダイヤモンドは天然ダイヤモンドと比べ、不純物が少なく、透明度や性質はよく、工業材料として多分野で活躍できるものです。近い将来、合成ダイヤモンドが比較的安価に製造できるようになれば、さまざまな材料に使える可能性が高いため、大いに期待したいと思います。

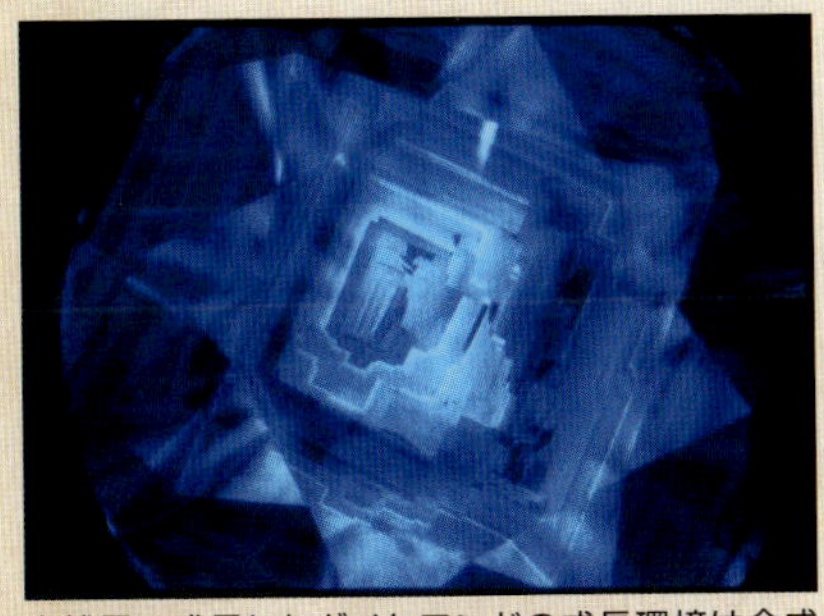

自然界で成長したダイヤモンドの成長環境は合成石と異なり、唯一無二の累体成長構造を示す。高エネルギー紫外線下での観察イメージ
（全国宝石学協会 Gemmology 引用）

CVDダイヤモンドの積層成長構造と緑色蛍光。高エネルギー紫外線下での観察イメージ

4 カラーダイヤモンド

希少で美しいファンシーカラーダイヤモンドの色の起源

ラディアントカットされたファンシーライトイエローダイヤモンドリング

無色以上の評価のものも存在するカラーダイヤモンド

誰もが憧れる無色透明なダイヤモンドは、国際的に権威があるアメリカの宝石鑑別・鑑定・教育機関であるGIA（Gemological Institute of America）によるダイヤモンドの等級づけ、いわゆる『4C』のうち、「D」カラーとして位置づけられています。Dカラーは純粋な無色であり、色として最高品質に評価されます。無色から黄色に向かって色調の微妙な違いで格付けされ、E、F、G～Zの順に分類されます。本来、ダイヤモンドは炭素のみで構成された完璧な結晶であるはずですが、地球深部での成長過程でさまざまな不純物が入り込むことにより、結晶に多様な色をもたらしています。一般的に黄色や褐色のダイヤモンドは、ほかと比べて圧倒的に多く産出しますが、青、赤、ピンク～紫、緑、オレンジのダイヤモンドの産出量は大変希少です。とても人気があり世界市場に流通しないため入手が困難で、無色のダイヤモンドよりも評価が高いこともあります。

GIAの格付け等級　D～Zの例（GIA参考）

GIA基準	D	E	F	G	H	I	J	K	L	M	N…S…Z
	無色			ほとんど無色				わずかな黄色			薄い黄色…黄色

オーバルカットの
ファンシーイエロー
ダイヤモンド

カラーダイヤモンドが少ない理由

自然界で生まれたダイヤモンドには、さまざまな色が存在します。基本的に無色（カラーレス）以外のダイヤモンドはカラーダイヤモンドと呼ばれ、ブルー、レッド、ピンク、パープル、バイオレット、グリーン、オレンジ、イエロー、ブラウン、ブラック、グレー、ホワイトの12色があり、GIAのグレーディング評価の対象となっています。

ダイヤモンドの色は炭素（C）を置換する窒素（N）によってもたらされます。窒素は炭素より1個電子が多いため、結晶内部でバランスが取れない状態になります。結晶に空孔があれば、余分な電子が空孔に移行し、それがカラーセンターとなり、色を発するのです。ダイヤモンド結晶の成長段階に、炭素原子100万個に対して数十から数千個の窒素が結晶格子に取り込まれ、不完全なダイヤモンドになりますが、窒素原子の割合とその周囲の炭素原子の組み合わせによって、さまざまな色が作り出されます。また、地球深部（マントル）に極めてわずかな量が存在するホウ素もダイヤモンドに取り込まれる場合があり、炭素原子1億個中にホウ素原子6個分が取り込まれると、青色が形成されます。従ってカラーダイヤモンドの存在率は無色のダイヤモンド

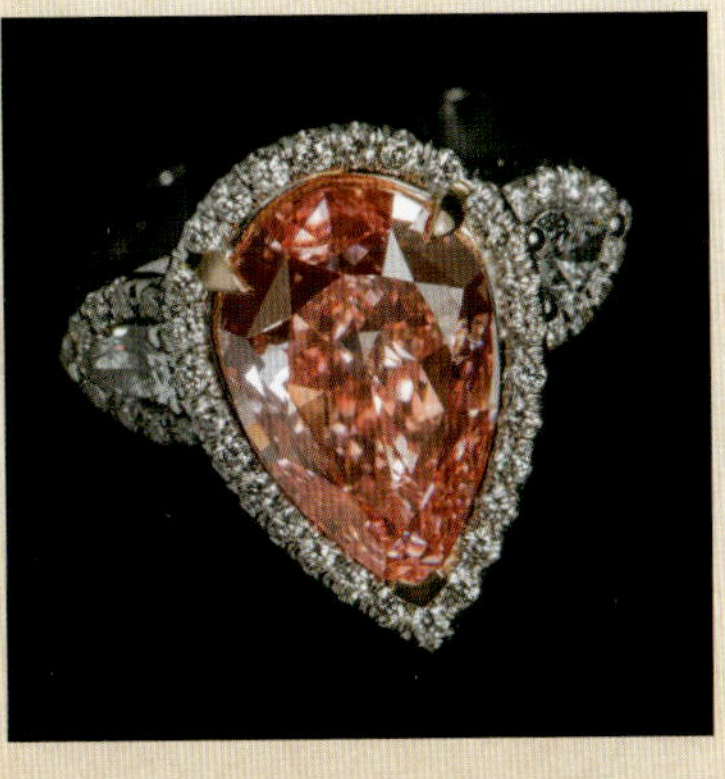

美しいファンシーインテンスピンクの
ペアーシェイプダイヤモンドリング

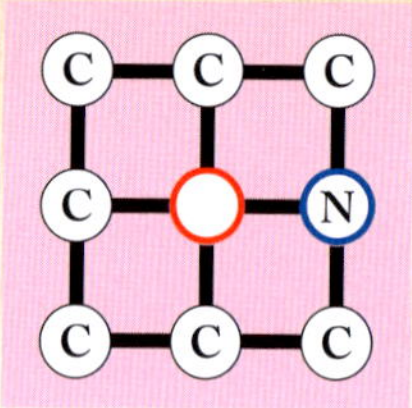

ピンクを形成するカラーセンター

ピンクの形成要因は1個の窒素原子(C)の隣に炭素原子(N)の欠陥(格子欠陥)が生じる場合と、炭素原子の配列にわずかなひずみが生じた場合の2通りが考えられる

と比べてとても低く、希少価値も必然的に高いのです。

ダイヤモンドのカラーバリエーション

①イエローダイヤモンド……カラーダイヤモンドの中で最も多いのは、イエローダイヤモンドです。色の薄い黄色のものは、無色透明のダイヤモンドよりも評価が低く安価になります。しかし鮮やかで美しい発色のものはファンシーイエローダイヤモンドと呼ばれ、無色のダイヤモンドよりも高値で取引されるケースが多々あります。結晶格子に窒素1個がある場合には濃い黄色、3個の窒素原子と1個の炭素原子の欠陥（格子欠陥）が隣り合うと淡い黄色になります。

②ピンク、レッド、パープルダイヤモンド……市場で女性に最も人気があるのはピンクダイヤモンドです。しかし採掘量は非常に少量です。オーストラリアのアーガイル鉱山が主な産出地として知られていますが、それでも1ctレベルの石は年間十数個しかとれず、数十年後には資源の枯渇に直面します。ピンクダイヤモンドの中で、青みの強いものはパープルダイヤモンド、赤みを強く呈するものはレッドダイヤモンドと呼ばれます。自然界でも希に存在し、ブルーダイヤモンドと同等か、それ以上の希少価値があります。

ペアーシェイプカットの
ピンクダイヤモンド

マーキスカットの
レッドダイヤモンド

ラウンドブリリアントカットの
イエローダイヤモンド

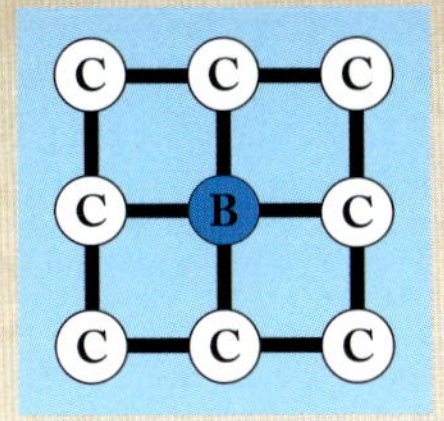

ブルーを形成するカラーセンター

ブルーの形成要因は、ホウ素原子で、本当にごくわずか、約1億個の炭素原子の中に6個のホウ素原子が取り込まれると、ブルーが形成される

大変高価なダイヤモンドとして知られています。

③ブルーダイヤモンド……「ホープダイヤモンド」はブルーダイヤモンドとして最も有名で、アメリカのスミソニアン博物館に陳列されています。産出量が極めて少なく、あまりにも希少な存在であるがゆえにブルーダイヤモンドを評価する標準相場は世界市場になく、無色のダイヤモンドよりも数十倍から数百倍の価値が付けられています。

④グリーンダイヤモンド……地球深部もしくは表層に存在する放射性元素によって自然照射でできたグリーンダイヤモンドは、希少価値の高いファンシーカラーダイヤモンドです。若草のようなグリーンや深い森林のようなグリーンは人々を魅了します。結晶格子中に、炭素原子の1個分を失い欠陥となった場合は青緑色が形成され、2個の窒素原子と1個の炭素原子の欠陥が結ばれたときには、アップルグリーンのような色になります。

⑤オレンジダイヤモンド……パンプキンのような鮮やかなオレンジ色を呈するものを、オレンジダイヤモンドと呼びます。ピンクやブルーダイヤモンドよりは評価が低いですが、黄色みの少ないオレンジダイヤモンドの産出は非常に希少

オーバルカットのグリーンダイヤモンド

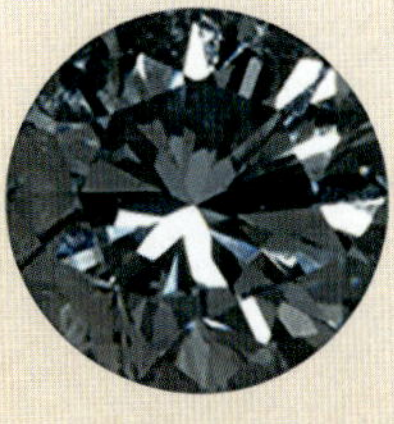

ラウンドブリリアントカットのブルーダイヤモンド

で、ビビッドイエローダイヤモンドより10倍以上も高価な値段が付けられています。色の起源は結晶構造中にある光学欠陥によるもので、可視領域の480nmを中心とした幅広い吸収があります。

⑥ブラウンダイヤモンド……ブラウンダイヤモンドは、カラーダイヤモンドの中で最も一般的に見られるものです。業界では、「コニャック」と「シャンパン」という名が付けられ、市場では買い求めやすい人気のカラーダイヤモンドです。そして、ピンクダイヤモンドと同様、アーガイル鉱山から比較的豊富に産出します。色の起源は格子欠陥の凝集体や結晶構造のひずみなどによるものと考えられています。

⑦ブラックダイヤモンド……1990年までブラックダイヤモンドはほとんど工業材料として使われていました。しかし研磨後のブラックダイヤモンドは、どんなカラーストーンでも匹敵するものはないほどの光沢と輝きを有し、人気を集めるようになってきました。天然のブラックダイヤモンドは非常に希ですが、現在市場に出回っているのはほとんどトリートメントされたものです。ブラックダイヤモンドの黒色は、他のカラーダイヤモンドとは異なり、インクルージョンであるグラファイトや鉄鉱物などを反映した色です。

ラウンドブリリアントカットの
ブラックダイヤモンド

ラウンドブリリアントカットの
ブラウンダイヤモンド

オーバルカットの
オレンジダイヤモンド

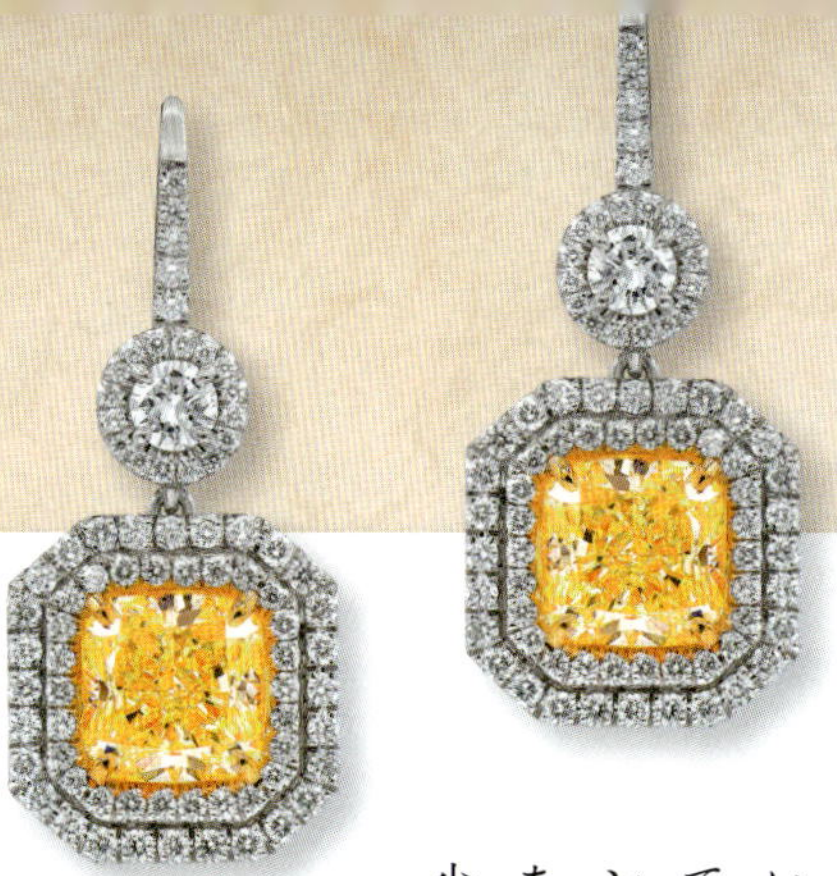

ホワイトダイヤモンドに囲まれた
ファンシーイエローダイヤモンド
のイヤリング

⑧ホワイトとグレーダイヤモンド……乳白色のようなきらめきを示すダイヤモンドはホワイトダイヤモンドと呼ばれています。時には色が非常に薄くなり、グレーにも見えます。色の起源は雲のように微細なインクルージョンや高含有量の水素原子によるものと考えられています。

ダイヤモンドの色の評価

ダイヤモンドは無色透明なものがよいと考えている人が多いと思います。完璧な結晶に近いためです。しかし、自然界で生まれた非常に希少なファンシーカラーダイヤモンドは結晶学的に欠陥があっても、その美しい色は多くの人を魅了し、希少性を考慮すると価値が高い石といえます。

完璧な結晶だけがすべてではありません。欠陥が美しい色を生み出すからこそカラーダイヤモンドは高い評価を得られるのです。

ハートシェイプカットの
ホワイトダイヤモンド

ラウンドブリリアントカットの
グレーダイヤモンド

5

ルビー ①

"カラーストーンの王"である
ルビーとその貴重色

高彩度で、弱い赤色の蛍光を示すモザンビーク産ルビーのダイヤモンドリング。スカーレット・レッドと呼ばれる

ルビーの歴史と伝承

ルビーは歴史的にとても重要な宝石のひとつといえます。古代の文化において、血液の赤みに類似しているために貴重に扱われ、ルビーは生命の力、強い感情を表すと信じられていました。何世紀もの間、インド人は、ルビーを所有する者は、敵と戦わずに平和に生きることができる、と信じていました。

紀元600年頃から、ルビーの最も古い原産地として知られているビルマ（現ミャンマー）では、戦士たちが戦いで無敵になるように、ルビーを持っていました。

古代サンスクリット語では、ルビーは「ラトナラジュ（Ratnaraj）」と表し、貴重な石の王と呼んでいました。紀元1世紀に、ローマの学者プリニウスは、その硬度と密度を記述し、百科全書『博物誌』にルビーを記載しました。ルビー（Ruby）という名前は「赤色」のラテン語のルベール（Ruber）に由来します。ルビーは、西洋文化の誕生とともに、王室や上流階級に最も求められる宝石のひと

ファセットカットされたミャンマー産ピジョン・ブラッドのルビー

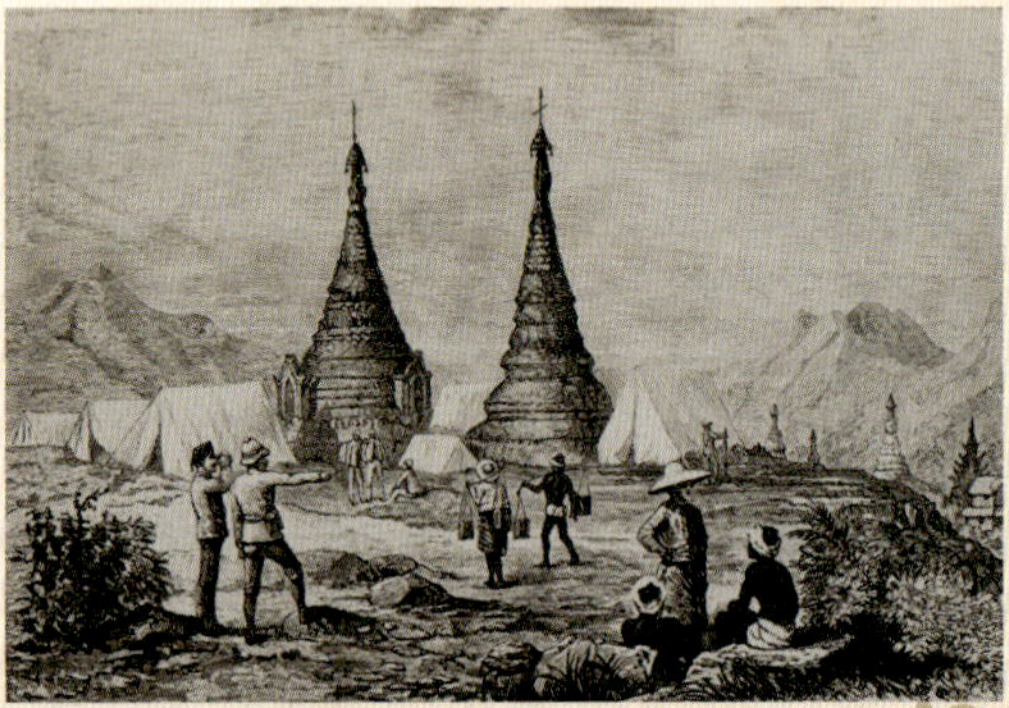

千年以上前からルビーの採掘を始めたビルマ（現ミャンマー）
（Richard Hughes, Lutus Gemology 提供）

つとなりました。今日に至っても、過去と同様に、ルビーは情熱や富や成功の象徴として、豊かな色が溢れる理想的な宝石として追求されています。

赤色のコランダム＝ルビー

ルビーとサファイアはコランダムという同一の鉱物でダイヤモンドに次ぐ硬度を持ちます。赤色のものはルビーと呼ばれます。18世紀になってから、この二つの宝石は同じ酸化アルミニウム（Al_2O_3）でできた鉱物であることがわかりました。

コランダムは不純物を含まない場合は、無色透明です。結晶構造にわずかな微量元素が入り、さまざまな色相が生み出されます。クロムは、オレンジレッドからパープリッシュレッドまでのルビーの赤色の原因となる微量元素です。赤色の強みの度合いは含有するクロムの量によります。また、このクロムは赤色をさらに強める蛍光性を引き起こす役割も担っています。

ルビーの結晶構造

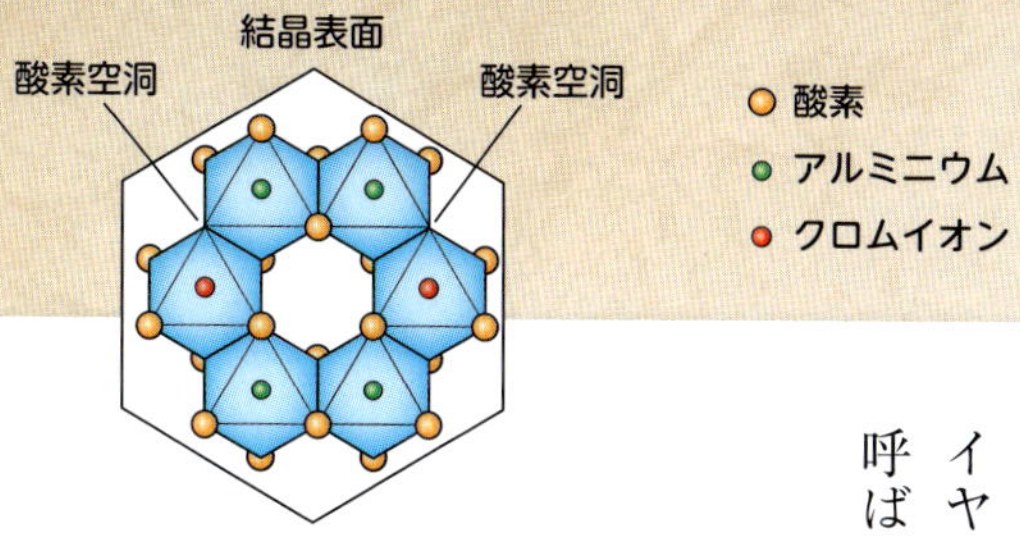

コランダムのさまざまな形の結晶。色によって宝石名が異なる

ミャンマーのモゴック産ルビー
ダイヤモンドリング

ルビーを含む大理石中の鉱脈

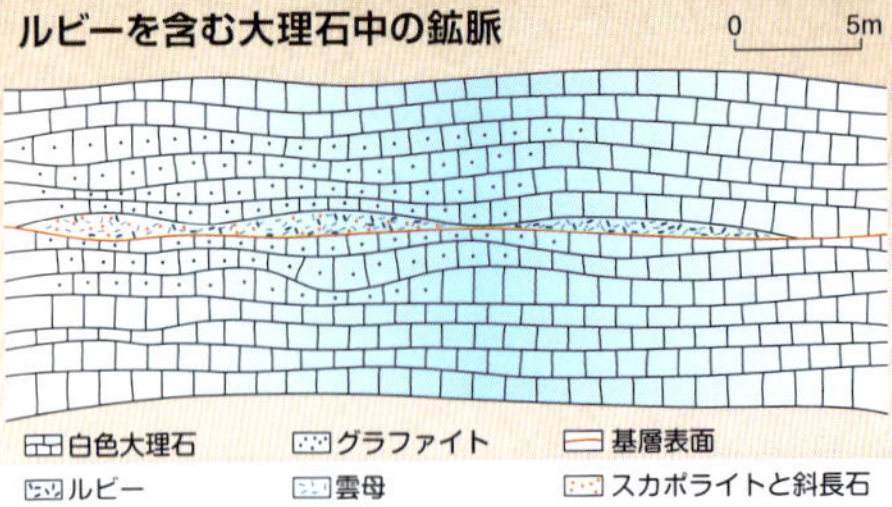

ルビーの形成成因（Press & Siever, 1994参考）

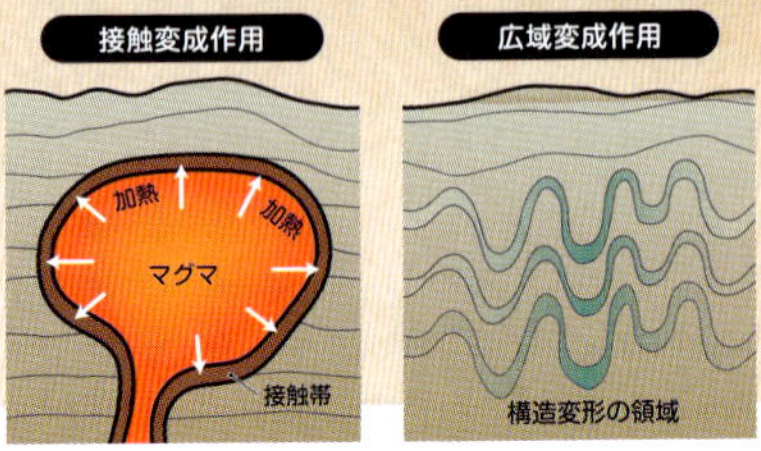

大理石から形成されたルビーが美しい理由

強い赤色として有名なルビーは、一般的に、ミャンマー、ベトナム、ヒマラヤ、中央アジアなどの大理石の中で不規則に分布している地層で発見されます。地表に上昇してきたマグマが上層部の堆積岩と接触し、熱と圧力により大理石ができるプロセスの中で、ルビーが形成されます。大理石における鉄の含有量が低いため、形成されたルビーの鉄の含有量も少なく、強い赤色と蛍光性を持ち、価値が高いのです。通常、大理石から産出されたルビーは、紫外線下で非常に強い赤色を発し、自然光の紫外線下でも強い蛍光性を失わず、鮮やかな赤色を示す特性があり、コランダム鉱物の最も貴重な変種といえます。宝石市場ではカラーストーンの王として、最高の価格が付けられています。

他の産出国では、東アフリカのタンザニア、モザンビーク、マダガスカルなどに分布する広域変成岩や、東南アジアのタイやカンボジアなどの玄武岩から発見されたルビーが挙げられます。しかし多くの鉄分を含んでいるため、蛍光性が抑えられ、明度と彩度が低くなり、赤色はやや暗く見えて強烈ではありません。強烈な赤色を持つルビーの産出量は、非常に限られています。

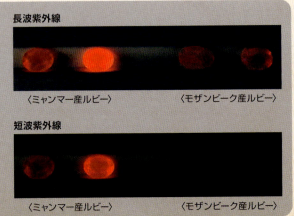

ミャンマーのモゴック地域で産出した大理石中のルビーの結晶

ピジョン・ブラッドのマスターストーン(基準石)

貴重色であるビビッドレッドを「ピジョン・ブラッド」と呼ぶ

ルビーの価値を左右する最も重要な要素は、カラーだといえます。最高品質のルビーには、不純物のない、鮮やかな高彩度の赤から紫赤色までの範囲の色があります。その中で最も代表的な色は、ハトの血を意味するピジョン・ブラッド（Pigeon Blood）と呼ばれているものです。歴史的には、アラビアの学者アル・アクファニ（Al-Akfani）が1348年に、最も鮮明な赤色を呈するルビーを銀板の上に落とした「ハトの血」のようだと記していました。19世紀には、イギリスがビルマでルビーを採掘する際に、柔らかく、鮮やかな、深い赤色（Vivid Red）で、かつ強い赤色蛍光を持ったルビーを「ピジョン・ブラッド」と表現し、取引を行いました。

このような用語は、従来はビルマの産出地に関連づけられている特定の色や最高品質のものを指していましたが、同じ原産地でも、すべて同じ色と品質の宝石を一貫して産出することはありません。新しいルビーの原産地でも、ミャンマー産ルビーと同じような外観と強い蛍光性を持つものを産出する場合があります。

ピジョン・ブラッドと呼ばれる高彩度の強烈な赤が特徴のミャンマー産ルビーリング

蛍光性の違い

短波と長波、どちらの紫外線にも強く鮮やかに反応するミャンマー産ルビー。同じ変成岩起源のルビーでも、接触変成岩起源であるミャンマー産と広域変成岩起源であるモザンビーク産の違いがわかる

タンザニア、ウィンザー鉱山で発見された広域変成岩中のルビー結晶

ルビーの赤色を表現する新しい代名詞

「スカーレット・レッド」と「クリムゾン・レッド」

近年、東アフリカのタンザニアのウィンザー鉱山とモザンビークのモンテプエズ鉱山から上質のルビーが発見され、21世紀において世界最大規模の露天掘り鉱山がモンテプエズ地域に誕生しました。ミャンマー産ルビーと比べ、青みがかった紫赤色とオレンジを帯びた赤色のルビーですが、非加熱無処理の美しい宝石品質のルビーが多く産出されています。2009年に発見以来、モンテプエズ鉱山は国際市場に飛躍的に安定した量と一定の価格でのルビーを提供して、消費者に安心感を与え、シェアを広めています。

当初、アフリカで産出されてきたルビーは、独特の黒みがあり、透明度が低く濁った赤色が一般的でした。その前例を破り、「ピジョン・ブラッド」と同等レベルの高彩度のビビッドレッドのルビーがウィンザー鉱山とモンテプエズ鉱山からも採掘され、業界から高く評価されて、国際競売場で誰もが欲しがるルビーとなっています。

このような透明度と彩度の高い美しい赤が凝縮されているアフリカ産ルビーを「ピジョン・ブラッド」と同様の

モザンビークのモンテプエズ鉱山から産出した高彩度のルビー

モザンビークの広域変成岩中に含まれるルビー結晶

クリムゾン・レッド
ルビーのマスターストーン

スカーレット・レッド
ルビーのマスターストーン

表現で使いたいという動きが市場にあります。しかし、大理石起源のルビーと違い、広域変成岩である角閃石岩から産出されたタンザニア産とモザンビーク産ルビーには高い含有量の鉄が含まれています。そのため、紫外線下ではミャンマー産ルビーより弱い赤色蛍光を発し、色はやや暗めに見えるという理由から、「ピジョン・ブラッド」という表現は適切ではないとアメリカの国際的な宝石鑑別機関が判断し、次のような色の表現を提案しています。

●スカーレット・レッド(Scarlet red)
……炎のような明るい赤色の色相で、わずかにオレンジまたは黄色を帯びた赤色のルビー

●クリムゾン・レッド(Crimson red)
……青みがかった濃く明るい赤色の色相で、彩度の高いルビー

現時点では、アフリカ産ルビーに「スカーレット・レッド」と「クリムゾン・レッド」に相当するものは大変少なく、非常に貴重な色となっています。特に「スカーレット・レッド」に相当するルビーの数はごく限られていて、とても希少です。

色の彩度と明度のスケール

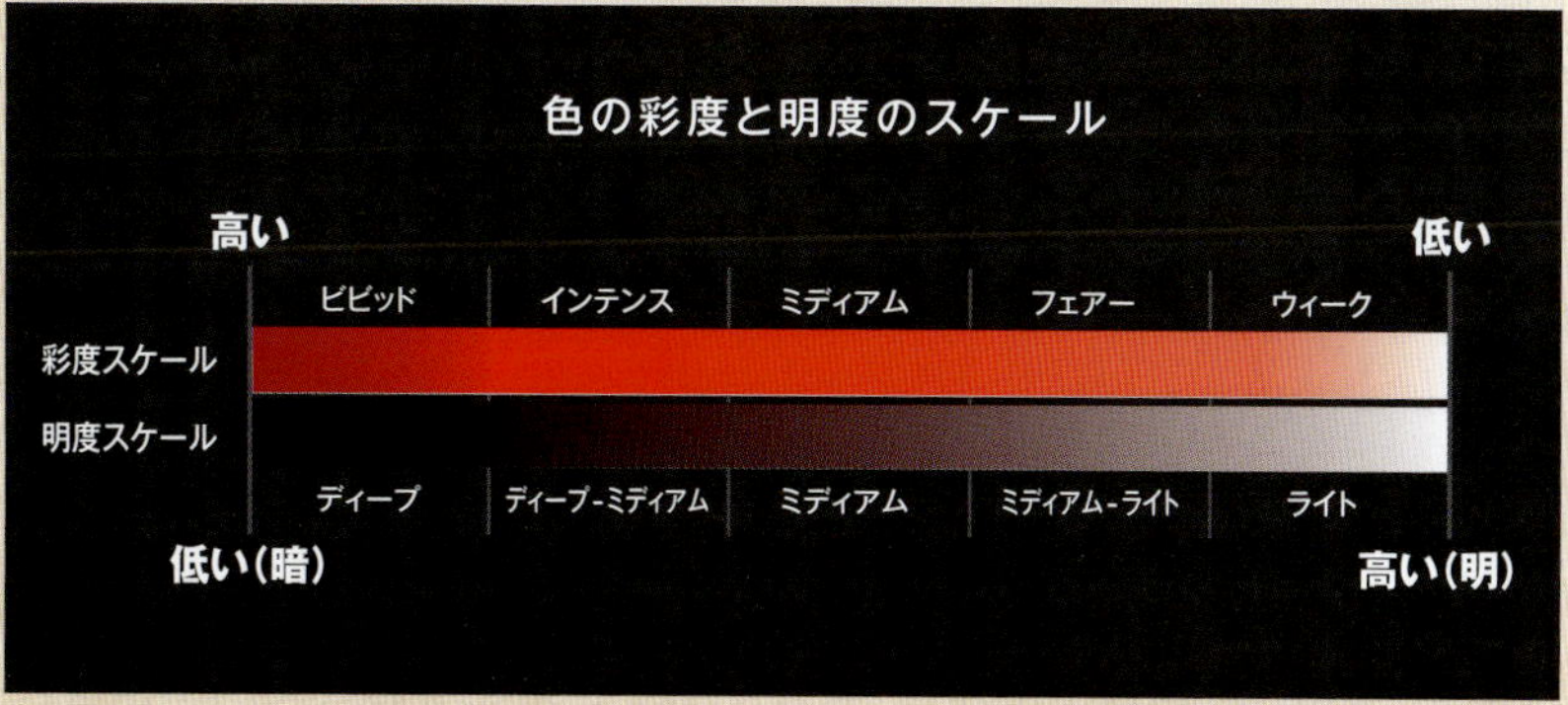

6

ルビー 2

ピジョン・ブラッドを生み出す原産地の特質

宝石品質のルビーは産出地が限られる

ルビーは古くから大切な宝石とされ、パワー、愛、ロマンスを連想させる素晴らしい宝石です。宝石品質を持つルビーは世界でほんの限られた国々で産出され、最も重要な産出地のミャンマー以外に、ベトナム、カンボジア、タイ、スリランカ、マダガスカル、タンザニア、モザンビーク、そして中央アジアなどが挙げられます。原産地は、そのルビーがどのような母岩から生まれたのか、どのような品質のものが産出されているのか、どのような特異な内包物が含まれているのかなど、とても重要な情報を与えてくれます。同程度の品質（特に高品質）でも、ミャンマー産とアフリカ産のルビーでは市場価格が大きく異なります。

大理石から採れたピンクみのあるルビー原石

仏塔の一角に見られるモゴック産ルビー

ゾイサイト中のルビーの巨晶
（縦10.5cm、横11cm）

ミャンマーの
主要なルビー鉱山の分布図
(InColor 参考)

ミャンマー、モゴック産
ルビーの結晶

世界で最も有名なルビーの原産地

ミャンマー

ミャンマーは15世紀以降、ルビーの主要な産出国です。有名なモゴック（Mogok）地方の鉱山は歴史が古く、透明度の高い、美しい濃さを有する赤色のルビーを産出します。高温高圧によって形成されたモゴックベルト上にあるこの地域のルビーは、不純物の少ない大理石から産出されているため、紫外線を当てると強い赤色を発する特性を持ち、大粒の原石が少ない傾向にあります。中でも最も高品質な「ピジョン・ブラッド」と呼ばれるルビーはとても美しく、高値で流通しています。

同国の中央部に位置するモンスー（MongHsu）鉱山から産出されたルビーは、1993年以降に競争力を見せ、ルビー原石の中心部に濃い青い色帯を示し、加熱することによって、非常に美しい小粒のルビーを得られます。

モンスー産
ルビーの原石

Myanmar

約100年前のモゴック地方
での採掘の様子
(Lotus Gemology 提供)

ミャンマー モゴックの ルビー

ミャンマーのシンボルとして作られたパゴダ(仏塔)の頂点には76ctのダイヤモンドが、その周りにも数千個の宝石がセットされている

モゴック産
ルビーの原石

地元の宝石マーケットで小粒のルビーを販売している女性

モゴック産
ピジョン・ブラッドの
ルビーイヤリング

蛍光ライトを当てて高品質のルビーやサファイアの原石を確かめている

世界最高品質のルビーが産出するモゴック地方

ルビーの一大産地 モゴック地方

1 2 不純物の少ない大理石から産出される
3 ナムヤー鉱山の漂砂鉱床

ルクエンの
ルビーマーケット

マーケットで見られる
ルビーの原石とカット石

ベトナム北部ルクエンのルビーの
漂砂鉱床

Vietnam

1990年代に登場

ベトナム

ベトナムの北部に位置するルクエン(Luc Yen)産ルビーは同じ大理石から採掘されていますが、さまざまな濃淡色を呈し、高品質のものはごく少ない状況です。これは結晶中に双晶面が発達して透明度が低下したためです。しかし、ルビーに多くのシルクインクルージョンが含まれるため、カボションカットに研磨され、美しいスターの輝きを放つ鮮やかなピンクみのあるスタールビーが有名です。

ルクエン産の
非加熱スタールビー

火山岩起源のルビーの原産地

タイ

1960年代後半に、ビルマの国政が悪化したため、モゴック地方からのルビーの供給が低迷している際に、タイとカンボジアの国境付近にあるボライ地域に分布する玄武岩中に大量のルビーが発見され、宝石市場で

加熱して
黒みを除去する

Thailand

タイ東部ボライ地域の漂砂鉱床

多くの双晶面を
持つルクエン産
ルビーの集合体

ウィンザー産ルビーの原石

タンザニア中部にあるウィンザー鉱山

Tanzania

2008年
新発見

飛躍的にシェアを高めました。１９７０～１９８０年代のルビージュエリーの多くはタイ産となり、黒みを取り除く加熱技術が開発され、色が向上しています。

モザンビーク

21世紀に発見された世界最大級のルビー原産地

９億年前から６億年前にかけて各大陸の合体と衝突によってゴンドワナ大陸が形成され、東アフリカに高温高圧変成帯が生まれます。この高温高圧のおかげで多くのコランダムが片麻岩や片岩中に形成されました。

１９９０年と２０００年の初めに、マダガスカルにおいて２回のコランダム・ラッシュが始まり、世界市場に多くのサファイアとルビーが提供されました。資源の枯渇を迎えるにつれ、東アフリカの諸国でもコランダムを探すブームが到来し、２００８年にタンザニアのウィンザー地域に高品質のルビーが発見されます。その翌年にモザンビークのモンテプエズ地区に分布する５億年前に形成された河川の砂礫層から大量のルビーが発見され、なんとその二次鉱床のすぐ下にルビーの母岩である広域変成岩があり、一次鉱床として世界最大級を誇っています。モザンビークのルビーは、

2012年
新発見

ディディ鉱山から産出した高品質ルビーの原石
(Vincent Pardieu 撮影)

Madagascar

2009年
新発見

5億年前に形成された河川の底に
ルビー原石が留まっている

モザンビークの北東部にある
モンテプエズ鉱山

Mozambique

数百年の伝統を持つミャンマー産ルビーと比べ、ややオレンジとパープルを帯びた赤で、蛍光性が少し低めです。モザンビーク産のルビーはほとんど加熱処理の必要はないといわれますが、それはシンガポールのオークションに出てくるような高品質の原石に限っていえることで、半分もないようです。加熱すればよりきれいな色になるので、カットしてから加熱するものも多いそうですが、今後も注目の産地になると思われます。

加熱処理されるルビー

多くのルビーは色を改良するために加熱処理されています。例えば、ガス炉や電気炉を用いて数時間から十数時間ほど熱すると、アフリカ産ルビーは褐色みが消え、スリランカ産ルビーはより赤色になります。ミャンマーのモンスー産ルビーは青い色帯がなくなります。

もちろん処理の必要がない宝石は、処理石よりもはるかに高い価格で取引されていますが、加熱処理、軽度なオイルや樹脂含浸された宝石は、市場が一定レベルの価値を認めます。

モンテプエズの
選鉱プラント

選鉱プラントで洗い
出されたルビー原石

モンテプエズ鉱山から産出したルビー原石

7

サファイア①

サファイアのロマンスとその多様な変種

中世までサファイアと呼ばれていたラピス・ラズリ

サファイアのカット石。サファイアはオーバルカットされるケースが多い

長年にわたって王族や聖職者が愛用した青い石

サファイアは伝統的に、気品、誠実、そして忠誠心を象徴します。何世紀にもわたり、サファイアは王族や聖職者のローブを飾ってきました。それと同時に、気品とロマンスに結びついてきました。その関係は、1981年にイギリスのチャールズ皇太子がダイアナ・スペンサーに「ロイヤルブルー」サファイアの婚約指輪を与えたときに一層強化されました。

サファイアは、鉱物種のコランダムに属します。コランダムの名はサンスクリット語でルビーを意味する「Kuruvinda」(クルビンダ)に由来します。現在は、赤色のコランダムはルビーとし、青色を含む赤色以外のコランダムをサファイアと呼んでいますが、以前は、ルビーとサファイアは別々の鉱物だと思われていたのです。「ルビー」の名は赤色のスピネル、ガーネットなどに使われていた時代もあります。また、中世までは「サファイア」という名は青色のラピス・ラズリに使われていました。

ダイアナ妃が生涯大切にしたというサファイアダイヤモンドリング

現在はダイアナ妃からウィリアム王子を経て、キャサリン妃に受け継がれている

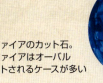

多様なファンシーカラーサファイアのカット石

サファイアのさまざまな色相

サファイアには赤色以外にさまざまな色相があり、最も頻繁に見られるのはブルーサファイアです。ブルーサファイアは、純粋な青色の石もありますが、緑がかった青から紫がかった青まで色には幅があります。赤と青色以外を「ファンシーカラーサファイア」といいますが、一般的に色相名を前につけて、オレンジサファイア、グリーンサファイア、パープルサファイア、バイオレットサファイアと呼びます。

ファンシーカラーサファイアはブルーと比べて少なく、比較的小さいものは多いのですが、非常に大きなサイズのものは希です。それでもファンシーカラーサファイアは、この宝石にまつわるロマンスが好きで、しかも普通と異なるものを好む方にとっては幅広い選択肢を提供してくれます。１９９０年代に東アフリカおよびマダガスカルでの発見により、ファンシーカラーサファイアが幅広く認識されるようになりました。新しい産出地は、スリランカのような伝統的な産地からの生産を補い、イエロー、オレンジ、ピンク、そしてパープルサファイアの供給を増加させました。

ファンシーカラーサファイアの中でも特別な存在といえるのがスリランカ産のパパラチャ・サファイアです。シン

ファンシーカラーサファイアの原石。さまざまな色相がある

美しいファンシーカラーサファイアはコレクターに人気が高い

スリランカのラトナプラ採掘地域から産出したパパラチャ・サファイアの結晶

ハリ語で「蓮の花」を意味し、ピンクがかったオレンジの美しいものは単一色のサファイアよりも何倍もの価格が付けられています。スリランカ人は、伝統的に自国と関連づけられたこの色に特別な愛情を抱いています。

コランダムの生成条件

コランダムは、アルミニウム（Al）と酸素（O）から構成されており、ケイ素（Si）が存在しない地殻環境で成長します。しかし、ケイ素は地殻に一般的に含まれる元素であるため、天然コランダムは比較的希少な鉱物となっています。純粋な状態では、コランダムは無色になりますが、ほとんどのコランダムには色の原因となる微量元素が含まれています。微量元素が鉄（Fe）およびチタン（Ti）である場合、コランダムはブルーサファイアになります。コランダムに含まれる鉄が多いほど、青色も濃くなります。クロム（Cr）はルビーの赤色やピンクサファイアのピンク色を生じさせます。

サファイアの最高の貴重色「ロイヤルブルー」

ブルーサファイアの価値に最も重要な影響を与えている

パパラチャ・サファイアの品質評価用マスターストーン（色範囲）

ファンシーカラーサファイアの最高品種であるパパラチャ・サファイア

厳選された「ロイヤルブルー」サファイアのマスターストーン

矢車菊のブルーから名づけられたコーンフラワーブルーのサファイアのマスターストーン

のは、色です。最も価値が高いとされるブルーサファイアは、ミディアムからミディアムダークの色調で、ベルベットのように滑らかな濃い青色です。強く鮮やかな彩度を持つサファイアは、より多くの人に好まれて「ロイヤルブルー」と呼ばれています。かつて美しい「ロイヤルブルー」サファイアはイギリス王室御用達でした。この品質を持ったサファイアは、カラットあたりで最高価格の価値があり、特にミャンマーのモゴック地方から採掘された「ロイヤルブルー」のような大粒で美しいものは、とても貴重です。

幻の「コーンフラワーブルー」

もうひとつのブルーサファイアの貴重色は、「コーンフラワーブルー」と呼ばれる、カシミール産サファイアのような矢車菊の色に近似するブルーです。彩度が高く、上品で非常に落ち着いた色合いです。1881年にインドとパキスタン国境に位置するカシミールの山岳地帯からかなりの量の柔らかな、それでいてわずかな白みやスミレ色がかったサファイアが産出されました。このようなカシミール産コーンフラワーブルーのサファイアは現在ほとんど産出

紫青色を有するコーンフラワー。
和名は矢車菊という

「ロイヤルブルー」
サファイアの結晶。
荒く磨かれている

コーンフラワーブルー
のような色を示すカシ
ミール産サファイア

「ロイヤルブルー」サファイア
のファセットカット石

歯車の形をした
トラピッチェ・エメラルド

美しい
ブルースターサファイア
のカット石

されず、幻の宝石と言われています。スリランカやマダガスカル産にも似た色がありますから、コーンフラワーブルーにこだわらず美しいものを選ぶほうが賢明です。

サファイアの珍しい変種

ブルーサファイア、ファンシーカラーサファイアのほかに、コランダムの興味深い3つの変種を紹介します。

コランダムには、スター効果（アステリズムと呼ばれる現象）を示すものがあり、これをスターサファイアと呼びます。通常、カボションカットの石の湾曲した表面で六条の星の模様として現れます。スター効果はルビーや、どの色のサファイアにも見られることがあり、多数の細かな方向性を持った針状インクルージョンから反射する白色光により生じています。

スターサファイアが示すスター効果でなく、サトウキビを搾る機械の歯車の模様に似た、きれいな六角形の中心から広がる6本のアームを持つトラピッチェ・エメラルドにとても構造が似た青と白色のトラピッチェ・サファイアも希に見られます。特有の成長構造とインクルージョンが特徴です。

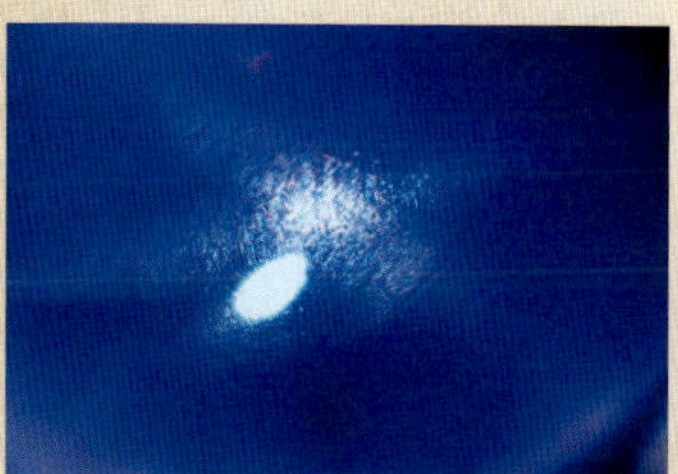

シルクインクルージョンの配列によるスター効果

研磨後は見事なスター効果がはっきりと現れた

スリランカで発見されたスターサファイアの原石

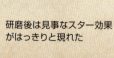

高品質の
スターサファイアリング

青と白色の６本のアームから構成されたトラピッチェ・サファイア

もうひとつの興味深い変種は、カラーチェンジ・サファイアです。この魅力的な石は、照明が変わると違う色に見えます。自然光や蛍光灯下では青色を示し、白熱灯や蝋燭の下では青紫色に変化します。カラーチェンジ・サファイアの存在は、すでに素晴らしい宝石のコランダム族に、さらに特別な一面を加えています。

サファイアの理想的な品質

サファイアは四大貴石の一つで、ダイヤモンド、ルビー、エメラルドと同様に高価な宝石です。その品質を評価するためには、次の5点を参考にしてください。

・石の内部からの輝きが強く、美しく感じるレベル
・表面の傷が少なく、光沢感を感じるレベル
・カットの対称性、ファセット面が反射によって見せるモザイク模様のレベル
・明度はミディアムダークのレベル
・色むらがなく、色が豊富なレベル

〈カラーチェンジ・サファイア〉

自然光
青色を示す

白熱灯
青紫色を示す

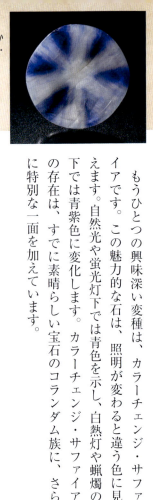

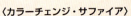

8

サファイア 2

伝統のある歴史的なサファイアの原産地と現在の名産地

スリランカの伝統的な河川採掘法
(Andy Lucas 撮影)

サファイアの原産地

ブルーサファイアとファンシーカラーサファイアは、古くからマダガスカル、タンザニア、スリランカ、ミャンマーなどのさまざまな産出地で採掘されています。そのほか、タイ、カンボジア、ベトナム、ナイジェリア、アメリカのモンタナ州、オーストラリアなども、近代と現在、主な産地になっています。コランダムは、宝石結晶として形成されるために、化学的な性質、適当な温度と圧力、そして時間と空間などの環境に恵まれれば、地下の岩石で生まれます。この形成される場所を一次鉱床といい、サファイアの産出量は多いですが、品質は中程度のものしかありません。高品質のサファイアは、ほとんどが二次鉱床である漂砂鉱床から採掘されています。

シュガーローフにカットした非加熱のスリランカ、ラトナプラ産ブルーサファイア

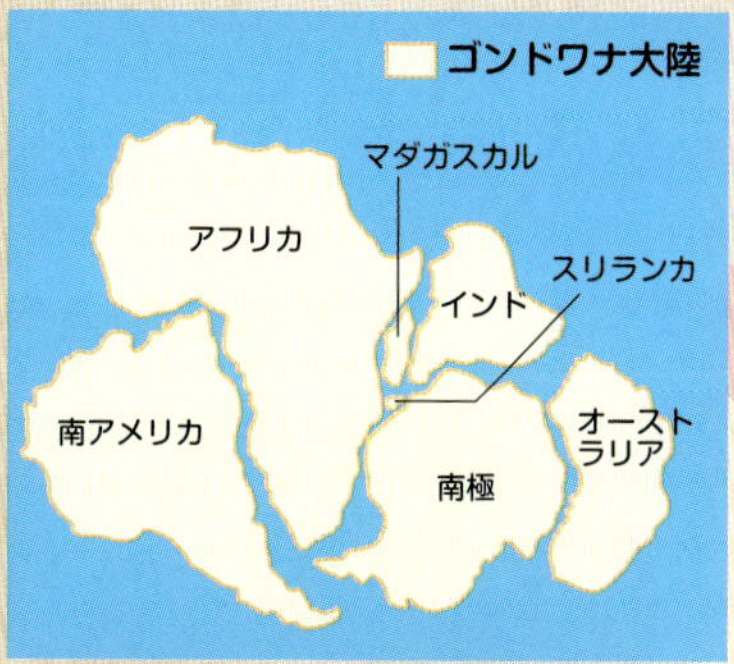

7億5千万年前から5億年前までにかけてゴンドワナ大陸で形成された高温高圧変成帯
(Ruby&Sapphires 参考)

スリランカ、ウバ州カタラガマ産サファイアの原石(Vincent Pardieu 撮影)

カタラガマ近郊で見つかったサファイアの新鉱山(Vincent Pardieu 撮影)

2012年
新発見

スリランカ

世界で最も古く伝統のある産地

スリランカは歴史的に非常に重要なサファイアの産出国として知られています。5億5千万年前から9億5千万年前の間に、地殻と上部マントルに大規模な構造変化が起こり、各大陸が衝突しながら合体し、東アフリカにモザンビーク広域変成帯（ベルト）が形成されました。エチオピアからモザンビークまで、そしてマダガスカル、インドの南部、スリランカ、南極大陸などはこの変成帯に含まれており、地下の圧力と温度が上がることにより、これらの地域の変成作用が絶頂期となり、宝石結晶が形成される素晴らしい地質条件を与えました。島国であるスリランカで採掘されたサファイアは5億4千万年前から6億8千万年前の間に形成されました。しかし、スリランカ産サファイアは一次鉱床から見つかることはなく、主にイラム層と呼ばれる宝石を含んだ浅い砂礫層（漂砂鉱床）から掘り出され、比重の違いを利用してサファイアを選鉱しています。2千年も掘り続けたこの国では、2012年に南部地域のカタラガマ近郊にまた新たな鉱床が発見され、サファイアのラッシュが再開し

Sri Lanka

スリランカ産非加熱サファイアのカット石

ラトナプラ地域から取れるファンシーカラーサファイア

地下60メートルで手作業の採掘を行う地元の鉱夫

サファイアを含む地下の砂礫層(イラム層)を目指して行う竪穴掘り。ラトナプラ地域に見られる

1887年に撮影されたカシミールのサファイア鉱山の様子
（Pala International 提供）

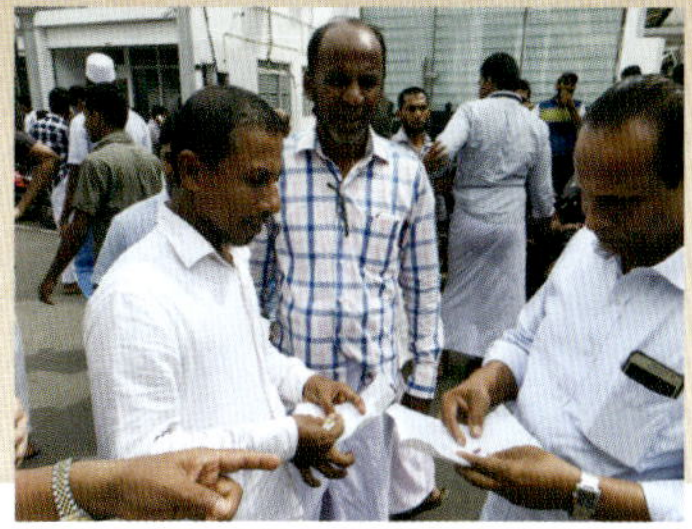

何百年もの間、宝石取引の市場であるスリランカのベルワラマーケット

ました。上質のブルーサファイアは透明度が高く、コーンフラワーのような青色と紫がかった青色が特徴です。2015年にラトナプラ付近の茶の名産地であるボガワンタラワ地域から多くの黄色サファイアが発見され、環境を守るため重機を使わず手作業で採掘が行われています。

スリランカの産出量の70%は無色に近いギウダと呼ばれるサファイアとなっていますが、加熱処理により、結晶中に含まれるチタン（Ti）と鉄（Fe）が化学反応し、濃い青色に変化します。また、スター効果が出るスターサファイアの多くはスリランカで産出され、古くから人々に愛されてきました。

歴史的に大切な産地

カシミール

1881年に、インドとパキスタンの国境に位置するカシミールの4000～6000mの山岳地域で、彩度の高い美しいコーンフラワーブルー、ベルベティブルーと呼ばれるサファイアが大理石の中から発見されました。以来、イギリス王室の御用達として、とても愛されてきました。豪華なリングやブロー

ボガワンタラワ鉱山から採掘された黄色を主とするサファイア

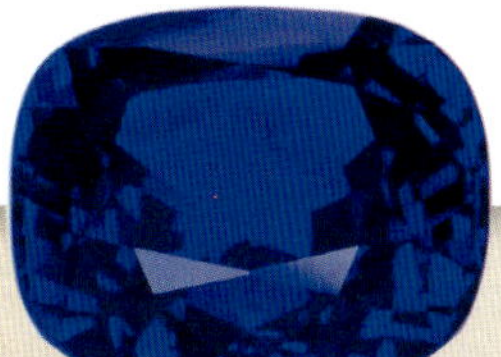

カシミール産サファイアのカット石

Kashmir

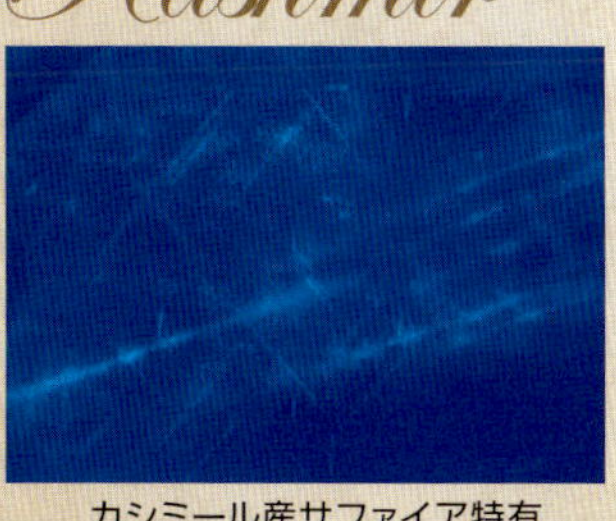

カシミール産サファイア特有の雪状微小インクルージョン

環境破壊を考慮して手作業で行う露天掘り漂砂鉱床、ボガワンタラワ鉱山

2015年
新発見

1960年代に採れたカシミール産サファイアの原石

チに使われたカシミール産サファイアは、非常に柔らかい青色を呈し、上品でとても落ち着いた色合いです。約百年の採掘を終え、その希少価値は高く評価され、カシミール産サファイアには最も高いプレミアム価格が付きます。

「ロイヤルブルー」といわれるサファイアの主産地

ミャンマー（旧ビルマ）

宝石が形成される地球規模のもうひとつのイベントは、ゴンドワナ大陸からインドプレートが離れ、4000万年前にユーラシア大陸と衝突したことによりヒマラヤ山脈が形成され、東南アジア地域にルビー、サファイア、スピネルを含む多くの宝石が作られる地質条件がそろったことです。ルビーは大理石中に形成されるのに対して、ブルーサファイアは火成貫入岩と変成岩の相互作用によって形成されます。ミャンマー産サファイアの産出量はルビーと比べて圧倒的に少なく、著名なモゴック鉱山から採掘されています。その特徴は大粒で青色の濃い美しいものがよく見られることです。しかも、ディープブルーを呈し、彩度の高い「ロイヤルブルー」と呼ばれる貴重なサファイアはミャンマーの代表的な宝石です。

最高品質のミャンマー産サファイア

Myanmar

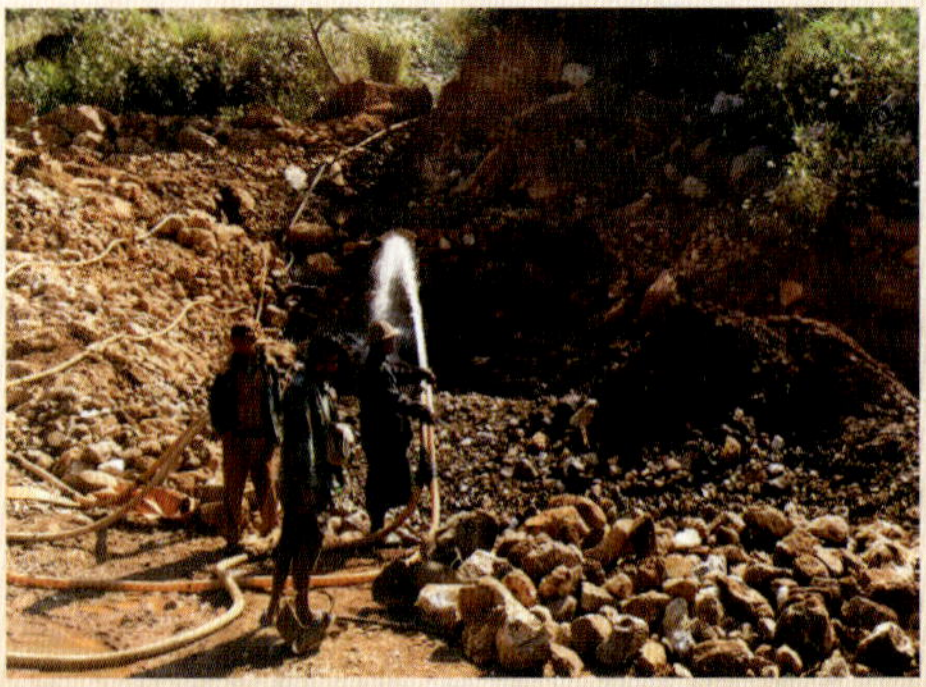

2008年新発見

モゴック西部にあるチャッピン地域のボウマー（Bawmar）鉱山で、2008年からサファイア採掘ラッシュが始まった

アフリカ初のサファイア採掘ブームが1998年に始まり、マダガスカル南部のイラカカ地域から多くのブルーとファンシーカラーサファイアが産出

イラカカから産出したファンシーカラーサファイアの原石

1990年代に発見された名産地

マダガスカル

驚くことではありませんが、同じモザンビーク変成帯にある島国のマダガスカルでは、古くからアクアマリンとサファイアが産出していました。1993年と1998年に島の南部にあるアンドラノンダンボ（Andranondambu）地域とイラカカ（Ilakaka）地域の変成岩（スカルン）からサファイアが次々と発見され、国際宝飾市場に著しく高品質のサファイアを提供するようになりました。宝石学的にも化学組成的にも、スリランカ、ミャンマー、そしてカシミール産サファイアと類似しているため、産地識別に大変な困難が生じています。多くの原石が加熱処理され、非加熱のサファイアは非常に限られています。

イラカカ産
高品質の非加熱
ブルーサファイア

火山岩起源のサファイアの主産地

オーストラリア、カンボジア、タイ、ナイジェリア

ゴールド・ラッシュの潮流に伴い、オーストラリアで世

Madagascar

カンボジア西部、タイとの国境付近にあるパイリンの漂砂鉱床の現場

カンボジア、パイリンの河川でサファイアを探す家族

100km²にも及ぶ広大なイラカカ産サファイアの産出地

インベレル地域のキングマン鉱山で産出する黒みのあるブルーサファイア

インベレル地域で産出したサファイア原石

オーストラリア、ニューサウスウェールズ州インベレル(Inverell)地域は、1960年頃まで世界最大の火山岩起源のサファイア鉱山

Australia

界最大を誇るサファイア鉱山が相次いで発見されました。1850年代後半から本格的に採掘を開始し、世界の半分以上のサファイアはオーストラリア産といわれるほどでした。

アジアでも1875年にカンボジアのパイリン(Pailin)地域から、同様のサファイアが提供されるようになりました。これらの産地から採掘されたサファイアは、火山岩の一種である玄武岩起源であり、スリランカ産などの変成岩起源のサファイアと比べて青色が大変暗く、美しさに欠けています。それは加熱して色を淡くしなければ、ジュエリーに使えないほどのものでした。

オーストラリアやカンボジアのサファイアは1960年代に産出量が激減し、現在に至ります。

1980年から、タイのチャンタブリー(Chanthaburi)とカンチャナブリ県に分布する若い玄武岩質のマグマからサファイア鉱床が大規模に採掘され、世界的な産地となっています。青色の濃いサファイア以外に、グリーンサファイア、イエローサファイア、ブラックサファイアなどが商業的に採掘の対象となっています。ナイジェリアは2010年からアフリカにおける新しい火山岩起源のブルー

パイリンのジェムマーケットで見られるサファイア

Cambodia

パイリンのジェムマーケット

東南アジアで最も品質がよいサファイアの原産地。カンボジアのパイリン地域

イラカカから産出した
ファンシーカラーサファイア

東南アジア最大級のサファイア露天掘り鉱山。
タイのカンチャナブリ

サファイアの産出地となりました。マンビラ（Mambilla）高原に位置する鉱山から産出する高品質で鮮やかな青色のサファイアは大変に魅力的で、有名なカンボジアのパイリン産サファイアの代わりに市場に出ています。

産地の重要性

宝石を鉱山から市場に運んでくるためには、膨大な量の土と、数え切れないほどの労働時間が要求されます。それぞれの鉱山で、さまざまな品質のサファイアが産出されますが、優れた品質の宝石に関しては、個別に行う原産地判定が付加価値となります。サファイアに関しては、ミャンマー（ビルマ）、スリランカ、マダガスカルでも最高品質の宝石が産出されますが、前述した通り、カシミール産のものが最も高い価格が付けられています。

スリランカ産サファイア
のダイヤモンドリング

4つの比重分離機を構える選鉱過程

Thailand

選鉱プラントでは流れ作業で
サファイアを探す

カンチャナブリのサファイア選鉱プラント

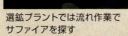

9 ルビー、サファイア①

再び宝石ラッシュに沸くマダガスカル

イラカカ産ルビーとサファイアの原石

マダガスカルに宝石が産出する要因

太古の昔、9億年前から6億年前までに、地球上では現在のアフリカ大陸や南アメリカ大陸、南極大陸などが合体した「ゴンドワナ超大陸」が生まれました。そのとき、それぞれの大陸の衝突によって東アフリカに「モザンビークベルト」と呼ばれる高温高圧の変成帯が形成され、その熱テクトニクスのおかげで東アフリカ諸国に宝石が形成される環境が整いました。マダガスカルはゴンドワナ超大陸のモザンビークベルトに属しています。6億5000万年前にサファイアが誕生したと考えられ、世界で最も古いサファイアを産出する国となりました。その後、1億6500万年前に、ゴンドワナ超大陸が分離しはじめ、マダガスカルはアフリカ大陸からインド洋側に400kmも移動し、現在の位置に達したとされています。

マダガスカルのルビー、サファイア鉱山分布図

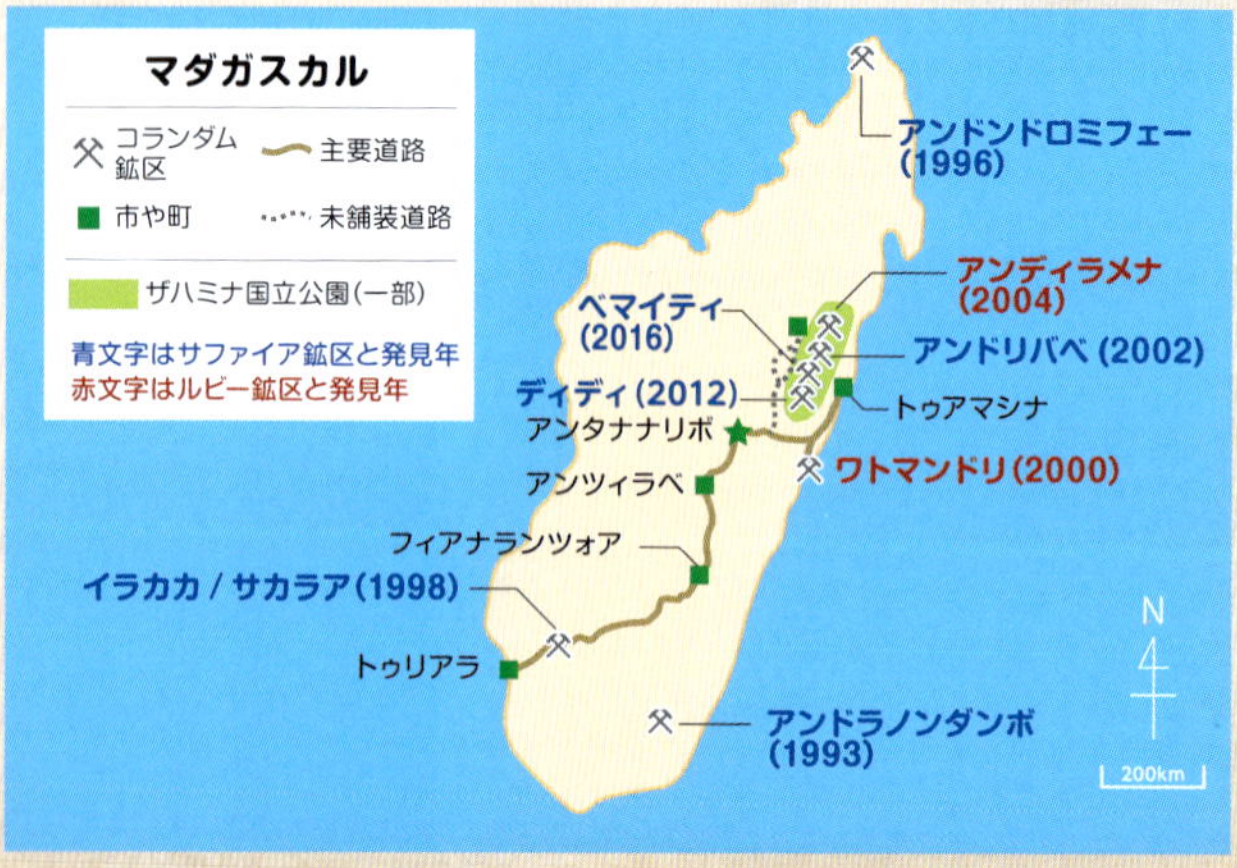

マダガスカル南部のイラカカで産出したファンシーカラーサファイア

貴重なマダガスカル産セレスタイト

産出する宝石の種類が豊富

マダガスカルの地殻構造は非常に複雑で、スリランカや南インドと同様の高度な変成岩が島全体に分布しています。鉱物資源がとても豊富で、世界的な一大宝石産出国として大変注目を浴びています。希少な宝石類であるグランディディエライト（Grandidierite）、デュモルチェライト（Dumortierite）、ダンビュライト（Danburite）、セレスタイト（Celestite）なども特産です。

マダガスカルの中部にある中央高原ではペグマタイト鉱床が広がっていて、多彩なトルマリン類、ベリル類、トパーズ、水晶などが約50か所から産出します。特に良質の青色の濃いアクアマリン（別名サンタマリア・アフリカーナ・アクアマリン）や、ピンクオレンジのモルガナイトが採掘されています。南部では、ルビー、サファイア、ガーネット類、クリソベリル類、スピネル、ジルコン、コーネルピン、アパタイト、オパールなどが豊富です。北部には世界最大級のルビー鉱区が発見されていましたが、２００９年にモザンビークのモンテプエ

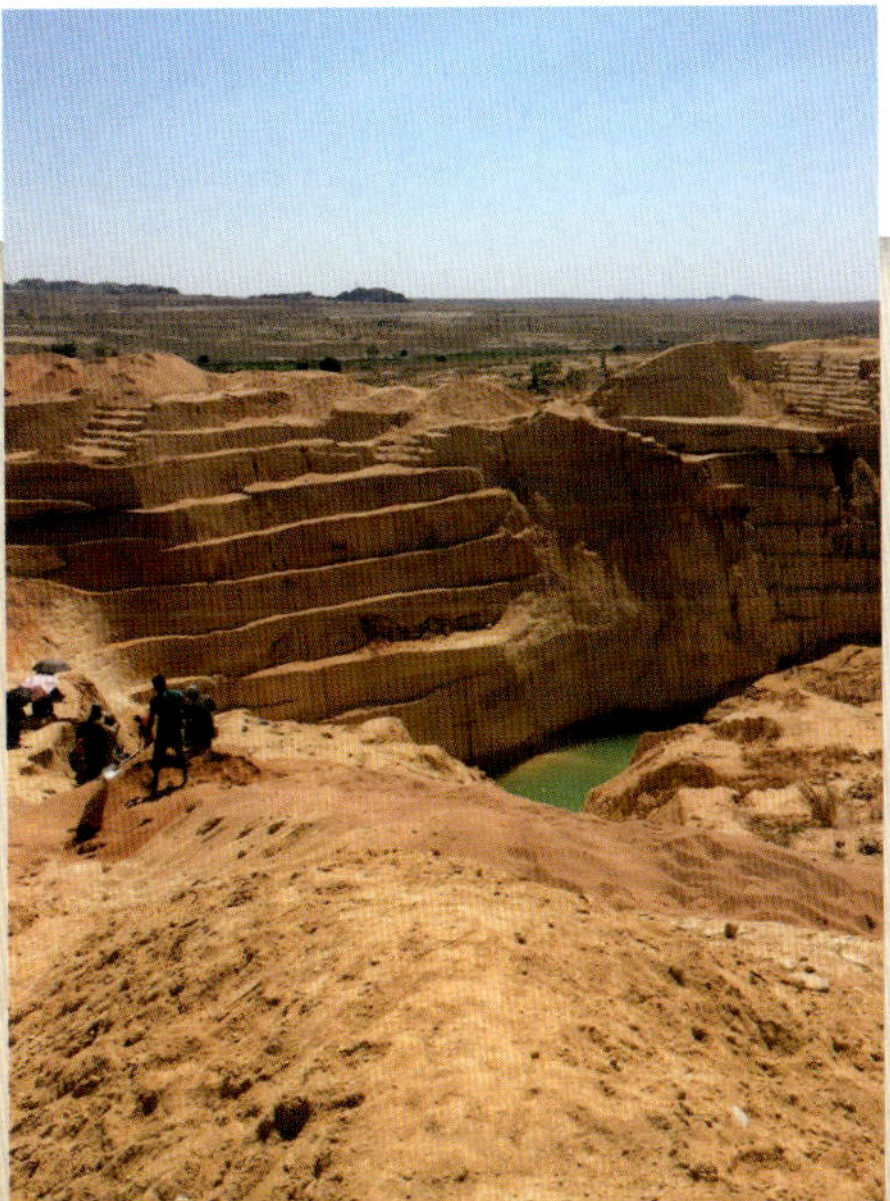

赤土の下にサファイアを含む砂礫層があり、手作業で深く掘り続けるイラカカの鉱夫たち

人気の希少石、マダガスカル産グランディディエライト

アンドンドロミフェーから発見された大粒サファイアからカットされるダークブルーサファイア

ズ地域にそれ以上の埋蔵量のあるルビーが産出されています。東海岸のマナンジャリ（Mananjary）付近にはエメラルドも産出します。

マダガスカルにおける1回目の宝石ブーム

マダガスカルでのサファイアの発見は20世紀に入ってから、1920年のことでした。南部のゴゴゴゴ（Gogogogo）とトラノマロ（Tranomaru）地域で地元の農夫が偶然に質のよいルビーとサファイアを発見しました。しかし採掘現場の悪条件と海外への輸出ルートがなかったことが災いして、この国が「宝島」であることに誰も気がつきませんでした。1990年代に入ると、東南部に位置するアンドラノンダンボ（Andranondambu）で良質のサファイアが発見され、その産出量によって世界から注目され、マダガスカルにおける宝石のラッシュが一気に始まりました。その後、島の最北端に位置するディエゴ・スアレス（Diego Suarez 現アンツィラナナ Antsiranana）の南部、アンドンドロミフェー（Amdondromifihy）から再度、大粒のサファイアが発見され、マダガスカル産サファイアの二大名産地となりました。

鉱山付近にできた町並み。家が急増している

サファイア・ラッシュで数百キロも離れた場所から徒歩で鉱山へ向かう労働者たち

マダガスカル南西部、フィアナランツォア州にあるイラカカ。20世紀後半、サファイア鉱山の発見とともに人口が爆発的に増えた

マダガスカル産最高品質の非加熱ブルーサファイア（Vincent Pardieu 撮影）

世界最大級のサファイア鉱床

最も世間を驚かせたのは、1998年に発見された南部のイラカカ国立公園近郊にある世界最大級のサファイア鉱区です。首都アンタナナリボ（Antananarivo）から南西に750㎞も離れた小さな村に数万人の鉱夫が移り、計り知れないほど美しい、さまざまな色のサファイアが採掘されました。この数年の間に発見されたサファイアの鉱床の中でイラカカ鉱床は最も有名となり、マダガスカルにおける宝石ブームをさらに世界の頂点まで押し上げました。

百キロ四方に広がるイラカカ鉱床では、ジルコン、ガーネットなどもよく産出しますが、宝石業者にとって関心の高いものは、やはりサファイアです。採掘されたサファイアの70％はピンク、パパラチャ、オレンジ系の色相であり、ブルー系は5％にとどまります。天然のブルーサファイアはミャンマーやスリランカ産サファイアと区別がつかないほど美しいものが採掘されます。ギウダのような色の淡いサファイアはタイやスリランカでの加熱処理によって、「ロイヤルブルー」のような青色に改良され、世界市場に出回っています。しかし、その地域の急速な人口の増加と膨大な採掘の発展により、現在、その終息を迎えつつあります。

イラカカ産
ブルーサファイア

イラカカでは多くのピンクとブルーサファイアが産出する

イラカカ村の近くの川で宝石や金を探す地元の人たち

ディディ産ルビーとサファイアの原石（Vincent Pardieu 撮影）

再びマダガスカルに訪れた宝石ラッシュ

2000年代に入ると朗報が相次ぎました。東北部に位置するザハミナ（Zahamena）国立公園が、マダガスカルの新たな宝石埋蔵地であることが世界に知れ渡りました。また、アンタナナリボの東部にあるマダガスカル最大の港町ワトマンドリ（Vatomandry）と、北部にあるアンディラメナ（Andilamena）で、これまた世界最大規模のルビー鉱区が発見されました。特に大きなサイズのルビーが大変注目され、研磨した石を世界各地に輸出するようになりました。さらに、マダガスカル政府が保護地域に指定したアンケニヘニ・ザハミナ（Ankeniheny-Zahamena）森林回廊からは期待されたサファイアは見つかりませんでしたが、2012年、この国立公園の中央部にあるディディ（Didy）という村から、上質なブルーサファイアが発見されました。この知らせは、最盛況であったイラカカ鉱区の失速に失望してきた宝石業界に再び活気を与えることになり、マダガスカルに2回目の宝石ラッシュをもたらしました。

2012年
新発見

ディディの町並み

マダガスカル北部の国立公園に位置するディディ地域。イラカカから数千人の鉱夫たちが押し寄せた(Vincent Pardieu 撮影)

非常に困難な山林を乗り越えて50kmほど歩き、たどり着いたベマイティ鉱山。筆者と協力してくれた現地の人々

2016年以降、注目されているザハミナ国立公園にあるベマイティ渓谷

2016年
新発見

にわかに脚光を浴びる新鉱山ベマイティ

宝石の採掘現場で働いている鉱夫たちは、石の産出量が減少するにつれ、日々新天地を探し求めています。2016年11月、鉱夫たちがジャングルの中でさ迷っているときに、ディディより北45kmにあるベマイティ（Bemainty）で100ctを超える超大粒の原石が次々と見つかる好機に恵まれました。それはほかのどのマダガスカルの鉱床よりも上質で、大変魅力的なブルーやパパラチャタイプのサファイアが産出し、わずか数か月の間に世界的に重要な供給源として浮上しています。それまでイラカカやその他の鉱区で働いていた鉱夫たちは元の場所から離れ、このベマイティを目指した大移動が始まっています。

ベマイティ産サファイアは結晶内部にクラウド（微粒子）以外の内包物が少ないのが特徴。透明度と彩度が非常に高く、少し白みがかった柔らかいブルーを呈しています。1881年にカシミール地方から産出されたコーンフラワーブルー、ベルベティブルーのサファイアに非常に酷似し、カシミール産サファイアを連想さ

ベマイティ産
コーンフラワーブルー
のサファイア
ダイヤモンドリング

ベマイティ漂砂鉱床から採掘された
サファイア原石

ファセットカットされたベマイティ産サファイア

簡易型鉄網戸による選石作業

1日10時間も手作業で砂礫層を掘り続ける

せるような、上品で落ち着いた色合いのサファイアであることは間違いありません。

採掘は4、5人からなる家族作業で実に簡単に行われています。直径5~6ｍのエリアで露天掘り法を採用し、3~6ｍより深い堆積層からサファイアを含む土砂を掘り起こし、バスケットに入れて次々と人を介して地表へ引き上げ、溜めていきます。昔のように土砂を川まで運ぶのではなく、その場で穴が開いた金属製網戸に入れ、溜まった雨水で洗い出します。鉱区に重機がなく、選別できる土砂の量も一日数十から数百キロにしかなりません。数日または数十日でやっと1ピースが見つかる確率で採掘を継続していますが、産出されたサファイアは優れた品質を持ち、その美しさと色の調和は最高の価値があると市場で評価されると思われます。

鉱区の採掘現場は大変厳しい環境にありますが、どんな悪条件下にあっても、この国の宝石ラッシュにブレーキをかけることはできないでしょう。

簡易型の竹で組み立てられたテントで生活しながらサファイアを掘り続ける鉱夫たち

オレンジがかった美しいパパラチャ・サファイアの原石

10 ルビー、サファイア②

宝石を美しく発色させる加熱処理

スリランカ、ラトナプラで広く行われているサファイアの加熱

スリランカのエラヘア漂砂鉱床で発見されたルビーとサファイアの原石

古くから行われている宝石の加熱

自然界で生まれた宝石は、掘り出された原石をそのままカットして仕上げていると思われがちですが、自然そのままに美しい色を持っていることは、極めて希です。色合い、外観のわずかな差によって、その価値が著しく異なる宝石においては、過去から現在まであらゆる改良や改善の手段が考えられてきました。宝石加工の数千年にわたる歴史の中でも、最も古くから行われている方法は加熱処理です。それ以外にも現在では、化学的着色、照射処理、拡散加熱処理などのさまざまな処理法が用いられています。

カラーストーンの代表格といえるルビー、サファイアの鉱物種コランダムは、自然の状態で美しい色になるのはとても限られています。コランダムは下の図にあるように、結晶内に含まれる要因によって、美しい色が損なわれるのです。結晶の成長段階で、その宝石の色を作るための遷移金属元素が過剰に取り込まれたり、必要のない元素が

自然なコランダムの色に影響する要因

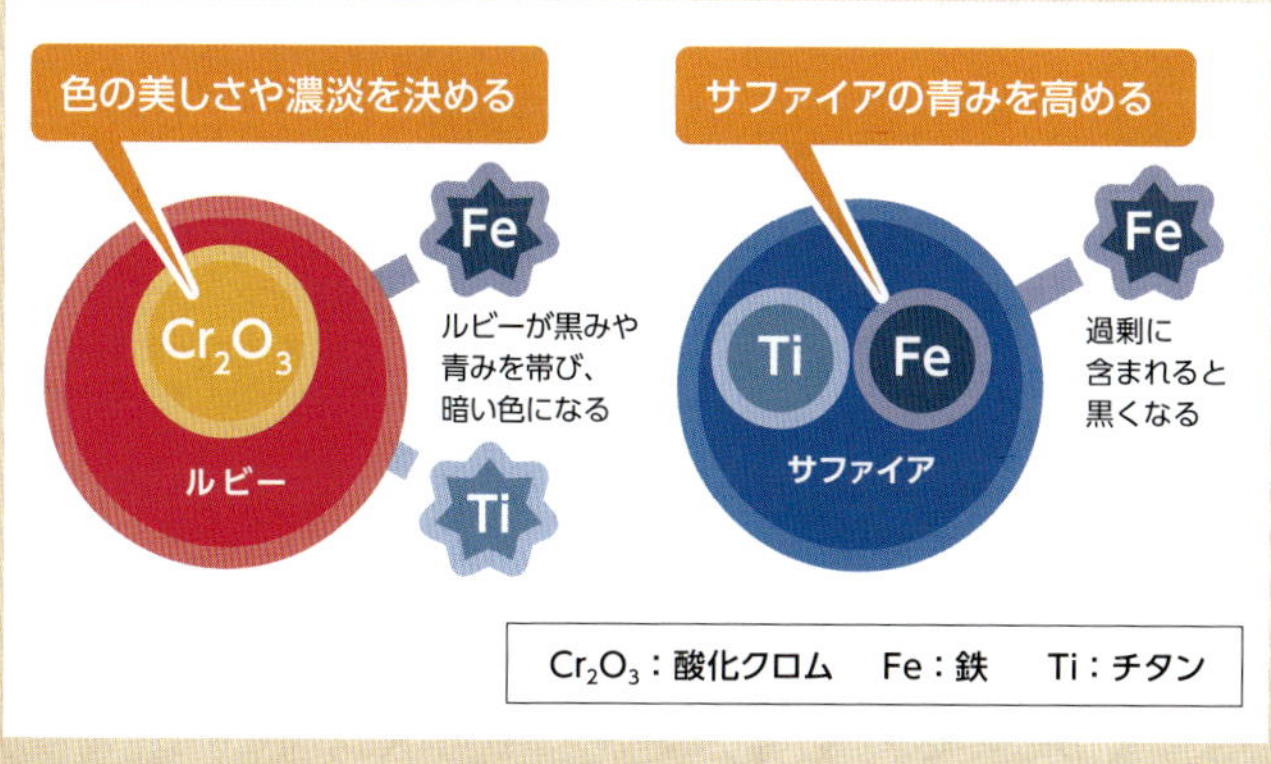

加熱により透明度が増し明るくなったイエローサファイア

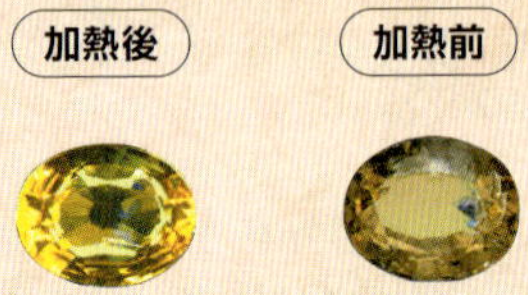

入ったりして、本来の美しい色に不必要な色相が加えられてしまいます。このようなコランダムは、加熱処理によって、暗い色合いの要因である鉄やチタンなどの電荷を変え、色の鮮やかさを増し、色みを改良することができます。

コランダムの美しさに影響するもう一つの要因は、結晶中に大量に存在するシルクインクルージョンです。結晶が出来上がったとき、温度が下がることで固溶体分離を起こし、多くの針状のルチル結晶が析出されます。これにより石の透明度は低下し、褐色を帯び、サファイアの色が悪くなってしまいます。したがって、加熱処理によって内包物を溶融し、透明度を上げることができます。

コランダムの加熱の歴史

コランダムの色の改良については4世紀のエジプトの学者の記録がありますが、具体的にどのような手法でコランダムを加熱したか不明でした。その後、11世紀にインドのボジャラジャ（Bhojarajah）により石炭を使ったコランダムの加熱が紹介されました。1048年に、アラビアの鉱物学者であるアブ・ライハーン・アル＝ビールーニー（Abu

マダガスカル産サファイアの加熱による色の変化

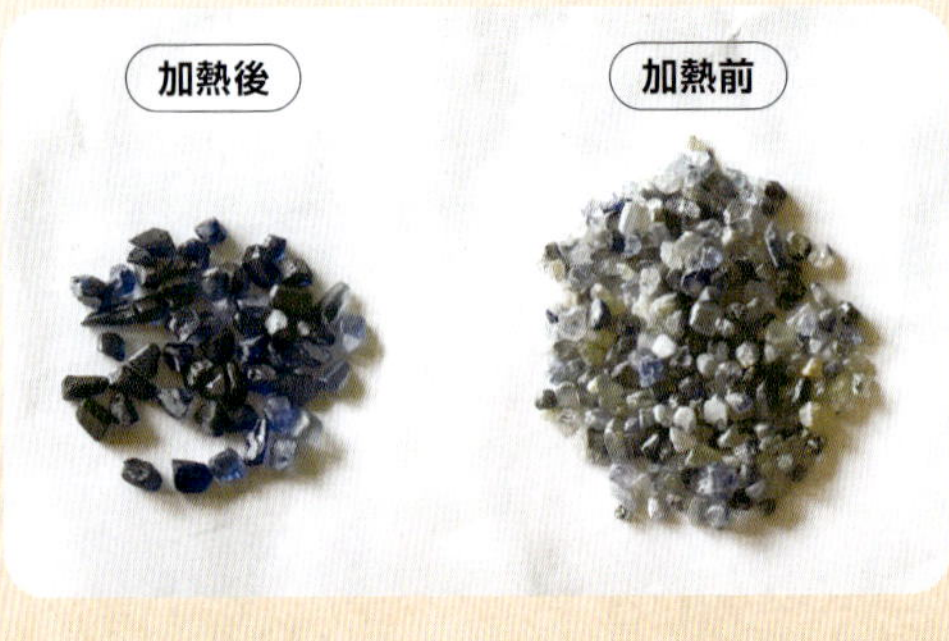

加熱によって針状インクルージョンが溶解し、透明度が改善される

ギウダと呼ばれるスリランカ産サファイア

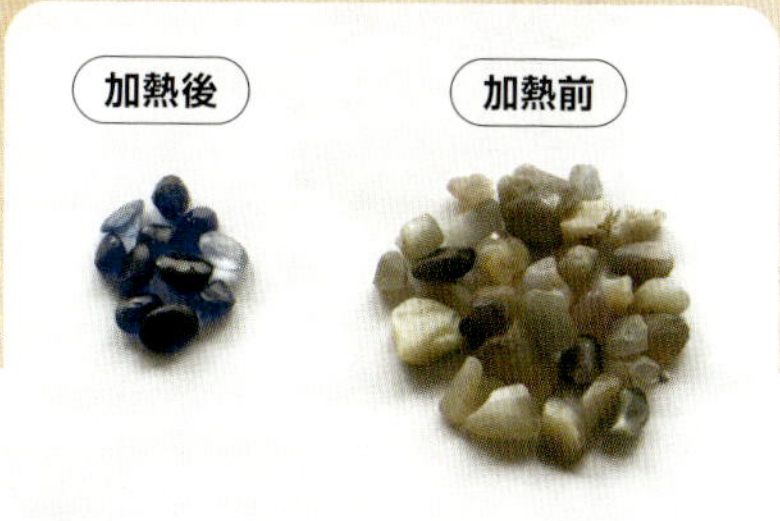

スリランカで行われてきた吹管低温加熱法（約700度）。5時間ほど、色を調整しながら吹き続ける

Raihan al-Beruni）が書き上げた本『貴石に関する最も広範囲の知識』の中では、金を溶かするつぼを用いてルビーを１１００度以上で加熱すると、色に変化が見られたという記述があります。

スリランカ産サファイアの加熱については、ドゥアルテ・バルボサ（Duarte Barbosa）の著した『ドゥアルテ・バルボサの書』の中で、千年にわたって使い続けられてきた吹管《すいかん》（Blow-Pipe）加熱法が説明されています。それによると、木炭や石炭を用いて乳白色のギウダ（Geuda）と呼ばれるサファイアが加熱され、透明度と色にある程度の変化があったと記録されています。

しかし、近代的なガス型高温加熱法（１５００度以上の高温）は１９２０年にスイスのブロン（Bron）教授によってようやく開発されました。それはカンボジア産サファイアとスリランカ産ギウダの加熱に非常に有効であることが判明しています。１９７０年代には東南アジアのタイでダークブルーサファイアが大量に採掘され、南東部にある宝石市場で有名なチャンタブリでガスによる加熱法が盛んに行われました。それでも１６５０度以上が必要となる超高温の加熱には、これらの方法では限界がありました。その後、１９８０年から２０００度に達する電気炉が次々と開発され、加

タイのチャンタブリでよく使用されているガス炉

スリランカで使用されるサファイア加熱用、中〜高温ガス炉

熱環境を制御できる多機能な電気炉が現在のコランダム加熱処理の主流となりました。

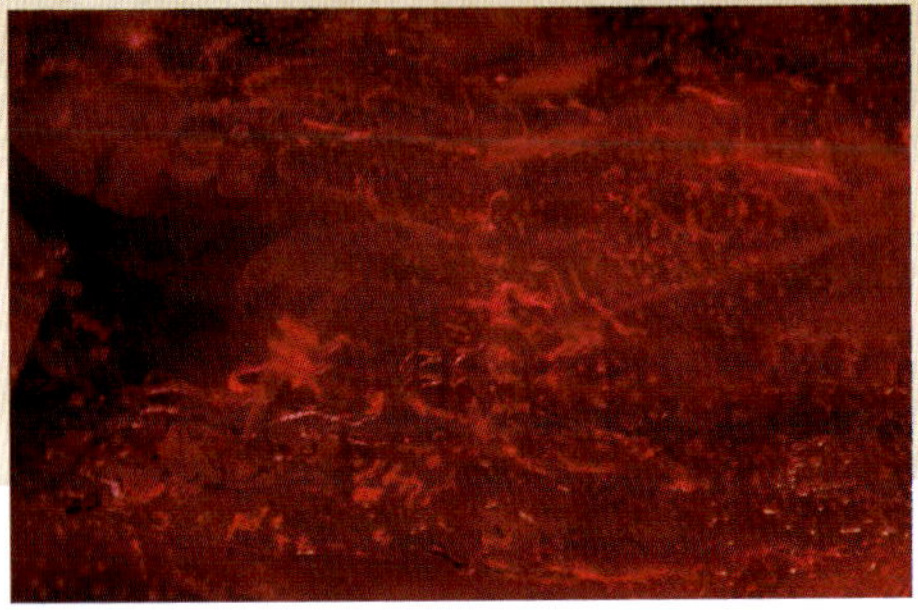
ルビー加熱処理による残留物質。隙間に残る加熱用触媒ボラックス

加熱されたルビーの痕跡

ルビーの加熱処理は、1000度前後の電気炉で数十時間にわたり行います。ブルーサファイアは、1400～1500度の高温を必要とし、ガスやディーゼルのオーブンを用いて熱処理をします。この熱処理により、宝石に含まれたシルクインクルージョンが溶かされ、透明度が増します。このような場合、熱処理の効率を上げるために、鉱物の一種である「ボラックス（ホウ砂）化合物」を利用することがあります。

しかし、加熱対象であるコランダムに隙間や割れ目などがある場合には、加熱するにつれて表面の空洞などにボラックスが浸入し、無色透明な残留物質として残ってしまう場合があります。

国際鑑別機関では、その程度を多量、中程度、少量という三段階に分け、「残留物質」という表現で記載しますが、日本国内の鑑別機関では、「フラクチャーに透明物質を認む」という記載をします。国内と国外で表記の言葉が違うので、まったく異なる印象を与えてしまいます。

高温耐熱材で囲まれる加熱構造の内部

超高温加熱用電気炉

元素添加による拡散加熱処理

ここまで紹介した加熱処理の手法は、宝石の余計な色みを除去したり、多数のインクルージョンを減らしたり、あるいは、潜在的な色を引き出したりするために行われているものです。具体的には、宝石原石を電気炉やガス炉などを用いて、外部の添加物質なしで中高温にさらします。このような加熱処理はサファイアやルビーを含めた多くの色石に施されている一般的な方法です。加熱後の色は多くの場合、非常に安定していて退色することはめったにありません。

しかし、コランダムの加熱処理は多様化しています。原色を完全に改変したり、あるいは色を強調したりするために、加熱処理時に人為的に特定の元素を加え、石の表面や原子格子内に拡散・浸透させる新たな加熱処理法が開発されました。

表面拡散処理

1980年代に、無色または色の薄いコランダム（サファイアやルビー）をターゲットとして、外来添加物、チタンやクロムという着色元素を加熱過程に加え、色を石全体に浸透させることで、より濃い色を形成しようとする拡散加熱

チタンによる表面拡散処理をされたブルーサファイア。右の切断面の画像でサファイア表層に集中する青色が確認できる

ベリリウム拡散加熱用るつぼ

ベリリウム拡散処理された、パパラチャ、ゴールド、オレンジ、イエローのサファイア

が行われるようになりました。着色元素であるチタンやクロムは、原子が大きいためにコランダム内に浸透できず、表面にとどまる性質を持ちます。そのため通常は「表面拡散処理」と呼ばれています。表面拡散処理されたルビーやサファイアは、再研磨すると色がなくなります。なぜなら着色された色は各ファセットの表面のみに付いているからです。このような石のほとんどは、低価格で販売されています。

格子拡散処理

チタンやクロムよりもはるかに小さい原子であるベリリウム（Be）元素を外来添加物として加熱過程に加え、高温下でコランダムの格子内に拡散・浸透させて色を変える新しい手法が格子拡散加熱です。「ベリリウム拡散処理」と呼ばれ、２００２年頃から、彩度の高い蓮の花という意味を持つオレンジピンク色の「パパラチャ」をはじめ、オレンジ、ゴールド、イエローのサファイアなどに幅広く使われています。格子拡散処理されたサファイアでは、ベリリウム元素は石の内部に拡散し、発色を誘発する因子として作用するので、黄色が形成されます。この色は石表面に限らず内部にまで分布しますが、加熱時間が長ければ長いほど、色が石全体に浸透します。

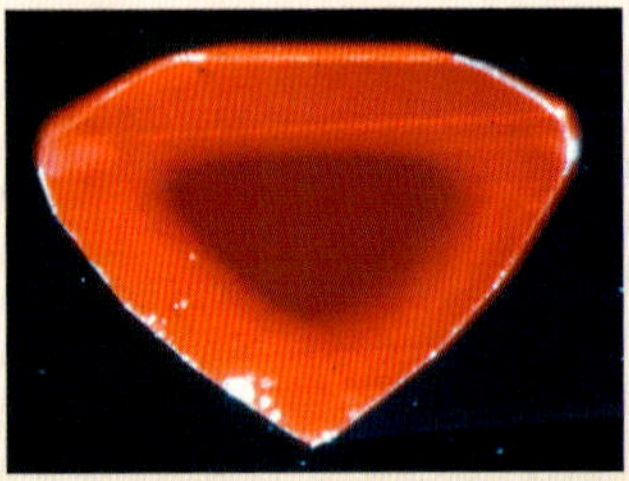

レーザートモグラフ法で観察したベリリウム拡散処理されたパパラチャ・サファイアの断面図。外縁部はベリリウム拡散によって形成された黄橙色、中心部は元のピンクサファイアの色（全国宝石学協会 Gemmology 引用）

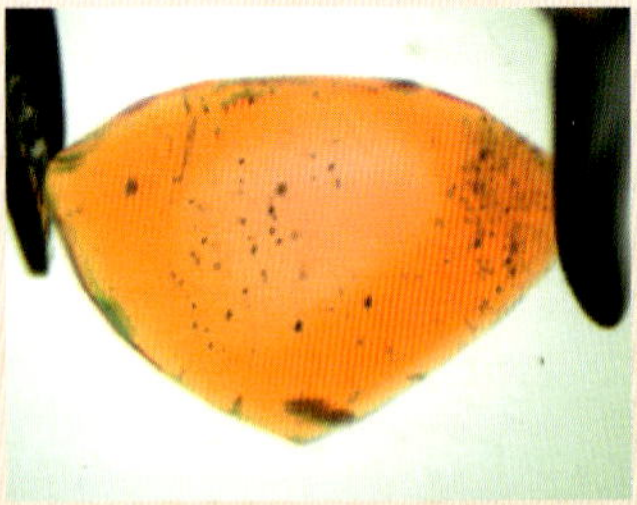

ベリリウム拡散処理によって石の表層付近に形成された新たな黄色の色帯

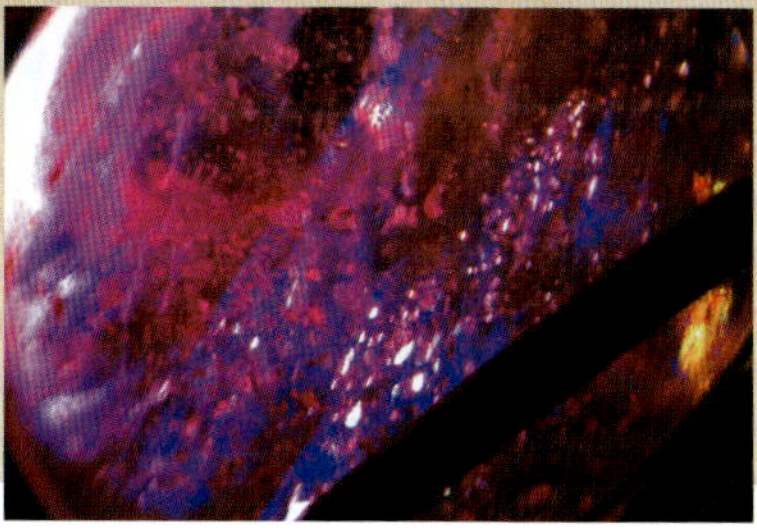

ルビーの割れ目に
充填した鉛ガラス

鉛ガラスを充填したことでルビーの透明度が上がり、内部に見られる青色のフラッシュ効果

宝石鑑別機関ではこのような軽元素（Be）を看破するために、最先端の科学分析法であるレーザー照射・誘導結合・プラズマ質量分析法（LA-ICP-MS）、レーザー誘導ブレークダウン分光法（LIBS）の運用が必要です。

注意が必要な鉛ガラスの含浸処理

２００４年の初め頃から、透明度の改善を目的として非常に品質の悪い割れ目を含んだアフリカ産ルビーを、鉛ガラスを用いて改良する含浸処理が見られるようになりました。このような石は、宝石市場に急速に広がり、当時の全国宝石学協会は国内外に注意を喚起しました。過度の含浸がコランダムの重量や耐久性などに影響を及ぼすことが懸念されたからです。

鉛ガラスの含浸処理はルビーにとどまらず、各色サファイアにも適用されるようになり、含浸される物質も鉛（Pb）だけでなく、ビスマス（Bi）も使用されたものが見られるようになりました。この含浸処理が行われた石は、宝石顕微鏡による拡大検査で、青～紫色の不自然な光（フラッシュ効果）が観察されます。この処理は前者の残留物質が残る加熱処理とは全く異なり、識別には注意が必要です。

鉛ガラスの含浸処理
をしたルビー

鉛ガラス充填後のルビー原石

鉛ガラス充填処理に
使用されるアフリカ
産のルビー原石

よみがえった 北アメリカのトレジャー「モンタナ・サファイア」

約100年前に使用された鉱夫たちの宿

上質の非加熱モンタナ・サファイアの原石

モンタナ・サファイアの繁栄と衰退、そして未来

アメリカ・モンタナ州における採金の歴史は1800年代後半に始まりました。当時、金の採鉱は大変人気を集め、多くの人々がこの地域に押し寄せてきました。そして偶然、探鉱者によってヨーゴ渓谷で青色の石が見つかり、ティファニー社のクンツ博士がこの石をサファイアであると証明し、コーンフラワーのような青色を絶賛しました。ヨーゴ産サファイアのサイズは小さく、カット石のほとんどが0・5ct以下ですが、スリランカ産サファイアよりも高い彩度を呈するため、強い光沢感が感じられます。また、加熱処理は施されず、アメリカ市場で最も人気の宝石でしたが、21世紀に入ってから鉱山が枯渇し、2005年に閉山しました。今ではヨーゴ産サファイアは幻の宝石になっています。

1890年にもモンタナ州のミズーリ川、ドライ・カットンウード・クリーク、ロッククリークなどの地域で続々と多様な色相を持つファンシーカラーサファイアが発見され、スイスの時計製造業界に大量に供給されました。しかし、1930年後半に世界宝飾市場に合成サファイアが導入され、モンタナ・サファイアの採掘は衰弱期を迎えました。

ヨーゴ産の非加熱サファイアのリング

モンタナ州のヨーゴ渓谷から産出されたサファイアの原石

ラウンドブリリアントカットにしたモンタナ・サファイア

モンタナ・サファイアの八角形にカットされたファセット石

ロッククリーク・サファイア

近年、美しい自然の中に眠っていたサ

ロッククリーク鉱山の大型選鉱プラント

ファイアは再び新しい採掘の時代に向かおうとしています。モンタナ州ジェム・マウンテン地区、ロッククリーク鉱山は最も豊かな鉱床であり、見つかったサファイアは「ロッククリーク・サファイア」と呼ばれています。2011年に、ポテンテイト・マイニング（Potentate Mining）社はジェム・マウンテン地区の北部を購入し、最先端の採掘技術を応用して、この国の歴史上で最も重要な採掘現場を再興しようとしています。

　ジェム・マウンテン地区のロッククリーク・サファイア鉱山は二次鉱床であり、サファイア原石は沈泥や砂礫や巨礫が混合した泥流堆積岩から採掘されています。一次鉱床である母岩は見当たらず、火山岩である流紋岩と関連していると鉱山の地質学者はいいます。かつては鉱夫たちが水圧を利用して河川の周囲で採掘しましたが、ポテンテイト社は地上磁気探知機による科学調査を行い、ジェム・マウンテンの北部と南部のガルチ（渓谷）や丘の頂き部分に、きわめて多くの資源があると判断しています。

　現在、ポテンテイト社は北部のユーレカ渓谷と南部のサファイア渓谷で採掘を進めています。年間10kgの原石を採集していますが、2017年には約30kgに達し、採掘敷地内にサファイアがまだ豊富にあることを証明しています。また、副産物として金も回収されています。1立方ヤード当たり数十ドルの金が産出します。

ロッククリーク鉱山から多く産出する六角平板状のサファイア

モンタナ・サファイアは世界で最も高い1800mの高地の漂砂鉱床から採掘される

1時間あたり18m³のサファイアを含む砂礫を粗選別できる大型選別車

サファイア原石は異なるスクリーンからサイズが選別される

ポテンテイト鉱山社により、2011年から本格的に採掘が行われ、2014年には10kgのサファイア原石を採掘。2017年には30kgまで達している

サファイアの採掘に伴い副産物として金が回収される

サファイアの産出頻度を調べる鉱夫たち

選鉱とリサイクル

南部のサファイア渓谷の採掘現場には、二重式のスクリーニング車が設置され、サファイアを含む砂礫層を採鉱しながら原鉱石を3つのサイズに分類していきます。その後、北部のユーレカ渓谷にある選鉱プラントに運ばれます。そこで2組の比重分離機を用いて、1時間当たり50立方ヤードの原鉱石を選別していきます。金をもれなく回収するための階段式回収機も設置されています。さらにポテンテイト社は環境を保護するために、選鉱プラント内で使用済みの水を最新沈殿設備を用いてリサイクルしています。

比重分離機で採集されたサファイアとその他の砂礫

ロッククリーク・サファイアの品質

ロッククリーク鉱山から採掘されたサファイア原石の多くは典型的な火山岩起源のコランダム結晶形を持ち、一部は風化運搬作用により丸みを帯びた形をしています。サイズの幅が広く、3㎜から12㎜にも及びます。最大の原石は60ctに達しています。最も印象的なのは、ロッククリーク・サファイアのカラーバリエーションです。透明度が高く、色の濃度は薄いですが、黄緑色、青色、ピンク、紫色、黄色、オレンジと、ファンシーカラーが多いのが特徴です。希にルビーも産出します。これらのうち約10％の原石は上質であり、美しい天然のファンシーカラーの1ct以上のファセットカット石になりますが、大半は加熱処理によって、より濃い青色が形成されます。

ポテンテイト社は長期的な目標を立て、メジャーなジュエリーメーカーや一部ジュエリー小売業者に、さまざまなファンシーカラーサファイアの提供を続けられると確信しています。

比較的色の薄い非加熱のモンタナ・サファイア

ファセットカットしたファンシーカラーサファイア

モンタナ・サファイアの９割が加熱処理を施される

加熱後に色が濃く変化したサファイア

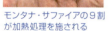

11 エメラルド 1

四大宝石の一つである緑色の代表石

エメラルドは美しく輝く最も貴重な四大宝石の一つ。高品質のエメラルドダイヤモンドリング

エメラルドの歴史と人気

エメラルドは何千年もの間、カラーストーンにおける緑色石を代表する存在です。その昔、エジプトのクレオパトラが最も愛した宝石としても有名です。クレオパトラ鉱山と呼ばれる自らの名前を付けたエメラルド鉱山を持つほど、この宝石を大切にしていたようです。さらにクレオパトラは身に着けるだけではなく、エメラルドを砕いてメイク用のパウダーにして化粧をしたという記述も残っています。

エメラルドの豊かな緑は、古代ギリシャの言葉「スマラグドス（Smaragdus）」に由来します。紀元1世紀にローマの学者プリニウスがまとめた、著名な百科全書『博物誌（Natural History）』によると、エメラルドを「この緑以上に緑のものはない」、「目の疲れやストレスを和らげ取り除いてくれる」とあります。日本では、エメラルドの色は新緑の繁栄を表し、5月の誕生石に最適な選択となっています。

トプカプのエメラルド入り短剣。トルコのオスマン帝国時代に使用されたもので巨大なエメラルド3個が柄に飾られている（トプカプ宮殿博物館提供）

タイ、バンコクのワット・プラケオの本堂に安置されている通称「エメラルド仏」。ジェイダイトで作られている

現代においても、エメラルドは豊かな風景を思い出させるものです。タイのバンコクにある仏陀像はジェダイトの彫刻ですが、「エメラルド仏」と呼ばれています。この仏像はタイの最も神聖な宗教の象徴でもあります。アメリカのシアトルは「エメラルドの都」とも呼ばれ、アイルランドは別名「エメラルド島」とも呼ばれています。

エメラルドは紀元前３３０年ころからエジプトのいくつかの場所から発見され、半透明の品質が産出したといわれていますが、１８１７年にフランスの探検家、フレデリック・カイヨーによってクレオパトラ鉱山の遺跡が再発見されています。

16世紀、スペインが現在のコロンビア周辺を征服した際、先住民であるインカ族がジュエリーや宗教儀式に緑色の宝石エメラルドを使用していました。スペイン人は非常に驚き、金や銀と交換しました。こうした取引により、エメラルドはヨーロッパ、アジアに渡り、カボションカット、ビーズカット、彫刻などに細工されて王室に持ち込まれました。エメラルドは今も昔も四大宝石の一つとして、その人気を持ち続けています。

16〜17世紀、スペインで発見されたエメラルドと金の飾り（GIA提供）

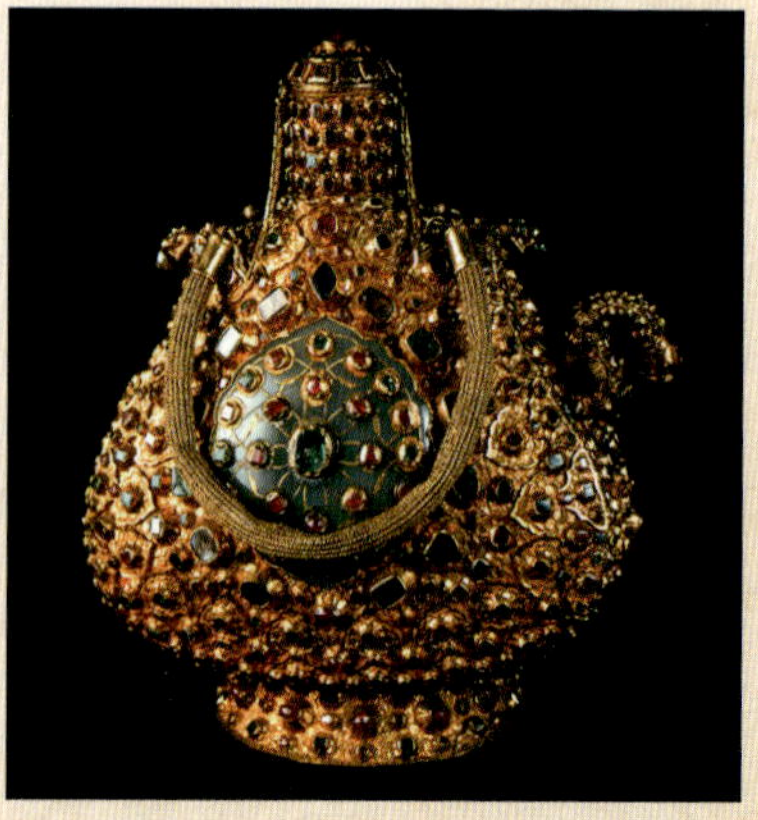

オスマン帝国時代に宮殿へ多くのエメラルドとルビーが持ち込まれ、食器まで繊細に飾られていた（トプカプ宮殿博物館提供）

エメラルド原石

ゴシェナイト原石

ベリル族の宝石種

エメラルドは鉱物のベリル（緑柱石《りょくちゅうせき》：$Be_3Al_2Si_6O_{18}$）族の中で最も有名な宝石です。自然界では頂部は平らな面を持つ六角柱状の緑色の結晶形を示します。金属元素であるベリリウムはこの石から発見され、1925年から鉱物資源として広く探査されるようになりました。宝石品質のベリルは多くの場合、青色から緑色の石を指し、ギリシャ語で「ベリロス（Beryllos）」と表しています。主な発色元素と色によって、ベリルには以下のような宝石種があります。

✧ ゴシェナイト ✧

不純物が少なく、純度の高い無色

✧ アクアマリン ✧

水と海のような薄い青色
（2価鉄イオン $-Fe^{2+}$）

青色の濃いアクアマリン（Fe^{2+}）のトレードネームは「サンタマリア（ブラジル産）」または「サンタマリア・アフリカーナ（アフリカ産）」。サンタマリアよりさらに濃く、紺に近い青色（Fe^{2+}, Fe^{3+}）は「マシシ」

✧ エメラルド ✧

クロム（Cr^{3+}）とバナジウム（V^{3+}）
による緑色

✧ グリーンベリル ✧

黄緑（Fe^{2+}, Fe^{3+}）

✧ ヘリオドール ✧

太陽を思わせる緑黄色（Fe^{3+}）

✧ モルガナイト ✧

やさしい愛らしいピンクまたは
淡赤紫色（Cs^{+}, Mn^{3+}）

✧ レッドベリル ✧

独特な赤、赤いエメラルドと呼ばれる
ほど気品を感じさせるベリル（Mn^{3+}）

青色を呈する六角柱状のアクアマリン結晶

モルガナイト原石

ヘリオドール原石

グリーンベリル原石

ベリルの産出国は宝石種によって異なりますが、エメラルドはコロンビア、ブラジル、ザンビア、ジンバブエ、アフガニスタンなどで、中でも最も品質がよく産出量の多い国はコロンビアです。アクアマリンは主にブラジル、ナイジェリア、モザンビーク、マダガスカルなどで採掘されています。マダガスカルではヘリオドールやモルガナイトも産出されます。

エメラルドの品質を決定する要素

エメラルドの品質と外観は、それが採掘された鉱山と関連しています。成長環境がそれぞれ異なるからです。含まれる着色元素の種類や含有量などが色調に影響を及ぼします。また、エメラルド結晶に取り込まれる内包物にも特徴があり、透明度が左右されます。色、クラリティ、カット、テリ、そしてカラット重量などは、エメラルドの価値を確立する上で非常に重要な要素だといえます。

◉色

エメラルドの最も望ましい色は鮮やかな緑色で、明度も暗くなく、青緑から純粋な緑です。黄色や青みの色相が強

レッドベリルの原石

サンタマリア・アフリカーナ
と呼ばれるアクアマリン

割れ目に含浸したオイル

エメラルドの割れ目にオイルや樹脂を含浸

すぎると、その石はエメラルドの色範囲から外れてベリルの別の変種となり、価値はそれに応じて低くなります。結晶に適切な量の着色元素であるクロムとバナジウムが入れば、最高品質のエメラルドの色になります。例えば、コロンビア産のエメラルドは暖かくより純粋な緑色を有するのに対して、ザンビア産のエメラルドは冷たい色調でより青みがかった緑色が特徴です。

◉クラリティ（透明度）

エメラルドでは、内包物（インクルージョン）の有無やキズの程度が透明度と密接な関係にあります。一般的に、結晶中に取り込まれた内包物が少なければ、その品質に影響を与えないのですが、内包物が非常に多い場合はクラリティ（透明度）にマイナスの影響を与え、石の価値は大幅に下がります。

GSTVラボでは、エメラルドのオイルや樹脂によるクラリティ含浸処理について、品質保証書に軽度（minor）、中程度（moderate）、重度（significant）として記述しています。

◉カット

エメラルドの色を最大限に引き出すために、カットの職人は、原石の結晶方向を認識し、青緑色から黄緑色の二色性

エメラルドの品質評価用マスターストーン

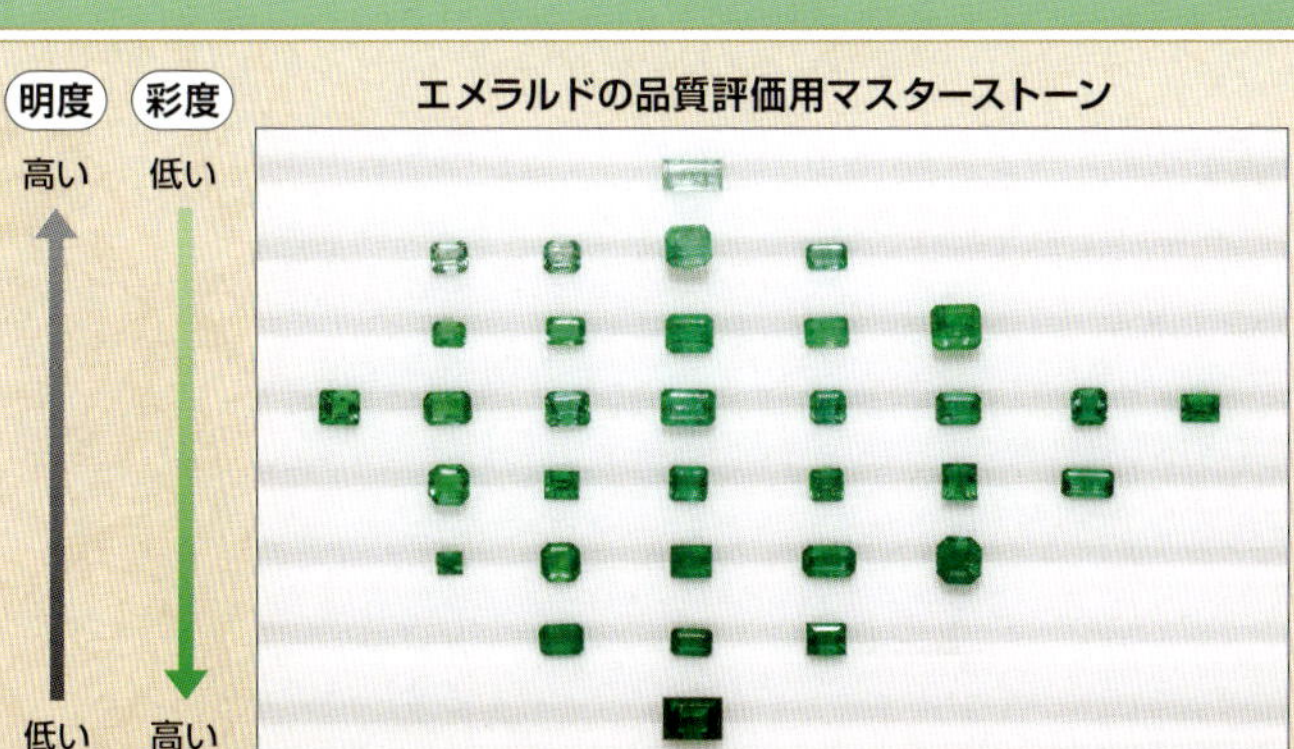

六角柱状の
エメラルド結晶

を見分けます。薄い色の石を深くカットし、テーブルを小さくしてファセットを少なくすれば、色を濃くすることができます。一方、暗い石は浅いカットでテーブル面を大きくし、ファセット面を増やせば、明るくすることができます。

また、顕著なフラクチャー（ひび割れ）やインクルージョンの影響を最小限に抑えるようにカットする必要があります。これを間違えると重量を損なってしまい、宝石の潜在的価値を減少させてしまうことになります。

◉テリ

石の輝きを引き出すために、より慎重なカットプランと正確なカットが求められます。宝石に入射した光は全反射ができるようにファセットの角度を厳密にアレンジすれば、成形加工後の石のテーブルとクラウン面から鮮やかな色が引き出せます。

◉カラット重量

エメラルドには、さまざまなサイズがあります。個人コレクションには数百カラットの大きなエメラルドがありますが、反対に1 ct未満のエメラルドもあります。品質が同じであれば、エメラルドの価格はサイズが大きくになるにつれ、大幅に上昇します。

テーブルを広くとったファセットカット

「ゴダ・デ・アセイテ」構造を示す最高品質の
コロンビア産エメラルドリング

青みのある緑色の
高品質のエメラルド
イヤリング

一般的に、センターストーンとして人気のある石は0・5～5 ctです。高級なジュエリーには、10 ct以上のエメラルドが使われることもあります。

以上の品質を見分けるための要素を知っておくと、エメラルドを購入する際に、価値の判断に役立ちます。

最高品質のエメラルド「ゴダ・デ・アセイテ」

エメラルド結晶に、オイルのような流れ模様が見られる成長構造を「ゴダ・デ・アセイテ」といいます。コロンビア産の最高品質のエメラルドにしか観察されない特徴で、下の写真のように、内部に凹凸の成長面があり、一滴一滴のオイルが付着しているような美しい光景で、大切な自然からの贈り物です。

「一滴のオイル（Goda de Aceite）」と呼ばれる成長構造。コロンビア産の最高品質を持つエメラルドに見られる

12 エメラルド②

エメラルド鉱床の分類と産出地の特徴

さまざまな形にカットされたコロンビア、ムゾー鉱山のエメラルド

コロンビアのペナ・ブランカはトラピッチェ・エメラルドの名産地。世界で最も希少かつ美しい、歯車のような構造を持つエメラルドが産出する

成長過程によって異なるエメラルド鉱床

ベリル族の中でも特に希少価値の高いエメラルドは、非常に複雑な地質学的環境下で結晶化します。アクアマリンなどの他のベリル鉱物が、比較的穏やかな環境下で成長するのに対し、エメラルドは急激な地質環境の変化や力学的な応力などの環境下で成長します。

ベリルが形成されるためには、結晶構造に必要な主元素であるベリリウムとアルミニウムとケイ素が必要です。このような多元素は一度の火山活動だけでは集まりません。異なる化学組成を持つマグマの熱水が同じ地域に重なって、ベリルを形成する元素が出会い、さらに限られた空間内で成長していきます。エメラルドはベリル鉱物の緑色を呈する変種で、クロムとバナジウムにより色みが形成されています。この二つの元素は地殻の深部に存在し、非常に複雑な地下火山活動によって互いに出会い、エメラルドの美しい深い緑が生まれたのです。

コロンビア産エメラルドのダイヤモンドリング

コロンビア、チボール鉱山から産出したエメラルドと母岩である頁岩《けつがん》

エメラルドの母岩である黒雲母結晶片岩

エメラルド鉱床は地質産状によって、次の2つのグループに分けられます。

グループ1

◉ペグマタイトに関連する鉱床

火成岩の一種である巨晶花崗岩またはペグマタイトマグマが冷却する際に結晶分化作用によって成長したエメラルド

①片岩と関連しないペグマタイト起源のエメラルド（ナイジェリアのカドナ鉱山）

②ペグマタイトと雲母片岩起源のエメラルド（ザンビアのカフブ鉱山、ジンバブエのサンダワナ鉱山、ブラジルのイタビラ鉱山、ノバエラ鉱山）

グループ2

◉ペグマタイトに関連しない鉱床

ペグマタイトとの接触がなく、産状として広域変成作用により成長したエメラルドや堆積岩中のエメラルド

エメラルドの主要な鉱山

スワート鉱山から産出したエメラルドの結晶

パキスタンのスワート鉱山

③**変成作用による金雲母片岩起源のエメラルド**（ブラジルのサンタ・テレジーニャ鉱山）

④**滑石《かっせき》炭酸塩を含む片岩起源のエメラルド**（パキスタンのスワート鉱山）

⑤**緑色片岩に貫入した石英—炭酸塩脈に伴うエメラルド**（アフガニスタンのパンジシール鉱山、ウイグル南部のタシュコルガン高原のダウダル鉱山）

⑥**黒色の石墨質頁岩《けつがん》に含まれる網目状の方解石脈に伴うエメラルド**（コロンビアのコルディエラ・オリエンタル鉱山）

エメラルドの産出地

地球上で最も古いエメラルドは南アフリカで見つかり、年代測定によると27億9千年前に形成されたと思われます。エメラルドは産出地によって色みや内包物も違います。その産出地の特徴を把握できると、品質の評価と価値判断に大きく役立ちます。エメラルドは世界五大陸で発見され、産出地としては、南アメリカ大陸のコロンビアやブラジル、北アメリカ大陸のカナダとアメリカ、ユーラシ

アフガニスタンのパンジシール渓谷の東部から産出したエメラルド原石、母岩はトルマリンを含む石英—炭酸塩

海抜4000mの高所、タシュコルガン高原のダウダル地域で鉄含有炭酸塩中にエメラルド結晶が発見される

アフガニスタンのパンジシール渓谷にあるエメラルド鉱山

アフガニスタン産エメラルド。エメラルドカットの上質なもの

ウイグル南部に位置するパミール高原の東端、タシュコルガン

コロンビア、ムゾー鉱区近辺の小さなマーケットでエメラルドの取引が行われている

Colombia

ロシアウラル山脈のマレシェイスキから産出した黒雲母結晶片岩つきのエメラルド

ア大陸のロシア、オーストリア、ノルウェー、パキスタン、アフガニスタン、インド、ウイグル（旧東トルキスタン）、オーストラリア大陸、アフリカ大陸のエジプト、ナイジェリア、ザンビア、ジンバブエ、マダガスカルなどがよく知られています。産出量から見ると、コロンビアは世界最多の産出国で、総生産量の50～60％を占めてきましたが、近年産出量は減少しています。ザンビアは2位となり（20％）、ブラジルも追いかけて3位（15％）となりました。その他、パキスタン、アフガニスタン、マダガスカル、ジンバブエなどは1～3％の生産量となっています。

今回はエメラルドの世界三大産出国について紹介します。

最高品質のエメラルドの産出地

コロンビア

新大陸と呼ばれた南アメリカ大陸のコロンビアで、1520年代に、より高品質で大量のエメラルドが発見されました。それまでは、エメラルドの主な産地はエジプトでした。そしてスペイン人がコロンビアを征服し、先住民の手からエメラルドを奪い、1537年からチボール（Chivor）鉱山を支配するようになりました。その30年後に、ム

ムゾー鉱山に向かう途中の看板

コロンビア産
石墨質頁岩に含まれる
エメラルドの結晶

ムゾー鉱山から産出した
高品質のエメラルド原石

東コルディエラ山脈の西部に位置するムゾー鉱山では、トンネル式採掘法が採用され、細長い鉱脈からエメラルドを掘り出している

美しい東コルディエラ山脈に世界最高品質のエメラルドが眠っている（Andy Lucas 撮影）

ゾー（Muzo）の町で新たに鉱山の採掘を始めました。

　エメラルドは東コルディエラとして知られている山脈内の2本のベルトから採掘されています。西部には、ペナ・ブランカ（Penas Blancas）、コスケス（Cosquez）、ラピタ（La Pita）、ムゾー、ヤコピ（Yacopi）の採掘地域があり、東部では、チボール、ガチャラ（Gachala）、ボゴタ（Bogota）鉱山が主な産出地です。

　これらは熱水堆積鉱床から結晶化し、頁岩と石灰石に存在しています。それらの鉱山から産出された良質のエメラルドは、青色の少ない緑色を呈し、ムゾー鉱山は最大級で最高品質の濃緑色のエメラルドの産出地と評価されています。コスケス鉱山のエメラルドは、やや淡い緑色が特徴です。東部のチボール鉱山のエメラルドは透明度がよく、青色がかった緑色が特徴です。1960年代と1970年代に、ペナ・ブランカから6本のアームを持つ星のような美しいトラピッチェ・エメラルドが多く産出され、エメラルドの希少な変種として世界中で評判になりました。コロンビア産エメラルドの品質は世界的に最も評価が高いですが、鉱山へのアクセスは大変不便です。老朽化鉱山への投資と機械化の不足、地質学の探査が抑制されているため、生産性が低下し、一部の鉱山は閉山しています。今後、国の政策に期待したいところです。

ペナ・ブランカから産出したトラピッチェ・エメラルドの原石とカット石

コロンビアの主要な鉱山

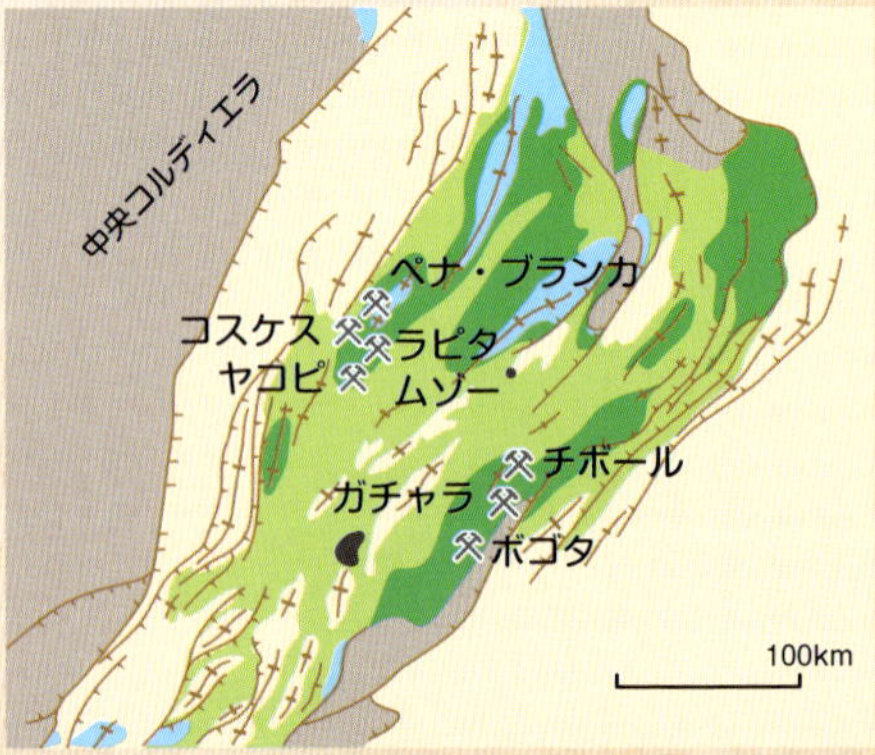

ザンビア産
最高品質のエメラルド

20世紀に開発されたエメラルドの産出地

ザンビア

１９３１年に中央アフリカのザンビアでエメラルドが発見され、エメラルドの産地としてコロンビアの次に重要な国です。カフブ（Kafubu）地区はアフリカ最古のエメラルド鉱区の一つです。ペグマタイトと滑石マグネタイト片岩を母岩とし、黒雲母を内包物としてエメラルドの結晶に取り込み、透明度が高く濃い緑色が特徴です。良質のものがよく産出されますが、傷の多い原石にオイルや樹脂を含浸させて透明度を改善し、美しく見せるものも増えています。

カフブ地区では、非常に小規模で地元の人々により運営されている鉱山もあれば、ミク（MIKU）社や上場企業である採鉱会社のジェムフィールズ・カジェム（Gemfields KAGEM）のように非常に大規模な鉱山もあります。ジェムフィールズは世界最大のエメラルドの採鉱ピットです。その鉱山からの産出量は、世界の20％を占めています。近代化そして組織化されることにより、カジェム鉱山からの鉱石取扱量は月次で12万5000～75万tに増加しています。また、ソルウェシ（Solwesi）州の ムサカシ（Musakashi）地域に小さな採掘現場があり、コロンビアのエメラルドを

Zambia

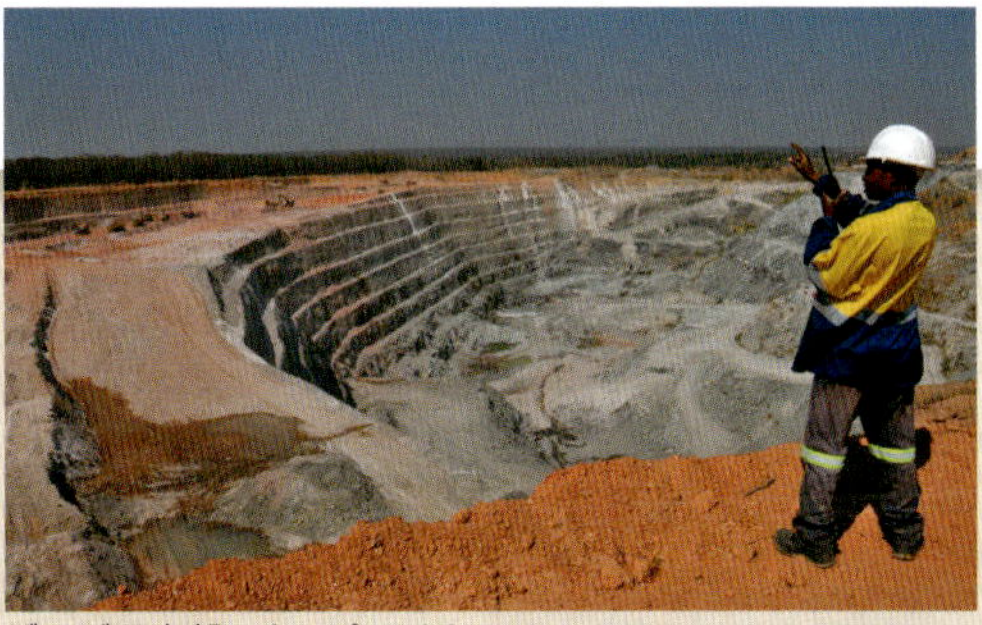

ザンビア中部、カッパーベルト州に位置するカフブ鉱山

カフブ鉱山のエメラルド

カフブ鉱山では主に大手３社によってエメラルド採掘が行われている

※ザンビアのカフブ鉱山(Vincent Pardieu 撮影)

ブラジルのバイーア州、最古の鉱山から産出された最高品質のエメラルド結晶

シュガーローフカットしたブラジル産エメラルド

彷彿させる色と、興味深い内包物を持つエメラルドが産出しています。

ブラジル

世界の主要なエメラルドのサプライヤー

1960年代に、南米のブラジルから豊富なエメラルド鉱山の発見が相次ぐという「エメラルド・ラッシュ」が始まりました。重要な鉱区がいくつかあり、各鉱山で産出したエメラルドには異なる特性があります。採掘場によって供給は異なりますが、全体的に安定しており、世界の主要なサプライヤーとして活躍しています。

バイーア（Bahia）州カルナイーバ鉱山はブラジル初のエメラルドの産出地として有名です。1965年に透明度が比較的低い、青みがかった緑色のエメラルドが大量に産出し、少量のファセットカットと大量のカボション、ビーズ、彫刻品を提供してきました。

1981年には、ゴイアス（Goiás）州のサンタ テレジーニャ デ ゴイアス（Santa Terezinha de Goiás）地域から小さめのエメラルド結晶が大量に産出しました。1m^3当たりの産出品位が高く、他の鉱山のエメラルドと比べて透明度が高い結晶が多く出ています。「キャッツアイ」や、「ス

ベルモント鉱山では重機による露天掘りとトンネル式採掘が行われている

最新技術によって鉱石からエメラルドが選別できる装置が整備されている

大型選鉱プラントでエメラルドを含む鉱石を選別する

鉱坑から運び出された大粒鉱石が、まず小さいサイズに砕かれる

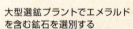

ベルモント鉱山から産出した母岩つきのエメラルド原石

鉱坑内でエメラルドを含む鉱脈を視察する筆者

鉱石を運べるトラックの出入りができるように大型トンネルが掘られている

ターエメラルド」は、この鉱山の特産品です。

1979年、ミナス・ジェライス州にあるイタビラ（Itabira）とノバエラ（Nova Era）鉱区から、ブラジル産エメラルドにおける最も高品質のものが産出するようになりました。イタビラ地域では、最も設備の整った機械化された二つの採掘鉱区があり、モンテベロ（Montebello）とベルモント（Belmont）鉱山から優れた品質の大きなエメラルドを提供しています。ただし設備が整っているといっても簡単なことではなく、エメラルドを含む黒雲母片岩が非常に硬いため、ダイナマイトで爆破しながら、エメラルドを含む鉱石を回収しています。2017年に、イタビラ地域に新たにピテイラス（Piteiras）鉱山が発見され、今後の重要な産出地のひとつになる可能性があります。

一方、東部のノバエラ鉱区では、手作業による小規模の竪穴式採掘が行われているため、量は少ないですが、良質のエメラルドが産出します。

近年、ブラジル産エメラルドはコロンビア産エメラルドよりも低価格で提供され、アメリカ宝石市場に大きく進出し、アフリカのザンビア産エメラルドとの競争を展開しています。

高品質のノバエラ産エメラルド原石

Brazil

深さ約100mにも及ぶ地下で鉱脈を追跡しながら手作業でエメラルドを採掘する

簡易型のベルト式リフトで鉱坑に降下する

ノバエラ鉱山で行われている竪穴式採掘

13

エメラルド③

2016年に新発見！ アフリカの新たな産出国エチオピア

驚異の高品質エメラルドの登場

エメラルドは自然からの宝物で、鉱夫たちは多大な時間と労力を費やしながら、エメラルドの原石を手作業または機械作業によって地下から少しずつ掘り出しています。21世紀に入ってから、世界各国からのエメラルド産出量は減少し、特に最高品質のエメラルドの産出国であるコロンビアは、資源の枯渇に大きく直面しています。

近年、アフリカのモザンビークベルト（広域変成帯）に位置する国々から相次いでルビーとサファイアの新しい鉱山が発見される中、エチオピアから高品質のエメラルドが産出されたというニュースが、国際的な規模の大きさで知られるツーソンミネラルショーで、オービット・エチオピア（Orbit Ethiopia）社とDWエンタープライズ（DW Enterprises）社によってリリースされました。これらの発見は決して珍しいものではありません。むしろこの東アフリカのエジプト、ザンビア、ジンバブエ、マダガスカルなどの産出は古くから知られています。

2017年のアメリカのツーソンミネラルショーで初めてリリースされたエチオピア産エメラルド

しかし、今回発見されたエチオピア産エメラルドは透明度や品質などもよく、黄緑色の外観で高い輝きを見せており、他の産出国のものと比べて美しさが際立っていました。

エチオピア産エメラルドの現状

２０１６年11月、エチオピアのオロミア州の南部に位置するシャキーソ町の付近で高品質のエメラルドが発見され、いくつかの鉱山組合と地方政府による小規模な採掘が行われています。現時点では、高度な物理探査や、ボーリング、地質マッピングによる探鉱調査などは始まっておらず、全容はまだ解明されていないようです。原石はある程度までは粗選別され、一部はシャキーソ町で取引されています。質のよいものは車で12時間も離れている首都のアディスアベバで宝石商に売られていて、海外のバイヤーが強い興味を示しています。今後の採掘に大いに期待しています。

世界各国のエメラルド

外観および内部の特徴と検査結果

エチオピア産エメラルド原石の多くは、よい結晶面を持つ規則または不規則な六方柱状の結晶で、時には破片もあります。結晶の長さは2～3cmあり、重量は2～10ct、最大の結晶の横幅は約3cmで、23ctを超えています。色相は明るいイエローイッシュグリーンからブルーイッシュグリーンですが、コロンビア産エメラルドほどの深い緑色を持つものは比較的少ないです。カット石は一般的に1～2ctで、3ctを超えるものもあり、ザンビア産エメラルドと比べて割れ目は少なく、透明度は圧倒的によいのです。

検査した石の屈折率は、通常光では1・590～1・593、異常光では1・582～1・585で、コロンビア産エメラルドより高い値を示し、ザンビア産やブラジル産エメラルドと同範囲の値でした。比重は2・73～2・76の範囲内であり、長波および短波紫外線に対して不活性で、チェルシーフィルターを通して観察すると、赤色とピンクに見えました。多色性は明瞭で、イエローイッシュグリーンとブルーイッシュグリーンを示し、小型分光器で観察すると、630～690nmにいくつかの明瞭なクロム元素による吸収スペクトルが現れ、430nmを超えるバイオレット領域

エチオピアのオロミア産エメラルドの結晶とカット石

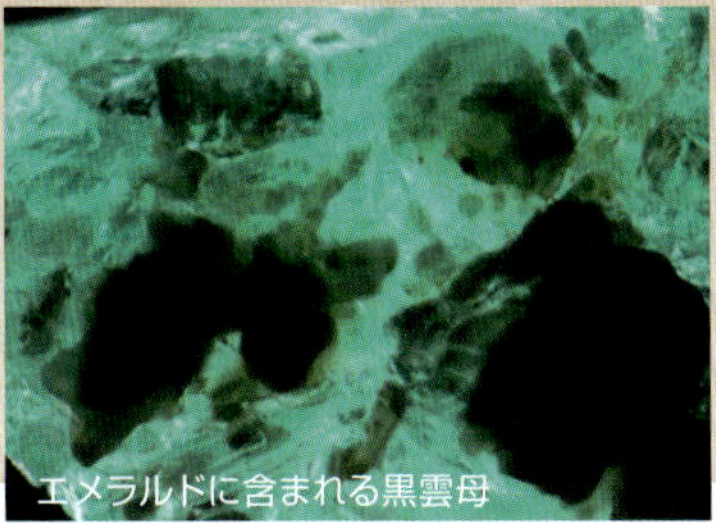

は完全に吸収されました。

拡大検査では、近隣の東アフリカにおいて最も有名なエメラルド鉱山であるザンビアのカフブ産のエメラルドに見られる長方形から正方形をなす二相インクルージョン（液体「水」と気体「CO_2」）や液体と液膜インクルージョン、ネガティブクリスタル、成長管、平行な成長線、色帯、白色透明や黒褐色不透明な不定形の結晶などが見られました。表面付近に存在する結晶インクルージョンをラマン分光分析および蛍光X線組成分析により同定した結果、最も一般的に見られる黒褐色結晶は黒雲母で、白色の結晶は長石でした。これはザンビア産に報告されているものと同じです。しかし、コロンビア産エメラルドに普遍的に見られる三相（固体「塩の結晶」、液体「水」、気体「CO_2」）インクルージョンは確認できませんでした。

化学組成の特徴

化学組成を分析した結果、エチオピア産エメラルドの最も重要な着色元素はクロム、バナジウム、鉄であり、酸化クロムの平均濃度は0・26wt％、最も高濃度は0・84wt％でした。クロムの濃度は色の濃い緑色石では高く、色の強度に直

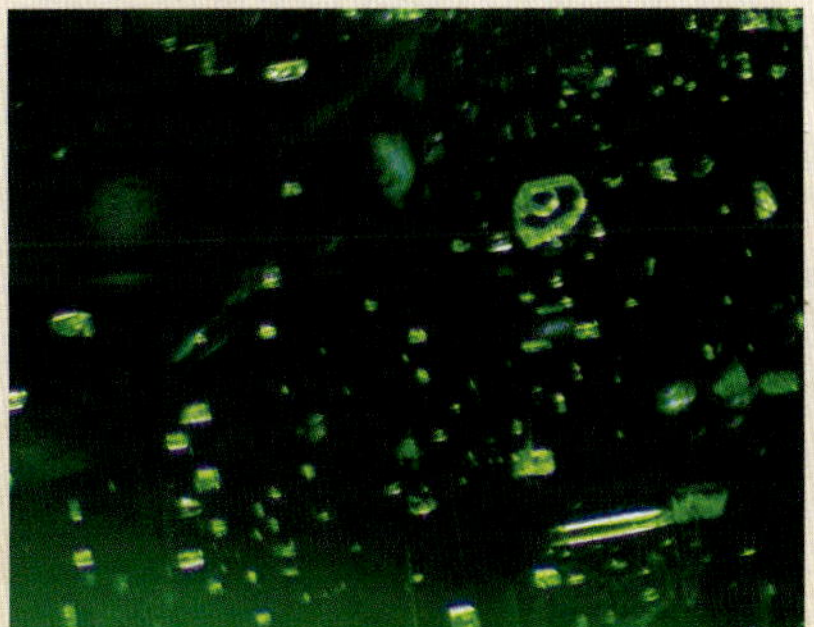
エチオピア産エメラルドに普遍的に見られる二相(液体、気体)インクルージョン

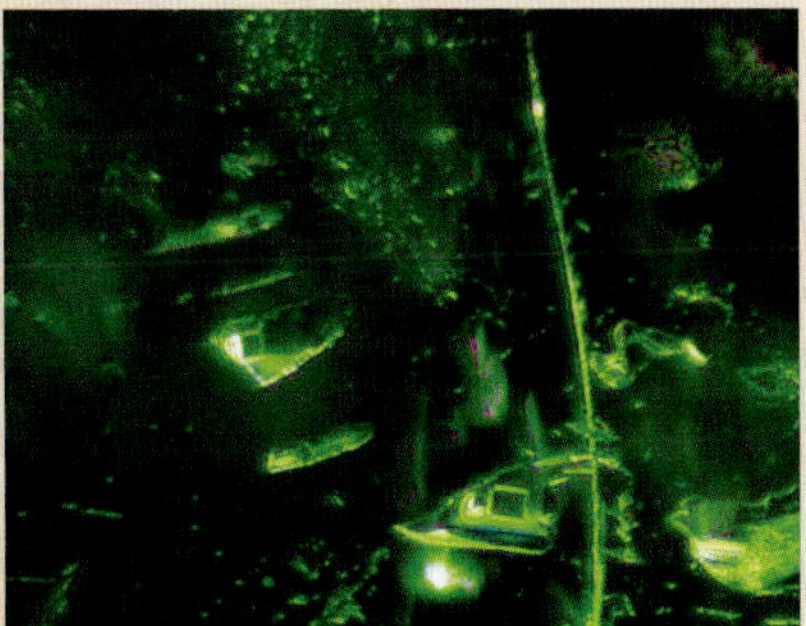
コロンビア産エメラルドによく含まれる三相(固体、液体、気体)インクルージョン

接関係しているようです。それに対して、バナジウムの濃度は常にクロムより低く、酸化バナジウム〔Ⅲ〕(V_2O_3)の平均濃度は0・05wt%でした。もう一つの重要な着色元素である鉄の酸化物(FeO)の平均濃度は0・76wt%、最高が1・75wt%でした。鉄の含有量は最も暗い緑色石ではかなり高く、明るい緑色石には低くなる傾向があります。着色元素以外にマグネシウム(Mg)、カルシウム(Ca)、カリウム(K)、ナトリウム(Na)、スカンジウム(Sc)、セシウム(Cs)、ルビジウム(Rb)などの微量元素が検出されました。結晶片岩を母岩としたブラジル産やザンビア産エメラルドと比べて、エチオピア産エメラルドには中間位のスカンジウムやセシウム、ルビジウムが含まれ、産地識別には有意義な指標となります。

今後の展望

エチオピア産エメラルドは最も新しく発見された宝石品質のアフリカ産エメラルドであり、今後の産出は科学的な調査でも大変に注目されています。緑色の濃さはコロンビア産エメラルドより低いですが、明るさと透明度は、鉄含有量の多いザンビア産やブラジル産エメラルドより高く、非常に上質であり、国際市場での需要はさらに高くなっていくと思われます。

エチオピア産エメラルドの
ダイヤモンドリング

エチオピア産エメラルドの
ペンダントトップ

14 アレキサンドライト

カラーチェンジ効果が有名 皇帝の名が付いた希少な宝石

ブラジル・エマチタ鉱山から産出した最高品質のアレキサンドライト

神秘的な色の変化が魅力

カラーチェンジ（変色）効果を持つ天然石は、幸福と喜びを招く宝石といわれています。自然光と蝋燭のような光の下では、色の変化は非常に劇的で、神秘感をも与えます。このような特有の色変化が見られる宝石としてアレキサンドライト、サファイア、ガーネット、スフェーン、ズルタナイト（ダイアスポア）、アンデシン、フローライトなどが挙げられますが、この中で最も魅力のある輝きを持つものはアレキサンドライトです。深い青緑色から赤紫色に変化する、宝石市場で最も価値の高い宝石の一つに数えられます。ダイヤモンド、ルビー、サファイア、エメラルドという四大宝石に次ぐ、第五の宝石として扱われています。

鉱物種としてはクリソベリルとなり、ベリリウムとアルミニウムの酸化物（$BeAl_2O_4$）から構成された鉱物です。硬度はダイヤモンドとコランダムに次ぐ8・5で、優れた靭性《じんせい》を持ち、衝撃で割れる性質を示す「劈開《へきかい》」がありません。日常用のリ

アレキサンドライトの光源による変色効果のスペクトル

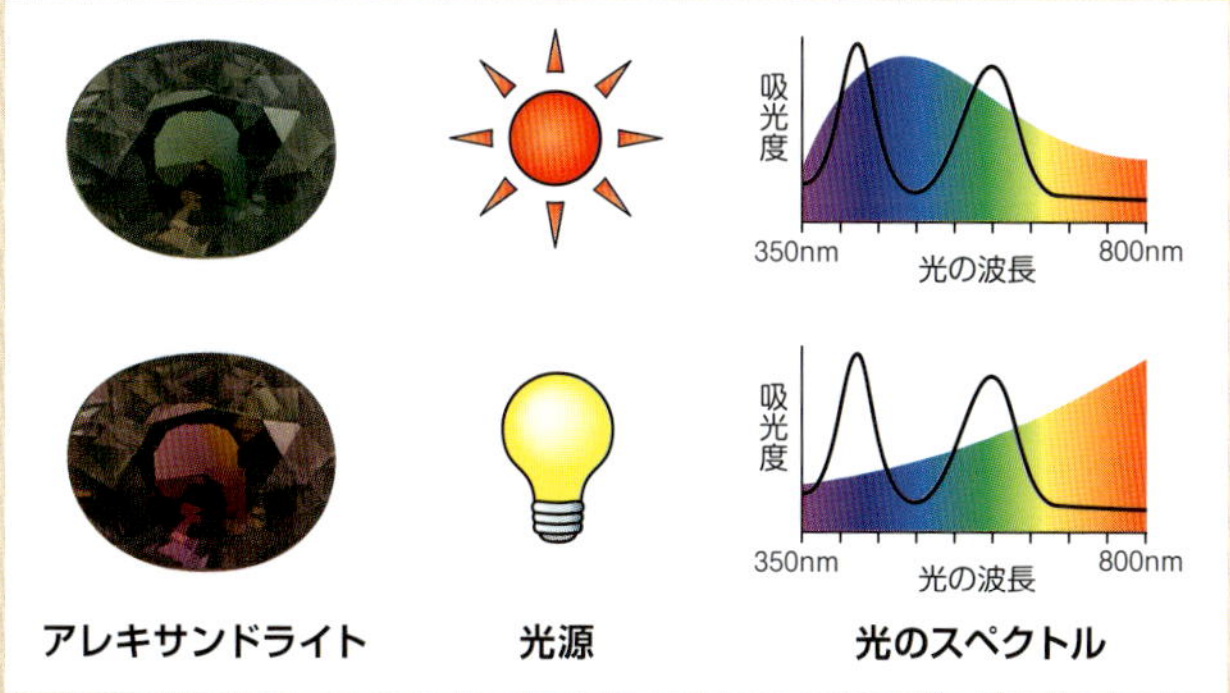

自然光では多くの赤色が吸収され、青～緑色が透過される。白熱灯や蝋燭の光には青から緑色の光よりも赤い光が多く含まれている。アレキサンドライトから多くの赤い光が透過するため、赤紫色に変色する

名前の由来となったアレクサンドル2世
(Pala International 提供)。
一説によると、12歳の誕生日に偶然この
石が発見されたともいわれている

ングやペンダントに用いるのに最適な宝石です。アレキサンドライトはクリソベリルの変種ですが、クリソベリルのキャッツアイには見られない「変色効果」と呼ばれる性質を持ちます。昼の自然光下では青から緑色を示し、夜の蝋燭のような光や白熱灯下で見ると赤から紫色に変化します。アレキサンドライトにはルビーやエメラルドと同様にクロム元素が含まれますが、これが赤でもなく緑色でもなく、自然光の下では黄色を吸収して青緑色を発色します。ただし、照明の色温度が低くなると、クロムの吸収は黄色から短波長の青から紫色の範囲にシフトし、人の目には赤紫色に映るのです。

名前の由来と歴史

アレキサンドライトは、その名の通り、ロシア帝国の皇太子アレクサンドル２世に由来したものです。１８３０年、ロシアのウラル山脈のトコワヤ(Tokovaya)鉱山でエメラルドを採掘していた際に、この不思議な非常に珍しい石が発見されました。上質のアレキサンドライトは、太陽光では明瞭な緑色から青みがかった緑色となり、白熱光では赤色から紫

ロシアのトコワヤ鉱山
(Pala International 提供)

ロシア産
アレキサンドライトの原石
(Pala International 提供)

数百平方メートルも伸び続けるエマチタのアレキサンドライトの二次鉱床

がかった赤色を示し、彩度も高いため、ロシア人に最も愛されてきた特別な価値のある宝石です。トコワヤ鉱山は当時、世界で唯一の大粒で上質な色合いのアレキサンドライトを産出してきましたが、200年も経たないうちに、資源が枯渇し、現在は入手が非常に困難になってしまいました。

世界の原産地

アレキサンドライトは希少性が高く、ロシア以外にブラジル、スリランカ、タンザニア、ジンバブエ、ミャンマー、インドなどから産出しています。青緑から赤紫へ、色の変化の強いものは極めて少なく、5ctを超えるものは非常に高価です。

高品質の石を多く産出

ブラジル

1987年にブラジルのミナス・ジェライス州のエマチタ(Hematita)で品質のよい、ロシア産に匹敵する青色の強いアレキサンドライトが大量に発見され、世界の総産出量の90%を占めます。この産地のアレキサンドライトのもう一つの特徴は、透明度が世界のどの産地よりも高く、はっき

初期に掘り出されたアレキサンドライトを含む土砂

ブラジル　ミナス・ジェライス州の地図

砂礫層に含まれるアレキサンドライトを採取するために上層数メートルの堆積層を取り除く

りとした色の変化を示すことです。

エマチタ鉱山は、ミナス・ジェライス州の最大都市であるベロオリゾンテから155km離れた、東北部に位置します。地元農夫の10歳の子どもがラーバ・デ・エマチタ（Lavra de Hematita）の小川から小石を見つけたところ、これが宝石商であるテオフィオ・オトニ（Teofilo Otoni）によってアレキサンドライトであることが確認され、ブラジルに最も豊富な高品質のアレキサンドライトの資源があることを周知させました。現在、ニキ・ミアカオ・コーマシオ・エクスポータサオ（NIKI Mineracão Comercio e Exportação）社が運営し、重機による露天掘り採掘が行われています。宝石品質のものはほとんど数百平方メートルの漂砂鉱床にある、1～2m幅のカオリン石や石英などを含む赤色土砂層から採取されます。アレキサンドライトを含む層は、地下数メートルから数十メートルの深さにあり、上部の堆積層をすべて移動させてから赤色土砂層が採収され、大型選鉱プラントで洗いながら選別されます。その後、異なるサイズに選別された大量の砂礫を女性鉱夫たちが肉眼で丁寧に確認しながら、アレキサンドライトの小粒石を探し出すのです。60％を超えるアレキサンドライトの原石は小粒で、2ct以下のカット石にされます。3ctを超えるものはせいぜい15％までで

Brazil

エマチタ鉱山から採掘されたアレキサンドライトの原石

エマチタ鉱山の女性鉱夫による細選別作業

大型選鉱プラント

スリランカ産
アレキサンドライト

結晶片岩中にアレキサンドライトの鉱脈がある

す。40～45%の石は非常によい変色効果を示し、総産出量の40%は香港と日本に、20%はドイツに輸出されています。しかし、近年の産出量は激減し、上質の原石の産出は非常に限られています。

幸いなことに、二次漂砂鉱床付近に強大なペグマタイト地層があり、アレキサンドライトはこのペグマタイトと接触する黒雲母結晶片岩中から形成されたことが確認できました。一次鉱床として、アレキサンドライトの鉱脈を追跡しながら地下トンネルで採掘も行われていますが、固い岩盤からは結晶の採収が大変困難なため、ダイナマイトによる爆破が必要です。

色の魅力が乏しい

スリランカ

スリランカの宝石といえばサファイアとキャッツアイの名前が一番に挙がりますが、他の産地より黄色や褐色みのある緑色のアレキサンドライトがスリランカ南部に位置するムラワカ（Morawaka）地域の漂砂鉱床で産出しています。特徴は、ロシア産より大きいのですが、赤紫色への変化ではなく、茶色がかった赤色への変化を示し、色の魅力は乏しい傾向があります。

Sri Lanka

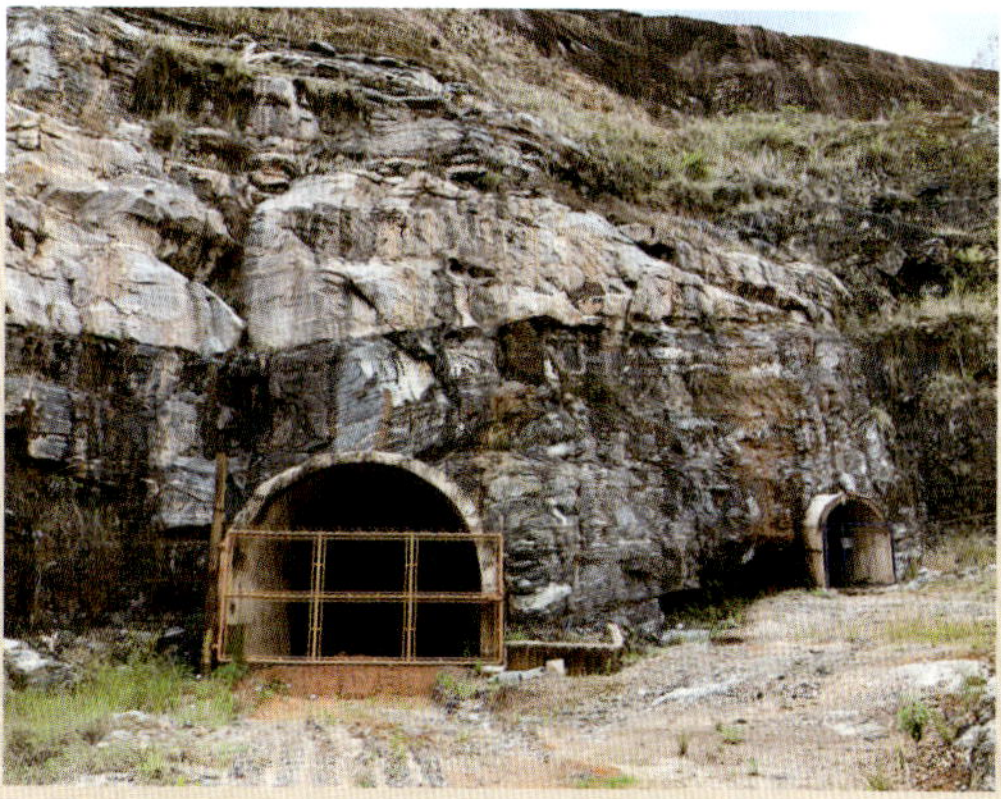

アレキサンドライトの一次鉱床。巨大なペグマタイト層と接触した結晶片岩から採掘される

古くから知られているスリランカの紅茶の名産地ムラワカから、アレキサンドライトも産出する

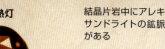

India

インド産
アレキサンドライト

変色効果が弱い

タンザニア

宝石品質のアレキサンドライトはアフリカではマダガスカルで１９９０年代に少量産出しましたが、現在はタンザニアが唯一の産出国です。タンザナイトが生まれたキリマンジャロ火山の麓の、マニヤラ（Manyara）漂砂鉱床から採掘されています。青緑色から紫桃色に変化するのが特徴で、ブラジル産に比べて変色効果が弱めです。

タンザニア産
アレキサンドライト

白熱灯

自然光

多くがカボションカットに磨かれる

インド

１９９６年にインドの東部のアラク峡谷、そして２００５年にナルシパトナム（Narsipatnam）地域から緑みの強いアレキサンドライトが次々と発見され、その多くはカボションカットが施されます。カラーチェンジの度合いが大きく、赤紫色が強く出る高品質のものもありますが、ほとんどが色変化の弱いもので、非常に強い光の中でやっと確認できる程度です。アレキサンドライトとしての魅力は低いと言わざるをえません。

Tanzania

タンザニア北部、マニヤラで
採掘している地元の鉱夫たち

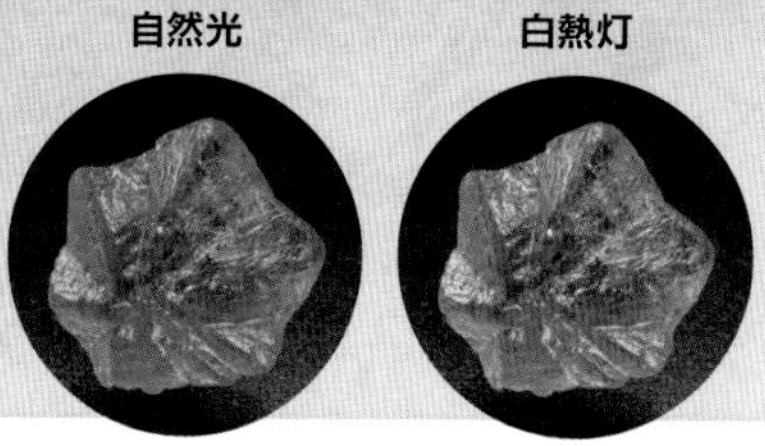

アレキサンドライトの三連双晶

価値を高める要素と品質の評価

アレキサンドライトは一般的に内包物が少ないのですが、色の変化の強いものは価値も劇的に高くなります。平行に並んだ細い針状のようなインクルージョンが含有されると、猫の目のようなシャトヤンシー効果が現れ、アレキサンドライトの希少価値を高めます。

ファセットされる石は、一般的にクラウン側にブリリアントカット、パビリオン側にステップカットが施されます。仕上げた石をクラウン側から見たときに、色の変化を最大に見られるものが最もよいカットで、フェイスアップで紫赤と青緑の両方の多色性の色が同時に見られることがとても重要です。

現在、各産地から産出しているアレキサンドライトの原石は小さく、カットされた石は1ct未満のものがほとんどです。それ以上のサイズのものは非常に高額品として評価され、宝石コレクターからも羨望の的となっています。そして、男性にも人気が高い石です。

シャトヤンシー効果を示すアレキサンドライトのキャッツアイ

15

クリソベリル

19世紀に珍重された耐久性に優れている希少石

オーバルカットのクリソベリルのカット石

自然のままで美しい天然宝石

19世紀において最もポピュラーな宝石は金緑色が実りをイメージさせる、クリソベリル・キャッツアイでした。ヴィクトリア時代に多くの宝飾品に用いられ、まったく色の改善処理が施されない自然のままに使用される天然無処理宝石のひとつです。

ギリシャ語で黄金を意味する「クリソス（Chrysos）」に由来し、和名では金緑石《きんりょくせき》と呼ばれています。当時唯一のクリソベリル・キャッツアイの原産国であったスリランカでは、悪魔から身を守るパワーストーンとして使用され、イギリスのヴィクトリア女王にも313ctの巨大なクリソベリル・キャッツアイを献上しました。

クリソベリルは希少価値が高く、耐久性が優れているため、アメリカや日本などの市場では男女ともに好まれる宝石としてリングにセットされています。

マダガスカル、アンタナナリボ州、アナラマンガ地方のペグマタイトから産出したクリソベリル原石

クロム含有の有無によってクリソベリルの変種が異なる

クリソベリルはアレキサンドライトと同じ鉱物

光源によって色が変わるアレキサンドライトと、変わらないクリソベリルは、ともに金緑石の変種です。この二つはベリリウムとアルミニウム、酸素から構成された同じ鉱物ですが、以前はあまり知られていませんでした。クリソベリルは直方晶系に属し、通常は120度に交差した三連双晶の美しい透明な結晶形として変成岩（片岩）や巨晶花崗岩（ペグマタイト）の中から産出します。大部分のクリソベリルは透明ですが、ほかに黄色、黄緑色、緑色、褐色といったさまざまな色を呈します。黄色は微量元素である鉄によって着色されていますが、わずかなクロムが含まれると、緑味が増し、輝きが一段とよく見えます。逆に鉄の含有量が増えると、オレンジや褐色、チョコレートのような色になります。クロムの含有量がさらに増加すると、変色効果を示すアレキサンドライトに変わります。

キャッツアイとは？

キャッツアイは、クリソベリル族の中で最も希少で半透

クリソベリルの双晶

クリソベリルの交差した三連双晶

一条の線が
くっきりと確認できる
クリソベリル・キャッツアイ

明の宝石です。ハニーのようなレモンイエローからアップルグリーンのような緑色、チョコレートのようなオレンジブラウンを呈します。特に、微細な針状や繊維状のインクルージョンが含まれると、研磨によって猫の目の瞳孔に似たシャトヤンシー光学効果（キャッツアイ効果）が現れ、クリソベリル族の三番目の変種であるクリソベリル・キャッツアイとなります。一般的に、「キャッツアイ」と呼ばれる場合はクリソベリル・キャッツアイを指し、その他の宝石の場合には、必ず宝石名を付けて呼びます。例えば、エメラルド・キャッツアイ、トルマリン・キャッツアイ、クオーツ・キャッツアイなどです。このようなキャッツアイ効果と希少性を持つクリソベリル・キャッツアイの市場価値は、キャッツアイ効果を示さない透明なクリソベリルと比べてひと際高く、人気の宝石です。

クリソベリルとキャッツアイの名産地

宝石品質のクリソベリル原石は非常に限られた国から産出します。スリランカ、ロシア、ブラジル、タンザニア、マダガスカル、モザンビーク、インドなどが挙げられます。キャッツアイはスリランカとインドが主な原産地です。産出国によって、その特徴と魅力も多少異なります。

ラトナプラから産出されたキャッツアイ

平行に配列する微細な針状インクルージョン
の反射により見えるシャトヤンシー光学効果

Brazil

1970年からバイア州カルナイーバ(Carnaiba)鉱山の漂砂鉱床で20年間クリソベリルが採掘された

サファイアと一緒に採掘される

スリランカ

ラトナプラ(Ratnapura)はキャッツアイの最も古い産地として知られています。美しいキャッツアイが沖積鉱床から産出され、脚光を浴びていましたが、現在は鉄を多く含む褐色ものが採掘されています。

貴重なキャッツアイ原石

ブラジル

19世紀初期に膨大なペグマタイト鉱山地帯から黄緑色のクリソベリルが発見され、今日までブラジルの重要な宝石として珍重されてきました。その95％がミナス・ジェライス州、エスピリト・サント州、バイア州などに分布する沖積鉱床や残積鉱床から採掘されます。過去200年にわたり、ブラジルからの総産出量はわずか数万カラットに過ぎず、そのうちキャッツアイの原石は20％以下と、大変希少なものでした。

Sri Lanka

ブラジル産
黄緑色を呈するクリソベリル

スリランカ南西部ラトナプラの漂砂鉱床

インドのオリッサ州から
採掘されたキャッツアイ

India

上質の結晶が多い

マダガスカル

１９９８年にマダガスカル島の南東部にある全長２００kmにも及ぶイラカカ鉱区から大量のサファイアとルビーが発見され、それとともにクリソベリル、キャッツアイを含む多彩な宝石も採掘されました。

東海岸に近いアンディラメナに分布するペグマタイトからもクリソベリルが発掘されました。数センチもある素晴らしい交差三連双晶の結晶が多く、世界中のコレクターに提供されてきました。

採掘期間が短かった

インド

オリッサ州チンタバリ鉱床でオウム(Parrot)の羽根の色に似たライムグリーンのクリソベリルが１９９７年に発見され、いち早く日本の市場に現れました。「パロット・クリソベリル」と呼ばれ、比較的安価で取引されていました。一部の石には多くのクロムが含まれ、変色効果を示すアレキサンドライトとして扱われていますが、変色効果のないものは、ほぼキャッツアイに加工されます。しかし、採掘期

ハニーカラーとミルキーイエローのバランスがよくとれた最も上品質のキャッツアイ

Madagascar

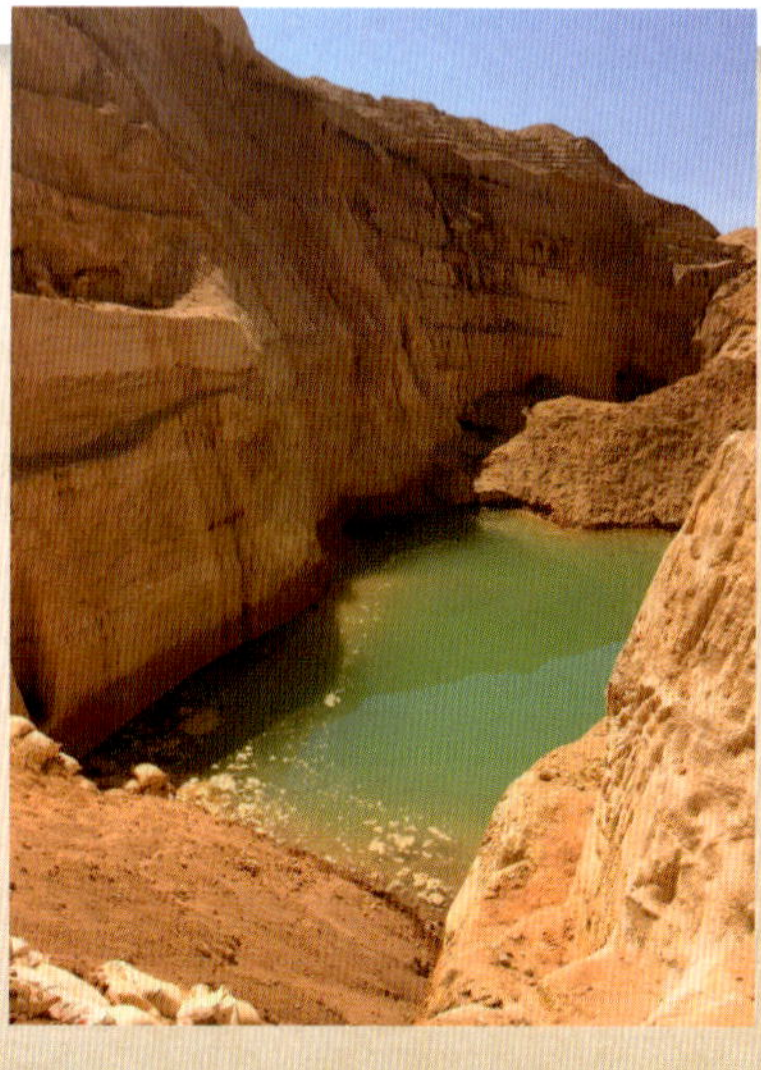

マダガスカル、
イラカカの漂砂鉱床

インド産ライムグリーンの
パロット・クリソベリル

間は6年にも及ばず、現在は幻の宝石となっています。

新しい色のクリソベリル

タンザニア

1994年にマガラ(Magara)からエメラルドのような青みがかったミントグリーンのクリソベリルが発見されました。微量元素のバナジウム(V)が含まれていたため、今までの黄色系のクリソベリルになかった新たな色種が加わりました。品質が高いため急速に人気が高まっています。

キャッツアイの品質評価

キャッツアイを選ぶ場合は、シャープな光筋が石の中心にはっきりと出るものが好ましく、その帯が光源の動きによって左右に明瞭に移動することが絶対条件です。そして、オレンジイエローのようなハニーカラーと、インクルージョンにより現れるミルキーホワイトがバランスよく含まれるものが理想です。カットに関しては、カボションカットしたオーバルで底部が深すぎないものを選べばジュエリーにセットしやすく、3ct以上は価格が高くなります。

タンザニア産クリソベリルはミントグリーンが美しい

Tanzania

マダガスカル産
キャッツアイ

16

翡《ひ》翠《すい》

古代から装飾品として愛用された東洋を代表する宝石

ミャンマー産高品質の翡翠ペンダント

翡翠と類似色のネフライト(軟玉)

緑が有名だが色のバリエーションは多彩

古来から東洋人に好まれ、健康に恵まれるという不老長寿のシンボルであった翡翠は、カワセミの緑の羽根から名が付けられた緑の半透明の宝石です。「翡」は赤色、「翠」は緑を意味し、一般的に翡翠は緑の石と思われていますが、実際は緑色以外に、薄紫（ラベンダー）、青、黄、赤、白、黒色などのバリエーションがあり、多彩で希少価値の非常に高い宝石です。

中国では、古くから翡翠のことを「玉《ぎょく》（ユウ）」と呼び、王の象徴でもあり、徳のある、守護石や招福石として用いられていました。実際には、「玉」は「硬玉《こうぎょく》」と「軟玉《なんぎょく》」の2種類に分かれ、両者の屈折率や硬度や比重などは全く異なり、それぞれ違う鉱物でできています。日本で翡翠とは「硬玉」のことを指し、鉱物名は翡翠輝石《きせき》。輝石グループに属し、英語では「ジェイダイト」と言います。一方、「軟玉」は角閃石グループに属する透閃石《とうせんせき》であり、英語では「ネフライト」です。両者の硬度や色や靭性などはよく似ているため、当時

翡翠のカット石

ロシアの北極ウラル山脈から産出した鮮やかな緑色の翡翠原石

北極ウラル産翡翠のカット石

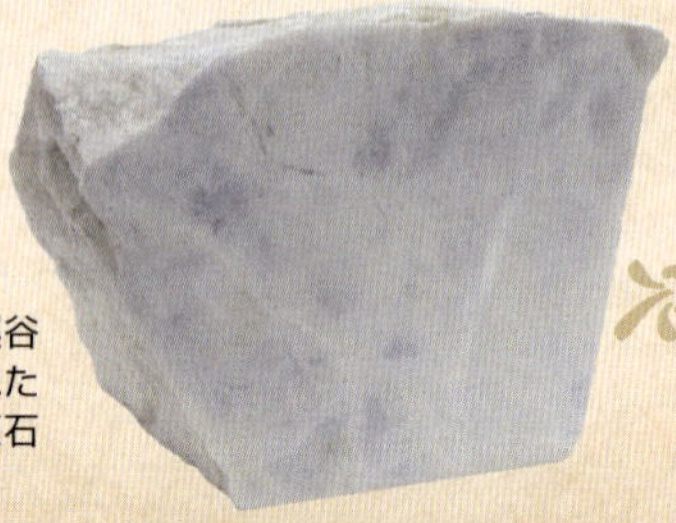

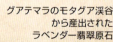

グアテマラのモタグア渓谷から産出されたラベンダー翡翠原石

メキシコで出土したオルメカ文明期の動物を抱く人物像の翡翠(翡翠原石館にて)

新潟県糸魚川産の翡翠原石。真っ白の純粋な原石に美しい緑色の翡翠脈が四方に分散している(翡翠原石館にて)

はほとんど識別がつかず、両者をまとめて「玉」と総称して販売されていました。そのため誤解する人が圧倒的に多かったのですが、近代の科学技術により両者を明確に分けられるようになりました。

歴史のある翡翠の原産地

翡翠の産地としてはミャンマー、日本、ロシア、カザフスタン、中央アメリカ、アメリカなどがあります。世界において翡翠の初期の装飾品は、今のメキシコやグアテマラに当たるオルメカ・マヤ・アステカ文明で発祥しました。これらの文明は紀元前1200年頃から始まり、16世紀のスペイン征服まで栄えました。

日本では縄文時代、およそ5500年前に糸魚川地方で翡翠の彫刻が誕生しました。日本の宝石の歴史はここから始まったと言っても過言ではありませんが、実は、日本は世界で最も古い翡翠の産地の一つです。縄文時代中期、大珠というペンダントのようなものが製作され、日本各地で取引されていました。そのため、球形ビーズ加工などの翡翠原石の加工技術は縄文時代後期に継承されるようになりました。弥生時代になると、勾玉《まがたま》や管玉《くだたま》の製作が盛ん

新潟県糸魚川地方から発掘された縄文時代の翡翠装飾品

美しい緑色の勾玉を身に着けた糸魚川地方の奴奈川姫《ぬながわひめ》(翡翠原石館にて)

青海海岸（通称：ヒスイ海岸）に立つ奴奈川姫の像

勾玉式に彫刻された糸魚川青海産の各色の翡翠

になりました。8世紀頃の伝説によると、現在の新潟地方に「越《こし》」という古代国家があり、不思議な緑色の翡翠の彫刻を身に着けた美しい姫が国を治めていたといいます。特に翡翠の勾玉は、各地の権力者の墓などから出土することから、富と権力の象徴であったとともに、呪術的・宗教的な意味を持つ聖器であったと思われます。

数千年も続いた翡翠の文化は、古墳時代（紀元3～7世紀）中期から後期にかけて衰退し、6世紀頃には姿を消してしまいます。それから千年以上後の1938年、翡翠の探索を行っていた伊藤栄蔵氏により糸魚川市の小滝川で日本の翡翠が再び発見されました。その後の調査により、日本海に注ぐ姫川上流の小滝地区以外に、糸魚川市に属する青海川上流の橋立地区でも発見されています。糸魚川産の翡翠は原石のままでも十分に美しいのも特徴の一つ。色は白、緑、紫、青、黒などがあります。糸魚川の翡翠は保護地区にあり採取が禁止されているため、市場に出回っている量はごくわずかです。2016年9月、日本鉱物科学会は糸魚川の翡翠を「日本の国石」に選定しています。

翡翠――沈み込み帯で誕生

翡翠はナトリウム輝石（$NaAlSi_2O_6$）で、高圧・低温で変

糸魚川産青色の翡翠原石

青海の橋立地区の翡翠産出地

糸魚川市小滝地区の翡翠産出地

姫川と青海川で発見された青色翡翠を含む各色の河床玉料

翡翠海岸で流れ着いた
石を手に取る筆者

成された地質帯で発見されます。生成条件によって、熱水から直接形成されたものと、鉱物同士の交代反応作用によって形成されたものがあります。翡翠は藍晶石《らんしょうせき》を伴いますが、藍晶石は高圧低温変成帯の指標鉱物です。太平洋プレートとインドプレートや日本列島を含むユーラシアプレートの境界では、冷たいプレートが沈み込んでいます。このような場所は高圧低温の条件となる翡翠ができる場所と考えられています。したがって、翡翠は地球中のプレートの沈み込み帯付近のみで形成される宝石で、沈み込み帯に含まれる曹長岩などが高い圧力を受け、ナトリウムを含む溶液ができ、化学反応により翡翠に変化したのです。その後、地下深部の橄欖岩《かんらんがん》から変質してできた蛇紋岩が火山活動や断層活動によって地表に上昇する途中で翡翠が取り込まれ、地表に運ばれたのです。年代測定によると、日本の翡翠はおよそ５１９万年であると推測されています。

　翡翠の色は発色元素の種類と濃度によって異なります。結晶内部に不純物がなければ翡翠は一般的に無色や白色となります。緑色の部分はクロムと鉄で、紫色（ラベンダー）はマンガン、青紫色はマンガンやチタンと鉄の混合、青色はチタンと鉄の電荷移動、オレンジ色は酸化鉄、黒色は内包物であるグラファイト（石墨）によって、着色されています。翡翠輝石の純度が低下すれば、隣り合った鉱物変種であるオン

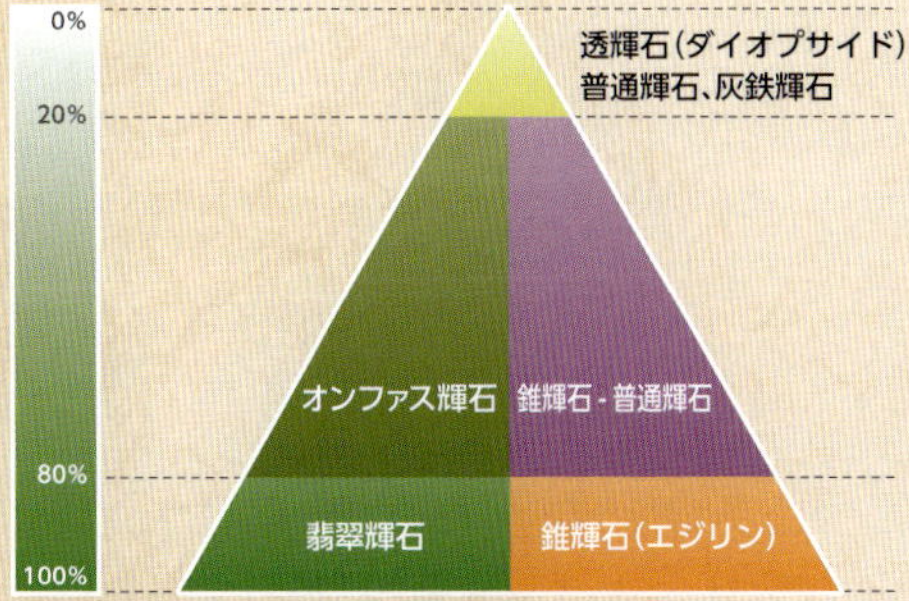

化学組成に基づく輝石の分類は 主要な同形置換における翡翠輝石とその他の輝石との関係を示す
(国立科学博物館参考)

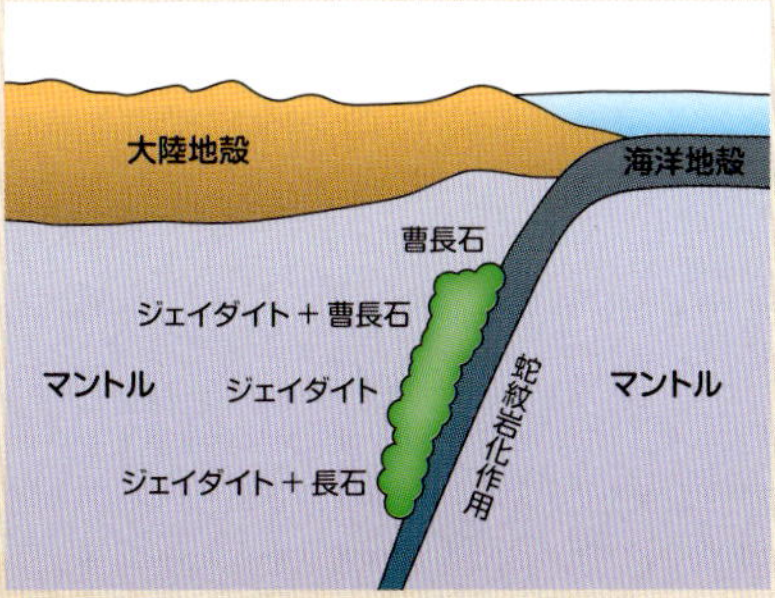

翡翠は地球中のプレートの沈み込み帯付近のみで生成されている

青海地域の橋立翡翠峡
から発見された102t
の翡翠原石

黒色の翡翠に多くの石墨が分散
しているため、黒色に見える

ファス輝石となり、ダークグリーンになります。アジアの市場ではオンファス輝石ではなく翡翠として販売される場合があり、識別するためには多くの知識が必要です。

最高品質の翡翠は「琅玕《ろうかん》」と呼ぶ

世界最高品質の翡翠の産地は、やはりミャンマーといえます。北部カチン州パカン地域のチンドウィン川やイラワジ川沿いの漂砂礫地帯の数か所から良質の7色の多彩な翡翠が産出しています。ミャンマー産の翡翠は18世紀に発見され、世界の9割の産出量を占めます。糸魚川の青海で発見された１０２ｔの翡翠は、世界最大の原石として知られていましたが、２０１６年に、パカン地域から１７５ｔの重量を有する世界最大の翡翠原石が発見されました。

翡翠の中で「インペリアル・ジェイダイト＝琅玕」と呼ばれるものは濃厚な緑色を呈し、極めて透明度の高いガラスのような品質を持ち、非常に珍重される高価なものとなります。ドームのようなカボションカットにされるのが一般的で、指輪を求めるなら、３ct以上の大きめで透明度の高い、形のよいものを選ぶのが重要です。色の濃いものは中国、日本、香港、台湾などで好まれ、シンガポールやマレーシアでは色の淡いものに人気があるようです。緑色以外に紫色

ミャンマーのカチン州は世界
最高品質の翡翠の原産地
(Lotus Gemology 提供)

翡翠によく似ているオンファス輝石

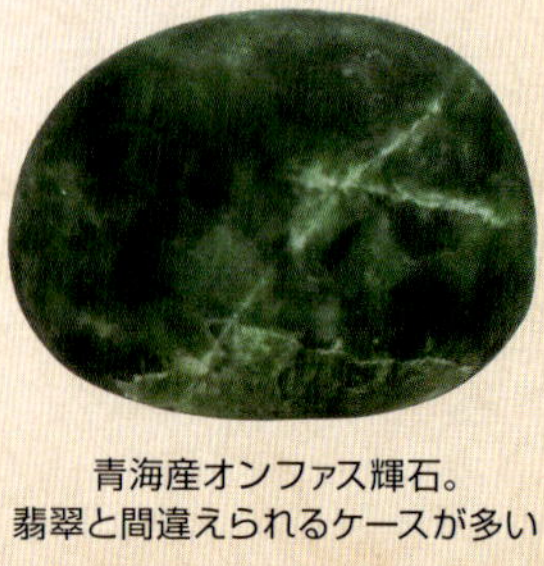

青海産オンファス輝石。
翡翠と間違えられるケースが多い

ミャンマー産オレンジ色の
翡翠のカット石

糸魚川産赤紫色の
ラベンダー翡翠

ミャンマー産
黒色の翡翠の
カット石

のラベンダー・ジェイダイトと、無色～白色のアイス・ジェイダイトと呼ばれる翡翠もとても希少で、品質によってインペリアル・ジェイダイトより高価なものもあります。

翡翠は小さな翡翠輝石の結晶の集合体でできているため、透明度を向上させるために樹脂含浸処理が行われるものが多く、処理されたものは宝石としての価値が低いです。

翡翠の品質と処理

色が鮮やかで均一、透明度が半透明から亜透明なものは最高級の翡翠と評価されます。ファセットカットよりもドーム状のカボションが適切で、滑らかな感覚が大切です。エメラルドのような色は好まれますが、自分好みの色を探してもよいです。ただし、翡翠はカラット単位で価格が決まっておらず、石ごとで販売されています。日本では、翡翠は結婚12周年の記念石です。自然界の翡翠は鉄による褐色が多孔質である翡翠の隙間や割れ目に入り、外観の美しさが感じられない場合があります。透明度の低いものは、光による反射と拡散が十分でなく、表面の光沢感が感じられません。このような素材は強い酸による漂白やポリマー樹脂による充填・含浸処理が施され、優れた外観に仕上げられています。宝石鑑別機関による検査と取り扱いに注意を払う必要があります。

ミャンマー産無色の
翡翠(アイス・ジェイダイト)
のリング

緑色の
翡翠のリング

赤色翡翠のリング

ラベンダー翡翠の
リング

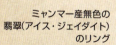

17

ネフライト

玉と呼ばれて中国で愛用された富の象徴。彫刻に最適

クンルン山脈から流れるユルンカシュ川から発見された河川にある原石「羊脂白玉」

数千年の歴史を持ち、中国と縁の深い宝石

何千年もの昔から「玉《ユウ》」と呼ばれてきた東洋の代表的な宝石は、中国で最も高い価値のある宝石とされています。「硬玉」である翡翠（輝石類）も「軟玉」であるネフライト（角閃石類）もまとめて「玉」と呼んでいた中国では、18世紀にミャンマー（前ビルマ）で翡翠が発見されるまで、その違いが判明していなかったのです。

軟玉は石器時代（紀元前5000年前後）からシルクロードのトルキスタン地方（中国語の呼び名「西域」）で発見され、2000年前から中国との間で軟玉と絹の貿易があったことが広く知られています。トルキスタン地方において、軟玉は古代から実用石器と建築材料として使用され、その後は祭事品や装身具、魔よけの品などに加工するようになりました。現在のウイグルでも、軟玉はカシュテシと呼ばれて大切にされています。中国では、この柔らかく暖かい感覚を与える白玉や緑玉や墨玉などが大変珍重され、大量の「軟玉」をトルキ

古くからネフライトが産出する新疆ウイグル自治区（旧東トルキスタン）

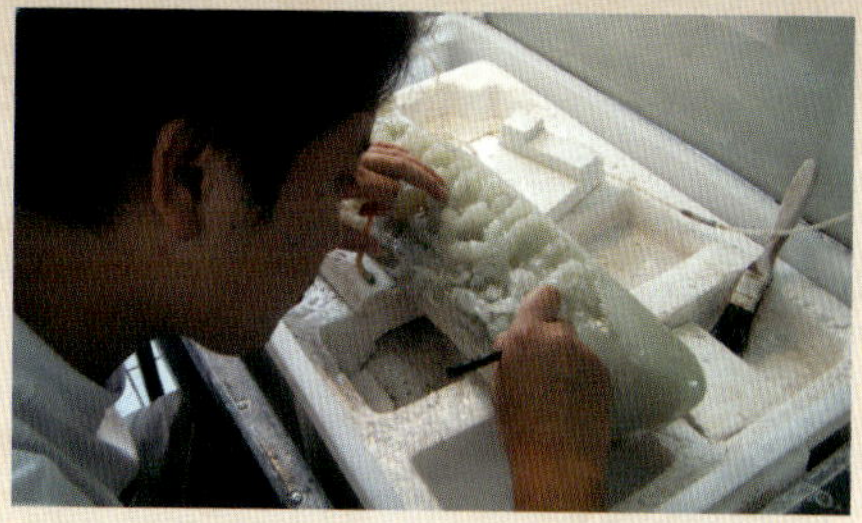

熟練した彫刻師による
軟玉の工芸品

スタンの「和田《ホータン》(Hoten)」地域から輸入し、そのうち「羊脂玉」は最高級品として中国の故宮に納められ、長い間、不老不死の象徴や権利の象徴として、皇帝や貴族たちにしか使用を許されませんでした。

ホータンは現在の新疆《シンキョウ》ウイグル自治区にあるタクラマカン砂漠の南部に位置し、チベット高原と接するクンルン山脈は、軟玉の産出地です。軟玉は海抜4000m以上のクンルン山脈から、ユルンカシュと呼ばれる白玉河、カラカシュと呼ばれる墨玉河の二つの河川によってオアシスに運ばれ、きれいな丸みを帯びた石の塊として河床で発見されます。彫刻された玉の工芸品は真珠のような白色を照らし、水中で月のような輝きを発し、とても神秘な石として中国人に大変愛好されていました。それ以外に、黄河や揚子江流域付近でもさまざまな「玉」が発見され、加工技術によって中国の玉文化は一層発展し、玉は常に身に着けられ、先祖代々相伝されて、中国の国宝となったのです。

玉石の種類と原産地

玉石は、ホータン産の軟玉のほかに、産地によって質感と

ホータンのカラカシュ川で玉を拾う人々(1637年に作成された木版画 T'ien-Kung K'ai -Wuから引用)

中国古来から珍重されてきた軟玉の彫刻品

ウイグルの人たちが愛着を持つネフライトのジュエリー

クンルン山脈の海抜4300mに位置する変成岩帯に世界最高品質のネフライトが産出している

色合いの異なる様々な玉料があり、以前はすべてまとめて「玉石」、英語ではジェード（Jade）と呼ばれてきました。しかし、鉱物の種類や化学組成、組織の構造などによって「玉」の硬度（5～6・5）や強靭性、色相も異なることがわかり、近年の科学分析により次のような種類に分類されています。

【角閃石類「玉石」】

マグネシウムを含む区域性接触変成岩（炭酸塩岩）から産出する軟玉と、超塩基性火成岩の熱水接触交代作用によって蛇紋岩体から変成して形成された軟玉に大別できます。

炭酸塩岩から産出

◉ウイグル、クンルン山脈産「軟玉（ネフライト）」

新疆ウイグル自治区（旧東トルキスタン）のクンルン山脈にある変成岩地帯に分布する幅1mの鉱脈から、微晶質の透閃石の集合体から形成された繊維状の緻密な玉が産出します。河川鉱床として、クンルン山脈の雪溶け水で形成されたホータン地域を流れるユルンカシュ川（Yurungkhash derya：白玉河を意味する）とカラカシュ川（Kharkhash

ユルンカシュ川で拾えるネフライトの原石

軟玉の故郷、新疆ウイグル自治区のホータン地域（尚玉優品から引用）

繊細に彫刻された超高級のホータン白玉

derya：黒玉河を意味する）があります。河床下料を目当てに、例年5〜9月の洪水期には多くの人々が川で玉を探しています。

色相によってさらに白玉、青白玉、青玉、黄玉、墨玉などの5種類に細分化されます。純度の高い透閃石からできた白色の羊のしっぽの脂のような触感を持つ「羊脂白玉《ようしはくぎょく》」は最上質とされ、産出量が非常に少ないため、大変高額に評価されます。不純物である鉄とチタンの含有量の増加につれ、浅い青色から深い青色に変化します。酸化鉄は黄玉の着色となり、微細なグラファイト（石墨）を多く含むと真っ黒の墨玉が形成されます。靭性にしても硬度にしても、玉石の中でホータン産の軟玉は最高の品質を持ち、高価な玉の彫刻工芸品として取引され、中国四大名玉のトップランキングに入っています。

◉中国の青海、貴州、遼寧産「軟玉」

クンルン山脈で産出されたネフライトと同種で、マグネシウムを含む炭酸塩起源となります。外観は翡翠によく似て、灰白色のものが多いです。ホータン産ネフライトより透明度が低く、輝石やカルサイト、ドロマイトが多く含まれ、透閃石の含有量が95％以下となっています。

ユルンカシュ川の近くで開かれている玉石バザール

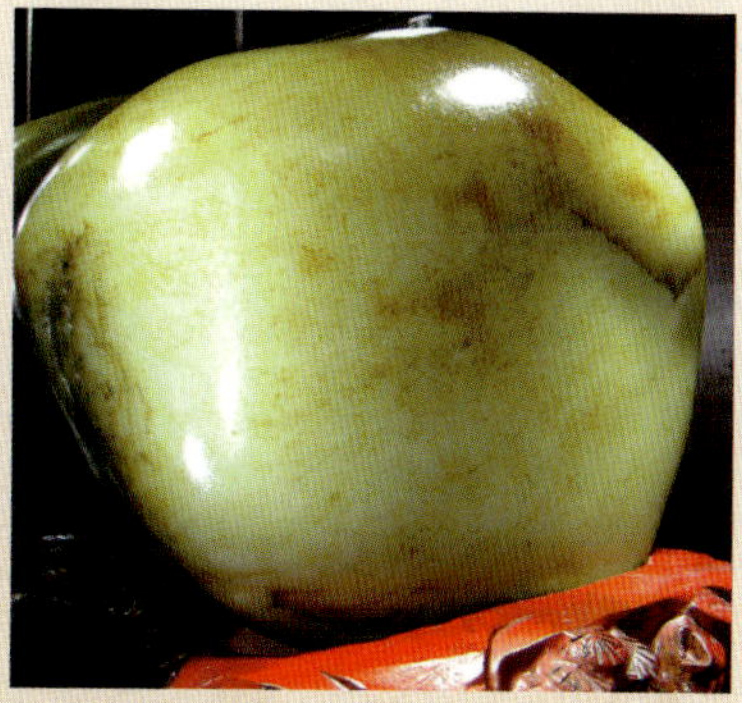

軟玉の中でも最高級と呼ばれている羊脂白玉

韓国春川鉱山産の
白色ネフライトが
使用されたピン

韓国春川《チュンチョン》（Chuncheon）鉱山の
トンネル内で見られるネフライト
鉱脈（Wooshin Gemological
Institute of Korea引用）

◉ロシア、韓国、カナダ、アメリカ、ニュージーランド産「軟玉」

透閃石が少量でアクチノ閃石を主体とした「軟玉」です。ホータン産「羊脂白玉」のようなネフライトの産出は非常に少なく、強靭性がやや低いです。一般的に、これらの国からのネフライトは緑色を呈するものが多く、鉄の含有量が高く、クロム鉄鉱、クロライト（緑泥石）、クロムザクロ石（ウバロバイト）、蛇紋石などのような内包物が多く含まれています。

蛇紋岩体から変成して形成

◉ウイグル、天山山脈産「軟玉」

透閃石ーアクチノ閃石の結晶集合体から構成された暗緑色の「軟玉」ですが、中国では緑色の軟玉のことを「碧玉」と呼んでいます。主な原産地はウイグルの天山山脈と甘粛省の南山で、アクチノ閃石の結晶度が大きいため、透明度と品質はホータン軟玉と比べて低いです。日本で「碧石」と呼ばれている微細な石英が集まってできた「ジャスパー」は中国語で呼ばれている「碧玉」とは全く異なり、誤解されやすい名称です。

ロシアのシベリア産
ネフライトで
作られた紋章

カナダ産
グリーンネフライト
の河床玉料

天山山脈がそびえるマナス県から産出した緑色の軟玉。中国語では「碧玉」と呼ばれている

ロシア産ネフライトで
作られた馬車の置物

◉台湾、豊田産「碧玉《へきぎょく》」

透閃石《とうせんせき》よりアクチノ閃石を多く含んだ蛇紋石岩に伴う緑色の軟玉で、特有の亜鉛を多く含んだスピネルが含まれています。東南アジアの新石器時代から鉄器時代の遺跡などから多く出土した玉器は、ほとんどが台湾で製作されたものです。

台湾の豊田産グリーンネフライトも「碧玉」の名が付いている（Thunderbird Coral&Gems MFG から引用）

【蛇紋石類「玉石」】

繊維状蛇紋石を主体とする深緑色、黄緑色、緑黄色の「玉石」で、中国四大名玉の一つと評価され、先史時代から装飾品として利用されていました。

◉中国、岫岩《しゅうがん》産「岫岩玉」

遼寧省の岫岩から蛇紋石玉（岫玉とも呼ばれ、「軟玉」に属しない）、透閃石玉（老玉と呼ばれ、「軟玉」に属する）と両者混合体の玉（甲翠《こうすい》）の三つの種類があります。特に蛇紋石玉の産出量は非常に多く、黒色鉱物や緑泥石や透閃石などの内包物によって斑点模様と翡翠のような光沢が見られ、色は多彩で、透明度は比較的高く、大型彫刻工芸品に用いられています。

蛇紋石からできた岫岩玉
（捜狐《そうふ》から引用）

【長石類（玉の類似石）】

中国では、斜長石の端成分であるアノーサイト（灰長石）から構成された白色から淡緑色のものも「玉」と呼びます。ネフライトのような玉質に類似し、半透明の白色～緑色を呈するからです。「軟玉」には属しません。

●中国、南陽玉《なんようぎょく》（独山玉とも呼ばれる）

中国の河南省の南陽地域に産出されたアノーサイトの単鉱岩で形成された緑の石です。内包物としてわずかな雲母、アクチノ閃石、透輝石などが含まれ、中国四大名玉の一つとして取り扱われています。

【炭酸塩類（玉の類似石）】

接触交代作用によって形成された大理石（主にカルサイト）と蛇紋大理石の共生鉱物です。白、黄、青緑、緑などの色と、ガラス光沢を有し、「軟玉」のような繊維状の緻密な構造を示しますが、「軟玉」には属さないものです。

●中国、藍田玉《らんてんぎょく》

中国四大名玉の最後の一種で、陝西省《せんせい》西安市の藍田山か

長石アノーサイトからできたとされる南陽玉（点力から引用）

大理石からできた藍田玉
（1688.comから引用）

ら採掘された緑色の石です。外観は「碧玉」によく類似しているため、中国の数千年の歴史の中で「玉」として使用されてきました。

玉石の市場

玉石の宝飾市場は、やはり中国においてはとても大きな存在です。裕福な社会階級のシンボルとして存在してきた「玉」は、現在も人々の生活に欠かせないものであり、特に軟玉への愛着が深く、２００８年の北京オリンピックのメダルにも使用されました。この効果は絶大でアジア全体において軟玉への意識は再び高まりましたが、ホータン産「軟玉」原石の枯渇に伴い、その価額は急騰し、消費者の手には届かなくなってしまいました。２００５年以降、カナダとロシアから緑色のネフライトが継続的に中国へ輸入されるようになり、市場で年間数百トンが消費されています。

北京五輪で使用されたメダル。金、銀、銅とそれぞれ色が違う軟玉が埋め込まれている。写真は銅メダルの裏

18

スピネル

宝石鑑別教育が誕生するきっかけとなった赤い石

イギリスの王冠に使われた140ctの黒太子のルビー(Black Prince's Ruby)と呼ばれていた赤いスピネル(Younghusband, G. and Davenport, C. 1919年, 引用)

長年ルビーと混同されてきた唯一の宝石

スピネルはルビーに似た深い赤の色合いと硬い性質を持ち、同じ風化された大理石からできた漂砂鉱床で採掘される場合が多かったため、1783年まで科学的な違いが明確にされていませんでした。それゆえ、イギリス王家の有名な宝石「ティモール・ルビー」や「黒太子のルビー」などもルビーとして考えられ、宝石商の間でも長きにわたってスピネルはルビーとして流通していました。

1783年、フランスの鉱物結晶学者であるジャン・バティスト・ルイ・ローマ・デ・ライルは、ルビーとスピネルを初めて識別することに成功しました。結晶学の基礎を打ち立て、鉱物種の分類と同定のために偉大な貢献をしました。

スピネルは一般的には赤い宝石として認識されますが、カラーバリエーションが豊富です。

ノーブルレッドスピネル

タンザニアのトゥンドゥールから産出。大理石中の紫がかったレッドスピネル結晶

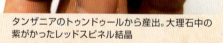

ベトナムのコン・チョイ（Cong Troi）鉱山から採掘された、コバルトを含むカラーチェンジのバイオレットブルースピネル

スピネルの外観と名前の由来

スピネルはダイヤモンドのような完全な八面体結晶として自然界から生まれ、二つのピラミッドが背中合わせしたような形に見えます。また、単結晶八面体の二つがお互いに180度違いで接合し、三角平板状の結晶形もしばしば見られて「双晶」と呼ばれます。すべての結晶方向に同じ物理的な性質を持ち、単屈折性のため、どの方向から見ても同じ色が見えます。一方、ルビーは複屈折性のため、多色性があり、方向によって異なる色合いが見られます。

スピネルという名は、八面体の先端が尖っていることから、ラテン語で棘を意味する「スピナ（Spina）」、あるいはギリシャ語で鮮やかな火花を意味する「スピタ（Spitha）」から由来したと伝えられていますが、18世紀までは「スピネル」という宝石名は生まれていませんでした。マグネシウム酸化アルミニウムで構成された鉱物（$MgAl_2O_4$）で、和名は尖晶石《せんしょうせき》ともいいます。内包物によってスターやキャッツアイの特殊光学効果を示すスピネルや、コバルトを含有し、ブルーからピンクに変色するカラーチェンジスピネルも希にあります。

スピネルの八面体単結晶と双晶の結晶形

バイオレットスピネル
ダイヤモンドリング

ピンクスピネル
ダイヤモンドリング

レッドスピネル
ダイヤモンドリング

スピネルのカラーバリエーション

　スピネルには幅広い色相があり、オレンジとピンクがかった強力なレッド、鮮やかなピンク、明度のやや低いパープル、ブルー、グリーン、イエロー、バイオレットとブラックなどがあります。すべての色合いが宝飾品として使用されます。微量なクロム元素はレッドとピンク色の発色要因となり、含有量が多ければ、彩度の高いレッドとなります。鉄とクロムが混合で結晶格子に入った場合は、オレンジやパープルが形成されます。鉄のみの場合は、深いブルーができ、少量のコバルトが混入すると、鮮やかなブルーに変わります。宝石市場では、活気に満ちたレッドとピンクが主な宝飾品としてよく見かけられますが、ルビーとそっくりの純粋なレッドやホットなピンクは宝石愛好家には大変魅力的です。コバルトを含む強烈なバイオレットブルーやブルーサファイアと同等の純青色は、スピネルの大変希少な色とみなされ、宝石収集家が捜し求める絶品のひとつです。パープルやグリーンやイエローの魅力はやや低くく、先述した各希少色より安価で取引されています。

　一般的にスピネルの内包物は少なく、透明度が高いため、さまざまなスタイルにカットされます。5 ct以上のものは入手が大変困難なため、価格も急騰しています。

グリーンスピネル
ダイヤモンドリング

ブルースピネル
ダイヤモンドリング

ブラックスピネルリング

パープリッシュブルースピネル
ダイヤモンドリング

大理石をハンマーで細かく砕きながらスピネルを探し集めるミャンマーの女性たち

モゴック東部のマン・シンでは砂礫層からルビーやスピネルなどの宝石を採掘している。簡易型の比重分離機を用いている

モゴック地域に多くの大理石層が分布しているため、世界最高品質のルビーやスピネルが産出する

スピネルの産状と主な名産地

スピネルは一般的に接触変成岩である結晶質石灰岩、広域変成岩の片麻岩、火成岩などに広く分布します。宝石品質の原石は堆積した漂砂鉱床から多く採掘され、東南アジアのミャンマー、ベトナム、スリランカ、中央アジアのタジキスタンとアフガニスタン、東アフリカのタンザニアとマダガスカルなどが主な産地です。

高品質で多彩なスピネルが産出

ミャンマー

古くは6世紀頃からモゴック地域はルビーの名産地として世界によく知られています。この北部にあたるマン・シン(Man Sin)地域の石灰岩から濃い赤色(クラシックタイプ)と、非常に鮮やかな赤色(ジュエルタイプ)のスピネルが採掘されます。これがルビーに非常に似ているため間違うケースが多いのです。研磨によって赤色の濃淡のモザイクパターンがバランスよく引き出され、最も高品質のスピネルとなります。それ以外にバイオレット、グリーン、ブルー、オレンジといったさまざまな色相のスピネルも産出します。さらにモ

伝統的なモゴック産深赤色のスピネル

Myanmar

鉱坑内ではドリルを使ってルビーやスピネルを含む大理石を切り崩し、地表に運び出している

モゴックのルビーとスピネルの一次鉱床は地下数十メートルにあり、トンネル採掘法が採用されている

ベトナムのコン・チョイ鉱山で採れた八面体の形を成すピンク～赤色のスピネルの結晶

ルクエン地区にあるコン・チョイ鉱山に多くの大理石が分布し、青色のコバルトスピネルが採掘されている

ゴックから600㎞も離れた北部のナンヤ地区からは上質なピンク～レッドの原石が産出され、赤味はやや淡いですが、透明度は非常に高く、マン・シン産とは違った美しさが感じられます。

気軽に宝石取引が行われている

ベトナム

1983年に北部のルクエン地区で不純物の少ない白色大理石からルビーが発見され、それと同時に鮮やかな赤色がかったピンク色の八面体のスピネル結晶も多く発見、ミャンマーと同じくスピネルの重要な産出地となりました。しかも、同地域の鉱脈から鮮やかなブルーのコバルトスピネルも採掘され、品質の高さは申し分ありません。ルクエンには「イェンテ（Yên Thê）」という宝石マーケットがあり、地元の女性たちがあらゆるベトナム産宝石の原石とカット石をテーブルに広げて販売しています。

ピンクスピネルも市場に出る

タジキスタン

世界で最も古いスピネルの鉱山としてパミール高原

ベトナム北部のイエンバイ省ルクエン地区には多くの大理石層が分布し、赤、ピンクやブルーなどのスピネルを採掘している

Viet Nam

ベトナム産母岩つきのコバルトを含有するスピネルの結晶

ルクエン地区から採掘されたレッドスピネルと緑色のパガサイトを含む大理石の彫刻品

ルクエンのイェンテ宝石市場

地元の人たちによるルビーやスピネルの取引

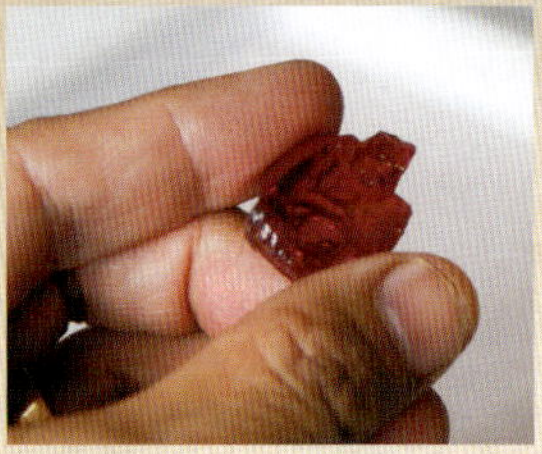

タンザニアのマヘンゲ産レッドスピネルの結晶

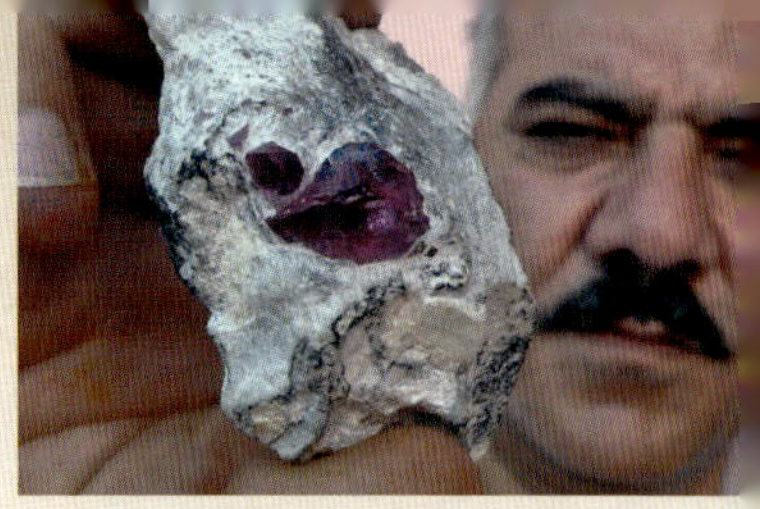

ローズティンテッドと呼ばれる紫がかったピンクスピネル。タジキスタンのクヒラル産（Vincent Pardieu 撮影）

Tadzhikistan

にそびえる山岳地帯、バダフシャーン（Badakhshan）のクヒラル（Kuh-i-lal）鉱山から小粒の紫がかった「ローズティンテッド（Rose Tinted）」のスピネルが炭酸塩中から採掘され、「バラス・ルビー（Balas Ruby）」と呼ばれて世界に流通していました。近年、再び採掘が始まり、ローズティンテッドのスピネル以外に赤みのあるピンクスピネルも市場に出ています。

産出量が多い タンザニア

1986年にモザンビーク国境のタンザニア南東端部にあるトゥンドゥール（Tunduru）でルビーが発見され、同時に紫とピンク色のスピネル少量も産出しました。2007年に、南東端部セルース動物保護区に近いマヘンゲ（Mahenge）地区のイパンコ（Ipanko）エリアの大理石から非常に魅力的な赤みが混在したホットピンクのスピネルが発見され、一躍世界で最も有名な産地となりました。産出量はミャンマーよりはるかに多く、宝飾市場に一定の量を供給しています。GSTV宝石学研究所では、花のように美しい輝きを称えて、タンザニアの公用語のスワヒリ語で〝美しい花〟を意味する「アヤナ」という名前を付けました。

マヘンゲ地区から産出された「アヤナ」と呼ばれるピンクスピネルのリング

タンザニアのマヘンゲ地区イパンコの漂砂鉱床から鮮やかなピンク～赤色のスピネルが産出する（Vincent Pardieu 撮影）

世界で最も古いスピネルの採掘現場。タジキスタンのクヒラル鉱山（Vincent Pardieu 撮影）

Tanzania

タンザニアのマヘンゲ鉱山に向かう途中にマサイ族と出会った筆者

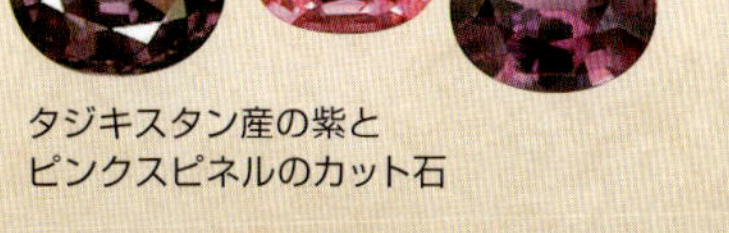

タジキスタン産の紫とピンクスピネルのカット石

スリランカのラトナプラ地域では、農夫たちは耕作のかたわら、河川で昔ながらの採掘法で良質のルビーやスピネルなどを探している

貴重なカラーが希に産出

スリランカ

サファイアの産出地として最も有名なスリランカ南部に位置するラトナプラの砂礫層から、丸みを帯びたパープル、ブルー、ブラックのスピネルが産出されます。ピンク色の産出は希少で、高値で取引されています。

スピネルの選び方と扱い方

スピネルは昔からルビーと混同されたためか、歴史的にその評価は過小でした。現在の市場では、ミャンマー産の伝統的な濃いめの純赤色を選ぶか、タンザニア産のような赤みの薄いピンク色のスピネルを選ぶかは好みによります。前者の場合は、紅赤のモザイクパターンの美しさを重視するべきです。後者の場合なら、薄めのレッドでありながら彩度と透明度が高く、澄んだ気持ちのよい品質を選ぶべきです。3ct以上の高品質のものは高価値です。

スピネルは一般的に加熱処理されるケースは少ないですが、高温で処理されると退色します。ルビーに次ぐモース硬度8を持ち、靭性は非常によく、光や化学薬品の影響を受けにくい安定した性質です。

Sri Lanka

スリランカの漂砂鉱床から採れる表面が磨耗したスピネルの原石

19

ガーネット

多彩なガーネット一族。系統別に異なる宝石種

ガーネットは一般的に十二面体の整った形で産出する

古い歴史を持つ赤の宝石

宝石の元祖ともいわれているガーネットは、ザクロ（石榴）のような赤い色をしていて、真実、友愛の象徴と考えられてきました。和名はザクロ石です。一般的に十二面体という整った形で世界中で産出されていますが、時には国の象徴石（ボヘミア、ロシア、アラスカ）になったり、宮廷をはじめ貴族たちに欠かせない宝飾品になったり、ダイヤモンドを含む岩石（キンバーライト）の指標石になったりしています。

ガーネットが高価な貴石として非常に重要な位置を占めている理由は、赤・オレンジ・黄・緑・褐色・黒・無色などの多彩な色と、非常に高い透明度、ダイヤモンドのような輝きを有するためで、その人気が衰えることはありません。世界で最古のガーネットジュエリーは紀元前３８００年頃にエジプトで作られ、５世紀から18世紀まで、赤色ガーネットは最も好まれた宝石として取引されてきました。

鮮やかな赤色を発するアルマンディン・ガーネットの結晶

パイロープ・ガーネットのカット石

チェコで採掘された
パイロープ・ガーネットの原石。
ボヘミアン・ガーネット
とも呼ばれる

ひとつの石ではないガーネット

ガーネットは特定のひとつの石の名前ではなく、「ザクロ石（ガーネット）」の系統をすべて含めた一族の総称です。自然界で固溶体（2種類以上のガーネットが互いに溶け込み、出来上がった新たな成分からなる混合体）として存在し、化学成分により16種の端成分に分けられますが、大まかに、赤色系のアルミニウム・ガーネットのパイロープ、アルマンディン、スペサルティン、緑色系のカルシウム・ガーネットのグロッシュラー、アンドラダイト、ウバロバイトの6種類に分類されています。すべてのガーネット種の結晶構造は基本的に共通で、構造中に取り込まれる成分は少しずつ異なり、類質同像と呼ばれ、さまざまな色や特性値（屈折率、比重、分光性）を生み出します。

【赤色系ガーネット（パイラルスパイト系統）】

①パイロープ・ガーネット〔$Mg_3Al_2(SiO_4)_3$〕

ウバロバイト・ガーネットの結晶

母岩つきスペサルティン・ガーネットの結晶

マリ・ガーネットの結晶。
緑黄色が美しい

鉄やクロムで着色された血のような赤色を示すガーネットで、ギリシャ語の火を意味する「ピロポス（Pyropos）」を語源とし、ルビーより暗く、結晶インクルージョンがよく含まれ、火山岩中や漂砂鉱床で産出します。結晶のサイズは比較的小さく、2ctを超えるファセットカット石は少量です。チェコのボヘミア（Bohemia）はパイロープの古い原産地として有名ですが、現在はアメリカ、南アフリカ、オーストラリア、ブラジル、ミャンマー、タンザニアなどの産地があります。

②アルマンディン・ガーネット
〔$Fe_3Al_2(SiO_4)_3$〕

赤色系ガーネットの中で最も多く産出されるもので、パイロープよりも赤みが濃く、鉄の含有量が高いため、黒っぽく見えます。ピンク色を帯びたものもあり、針状インクルージョンが石の透明度を低下させます。アルマンディンは高圧変成岩である雲母片岩から、10cmを超える十二面体の自形結晶がよく産出します。東アフリカ、アメリカ、オーストラリアなどの地域が名産地として知られています。

パイロープとアルマンディンの固溶体

ロードライト・ガーネット

パイロープとアルマンディンの中間成分を含んだ固溶体で、パイロープは全体の70%を占め、アルマンディンが残りの30%です。独特な紫がかった赤色で、ギリシャ語でバラを意味するロード(Rhodo)が語源です。ワイン色を呈する宝石として、赤色系ガーネットの中で最も人気があります。1882年にアメリカのフロリダで発見され、ロシアではウラル山脈から産出されたため、帝政ロシアの象徴石とされました。

ロードライト・ガーネットのカット石

アルマンディン・ガーネットのカット石

赤色系ガーネット(パイラルスパイト系統)の分類図

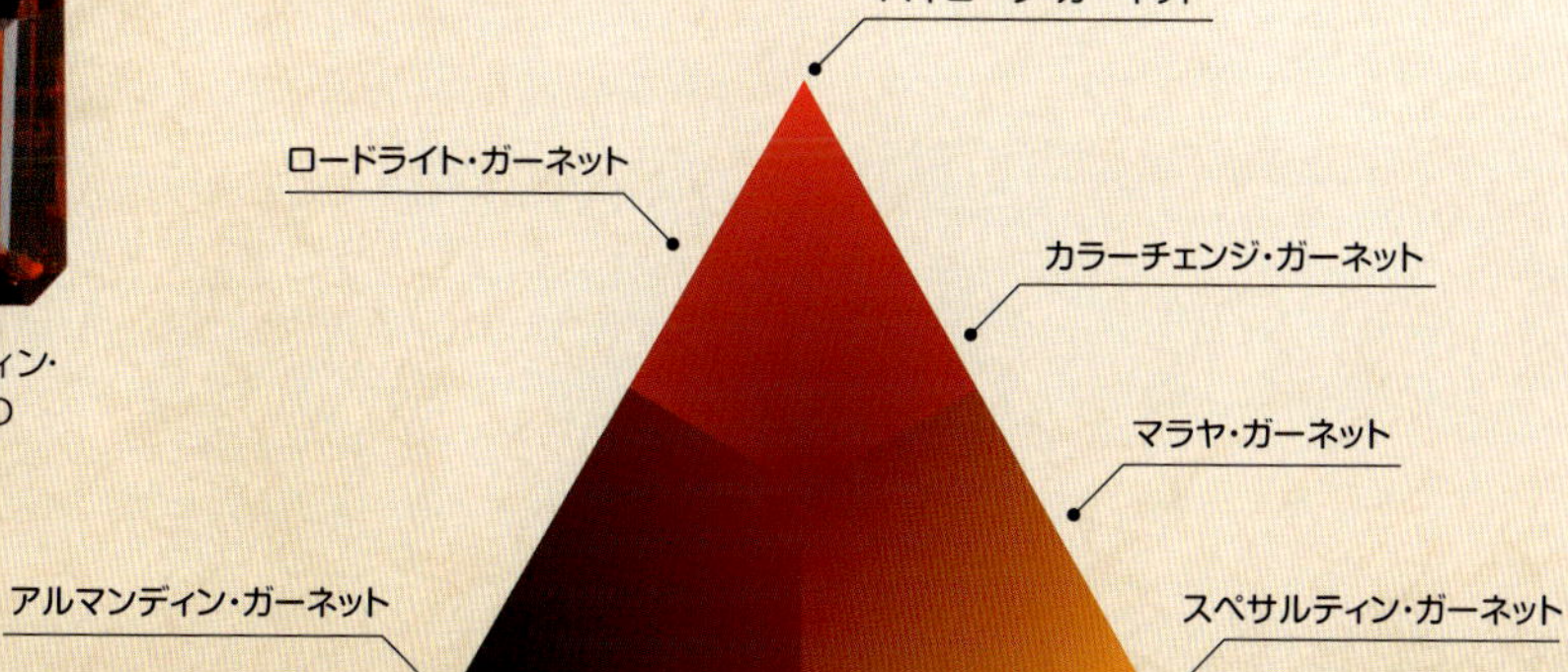

スペサルティンとパイロープの固溶体

カラーチェンジ・ガーネット

　スペサルティンとパイロープの固溶体で、アレキサンドライトのような変色効果を示し、自然光で青紫色、白熱灯では赤系に変化します。

自然光

白熱灯

③スペサルティン・ガーネット〔$Mn_3Al_2(SiO_4)_3$〕

　オレンジ赤色、帯紫赤色、帯赤褐色などの色を示すマンガンを含有するガーネットで、純度が高ければ明るいオレンジ色で、鉄の含有量が多くなるにつれ暗いオレンジ色から赤色になります。ドイツのスペッサルト地域はスペサルティンの名産地として知られたため、この地名にちなんで命名されました。

　ナミビア北部の片麻岩から産出されたスペサルティンは「マンダリン・ガーネット」と呼ばれ、一段高い分散度を示し、最も人気があるガーネットとして愛用されています。

　花崗岩質のペグマタイトの中、漂砂鉱床中にも産出し、ナイジェリア、スリランカ、マダガスカル、ブラジル、ミャンマー、アメリカなどの産地が挙げられます。

スペサルティン・ガーネット
（別名マンダリン・ガーネット）
のカット石

スペサルティンとパイロープとアルマンディンの固溶体

マラヤ・ガーネット

　スペサルティンと混合するガーネットの変種が発見されています。パイロープとアルマンディン成分を含んだローズピンクまたはピンク色のようなスペサルティンが、タンザニアのウンバ川付近で見つかり、コマーシャルネームで「マラヤ・ガーネット」（別名ウンバライト）と呼ばれます。

マラヤ・ガーネット
のカット石

グロッシュラーとアンドラダイトの固溶体

マリ・ガーネット

グロッシュラーとアンドラダイトが混じり合い、赤色系ガーネットと同様に連続固溶体となり、その中間タイプは「マリ・ガーネット」と呼ばれ、緑黄色を呈します。

明るい黄緑のマリ・ガーネットのカット石

黄緑色のグロッシュラー・ガーネットのカット石

美しい緑が魅力的なグロッシュラー・ガーネットのカット石

無色のグロッシュラー・ガーネットのカット石

【緑色系ガーネット（ウグランダイト系統）】

④グロッシュラー・ガーネット

〔$Ca_3Al_2(SiO_4)_3$〕

グロッシュラーの一般的な色相は緑色と思われがちですが、実際には他の色相もあり、無色、黄色、ゴールド、オレンジグリーンなどです。褐赤色や橙赤色などのものは「ヘソナイト」と呼ばれます。微量なクロムとバナジウムで着色された緑色系のグロッシュラー・ガーネットは2種類に分類され、透明な単結晶として産するものと、半透明な塊状で黒点状の磁鉄鉱インクルージョンをよく含む翡翠に似たようなものがあります。1960年に、ケニアのツァボ国立自然公園に透明な宝石質のグロッシュラーが発見され、「ツァボライト」と呼ばれています。南アフリカで産出されたグロッシュラーはほとんど半透明な潜晶質で、ビーズなどの装飾品に使われます。

薄い褐色のヘソナイト・ガーネットのカット石

アンドラダイト・ガーネットのカット石

緑色系ガーネット(ウグランダイト系統)の分類図

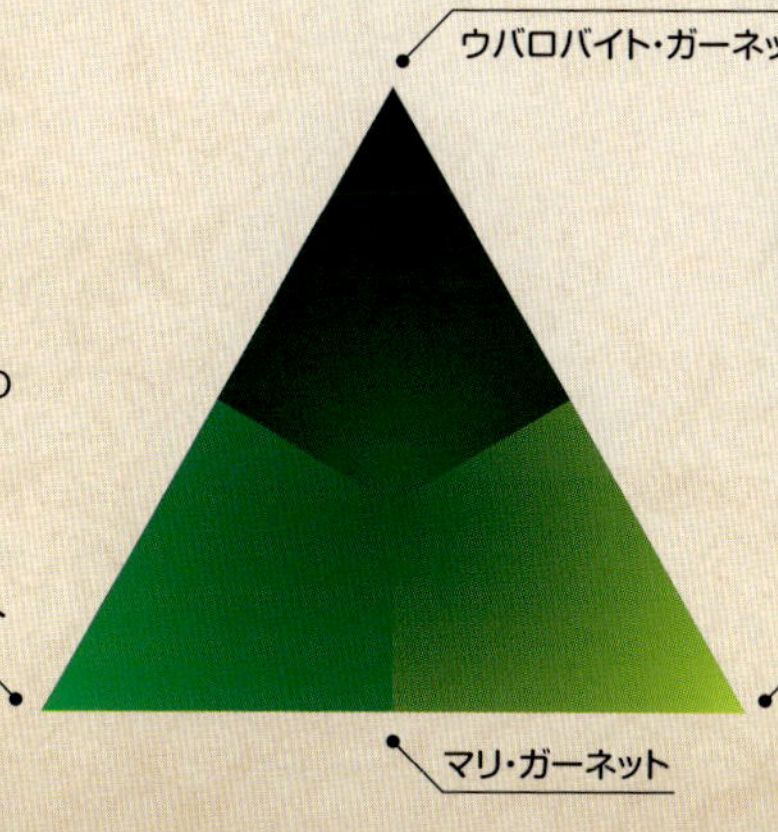

オレンジを帯びた褐色のヘソナイト・ガーネットのカット石

デマントイド・ガーネットのカット石

トリリアントカットされたトパーゾライト・ガーネット

ロシア産アンドラダイト・ガーネットの結晶

⑤アンドラダイト・ガーネット〔$Ca_3Fe^{3+}{}_2(SiO_4)_3$〕

黒いザクロ石と呼ばれてきましたが、鉄を多く含むアンドラダイトにもさまざまな色相があります。黄緑色～緑色のものは「デマントイド」、褐緑色のものは「アンドラダイト」、黄色のものは「トパーゾライト」、黒色のものは「メラナイト」と呼ばれています。ガーネットの変種の中でアンドラダイトは最も高い屈折率を有し、ダイヤモンドよりも分散度が高く、独特な色合いを示します。クロムと鉄成分を含む「デマントイド」は一番高価なガーネットといわれ、1860年からロシアのウラル山脈で採掘されています。

⑥ウバロバイト・ガーネット〔$Ca_3Cr_2(SiO_4)_3$〕

クロムを多く含むため、エメラルドのような明るい緑色を呈しています。

ロシアのウラル山脈の蛇紋岩中に発見され、結晶のサイズが小さく、もろいため、宝飾品には向きません。

ウバロバイト・ガーネットの結晶。びっしりと生成されている

ツァボライトのカット石。さまざまなカットが施されている

価値が高いガーネットの種類

ガーネットの多様な色相は大変に魅力的で、手軽に入手できるザクロのような暗赤色の変種から、最も鮮やかなオレンジ色のもの、とても希少で最も価値が高い強い緑色のものがあります。

赤色系のガーネットのうち、タンザニアで産出されたブドウのような紫赤色のロードライトは最も注目されています。内包物が少なく、透明度が高く、鮮やかで入手しやすいメリットがあります。緑色系では、ケニアとタンザニアにまたがるツァボ国立公園で産出されたツァボライトは、エメラルドに匹敵するほど美しい緑色を呈し、3ct以上のものは大変価値があります。また、ロシアの代表的な宝石で、ガーネットの変種の中で最も高い屈折率と分散度を持ち、独特な美しい緑色のデマントイドは、最高に評価されます。3ct以上のものは大変な希少価値があります。

ロードライト・ガーネットの
リング 9.80ct

デマントイド・ガーネットの
ペンダントトップ 3.12ct

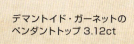

20 グリーン・ガーネット

最も希少で人気のある2種類のグリーン・ガーネット

貴重なグリーン系のガーネット

ガーネットの化学成分の特徴は、5つの端成分を共用することにより多種類の変種ができ、それぞれの変種に多様な色があることです。グリーン系のガーネットには、カルシウムを主元素とする緑色のグロッシュラー・ガーネット（ツァボライト）、黄緑色のアンドラダイト・ガーネットの変種であるデマントイド、濃緑色のウバロバイトがあります。その中の前の二つは非常に人気のあるガーネットで、希少価値の高い宝石です。

カットされた最高品質のツァボライト。マニヤラから産出した

不幸な歴史を持つ「ツァボライト」

スコットランドの著名な地質学者キャンベル・ブリッジス（Campbell Bridges）は1969年にアフリカのタンザ

タンザニアの地元の鉱夫が砂礫から見つけたツァボライト原石

キャンベル博士が1969年に初めてグロッシュラー・ガーネット（ツァボライト）を発見したタンザニアのマニヤラ地域

ツァボライトの発見者キャンベル・ブリッジス博士（Pala International から引用）

ニアで地質調査を行った際に偶然、鮮やかな緑色石を発見し、分析してみるとグロッシュラー・ガーネットであることがわかりました。鉱山開発のため、家族全員でタンザニアに移住し採掘権を申請しましたが、タンザニア政府は許可を出しませんでした。しかし、タンザニアの北東部からケニアの南部までに広がるツァボ国立公園（Tsavo National Park）の地質を調査した結果、同産状である広域変成岩の中から再度グロッシュラー・ガーネットを発見したのです。

１９７１年、ケニア政府がキャンベル博士の詳細な調査結果を認め、採掘権を与えました。博士はスコーピオンという鉱山名をつけ、地元の鉱夫とともに採掘を推進し、地中から素晴らしい緑色のガーネットを掘り出してアメリカ市場に提供したところ、一夜にして、世界で最も注目される宝石となりました。１９７４年、博士はケニアのグロッシュラー・ガーネットをティファニー社（Tiffany&Co）に紹介し、当時のヘンリー・プラット社長が産出地にちなんで、この緑色のグロッシュラー・ガーネットに「ツァボライト」というトレードネームを付けて販売しました。

ところが不幸なことに、２００９年に地元の暴力的な競争相手によってキャンベル博士が殺害されてしまい、採鉱事業は一時停止しています。

ツァボライトの原石を母岩である片麻岩から取り出した

地下60mにある折りたたみ構造の片麻岩鉱脈層からツァボライトを採掘する鉱夫たち

採掘現状を説明するラムシュコ鉱山のウイリアム・モレルマネージャー

タンザニア、マニヤラ地域のラムシュコ（Lemchuko）エリアの一次鉱床の入り口

グロッシュラー・ガーネットの特徴

太古の昔、9億年前の各大陸の合体と衝突によってアフリカ東部に高温高圧が生じ、エチオピアからモザンビークまでの広い範囲に変成岩帯が形成されて、この一帯に宝石が生成される絶好の条件が整いました。その結果、多くのコランダムやクリソベリルやガーネットなどの宝石が誕生したのです。ツァボライトは主にタンザニアとケニアの一部のエリアに限って発見され、カルシウムとアルミニウムの主元素からできた端成分のグロッシュラー・ガーネットです。不純物がない場合は、グロッシュラー・ガーネットは無色を呈し、エメラルドと同様の微量元素であるわずかなクロムとバナジウムが含まれると、黄色みの少ない純粋な緑色のグロッシュラー・ガーネットになります。ツァボライトの屈折率は1・74と高く、優れた輝きを示します。加熱やオイルの含浸処理は行われないため、地下から掘り出した姿のままです。

グロッシュラー・ガーネットの原産地

無色、褐色、緑色のグロッシュラー・ガーネットはスリランカ、メキシコ、マダガスカル、イタリア、カナ

風化残留層からツァボライトを探している鉱夫たち

マニヤラ地域で生活しているマサイ族が見つけた片麻岩中のツァボライト

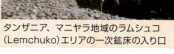

ケニアのツァボ国立公園と隣接するタンザニアの北東部にあるムコマジ国立公園

ダ、タンザニア、ケニアなどで産出されます。タンザニアとケニアはクロムとバナジウムを含有するグロッシュラー・ガーネットの唯一の産出地として大変有名です。キャンベル博士が最初に「ツァボライト」を発見した場所は、タンザニアの北東部のマニヤラ地域とムコマジ（Mkomazi）国立公園の中間にあります。現在、ロルキザール・キテート・ファーム（Lolkisale Kitato Farm）社によって採掘が行われ、ツァボライトの母岩である片麻岩の一次鉱床と、その表層風化残留層（Eluvial）である二次鉱床の砂礫から少しずつ採取されています。ケニアでは近いうちに、キャンベル博士の息子ブルースによって採掘が再開される予定です。

デマントイド・ガーネットの歴史

1853年に、ロシアの中央に位置するウラル山脈にあるニジニ・タギル（Nizhniy Tagil）地域のエリザヴェチンスコエ（Elizavetinskoye）村で、一人の少年によって美しい緑のガラスのような石が発見されました。ファンシーカラーの「グリーンダイヤモンド」によく似ているため、フィンランドの鉱物学者の提案により、オランダ語のダイヤモンドを意味する「デマント

変成岩の片麻岩が風化され、残留した地層を観察する筆者

片麻岩層に含まれるグロッシュラー・ガーネット（ツァボライト）

二次鉱床から見つけたツァボライトの原石

蛇紋岩起源のロシア産デマントイド・ガーネット

（Demant）」という言葉から、１８７８年に「Demantiod（デマントイド）」と命名されました。その後、エカテリンブルグ（Ekaterinburg）の南75㎞に位置するシセルック（Sissertsk）地域でも一次鉱床が発見されました。

１８７５年からロシア宮廷のジュエリーとして王族と貴族に愛用され、宝飾品に頻繁に使用されるようになりました。その美しさはヨーロッパに伝えられ、イギリスの王室ではブローチやリングなどの宝飾品に使われていました。アメリカにおいても、著名な宝石店のティファニー社の研究者クンツ（Dr. George F. Kunz）博士からエメラルドのようなグリーンであると大絶賛され、ティファニーの主力のジュエリーのひとつとなりました。現在は、大変貴重な「エステート・ジュエリー（資産価値のある宝飾品）」に使われる宝石として評価されています。

１９１７年以降のロシア革命によりロマノフ王朝は崩壊し、鉱山での採掘は完全に途絶されました。その後、この宝石は「幻の宝石」となってしまいます。ようやく２００２年に、エカテリンブルグの探鉱者の調査により、シセルック地域の鉱山が再開発され、再び市場に提供されるようになりました。ほとんどは小粒のカット石でしたが、１ctを超える上質のものはエメラルド並みの高い評価が付いています。

ロシア産デマントイド・
ガーネットの
ダイヤモンドリング

近年、ロシアのウラル山脈に位置するシセルツク地域で、デマントイド採掘が小規模に行われている

ロシアの中央に位置するウラル山脈

デマントイド・ガーネットの品質を評価するマスターストーン

デマントイド・ガーネットの特徴と評価

蛇紋岩から生まれた緑色透明なアンドラダイト・ガーネットの変種であるデマントイド（和名は翠《すい》ザクロ石）は、クロムの着色により彩度の高い濃い緑色が形成されています。ガーネット族の中で最も高い屈折率と分散度を持ち、特に美しく輝くガーネットとして最高の希少価値があります。このウラル山脈から産出するデマントイド・ガーネットに緑色から黄色みが加わった緑黄色があり、色の濃淡や透明度やカットによって、評価と価値が異なります。

上の写真で配列したマスターストーンで見ると、最もグレードの高いのは、彩度が高く純粋な緑色を呈するビビッドグリーン（最下列）で、次はインテンスグリーン、ミディアムグリーン、彩度の弱いフェアとウィークグリーンの順になります。緑色の中に、黄色系と褐色系の色みが増えると、価格は下がります。

特有のインクルージョン「ホーステール（馬のしっぽ）」

このウラル山脈から産出された良質のデマントイド・ガーネットには、特有のインクルージョンがあります。ほかの宝石では見られない、馬のしっぽのような針状のインクルー

デマントイド・ガーネットを含む風化された蛇紋岩

採掘現場で見られるデマントイド・ガーネットを含有する蛇紋岩の露出部

ナミビア産
デマントイド・
ガーネット結晶
の集合体

ラウンドブリリアント
カットのデマントイド・
ガーネットのカット石

ジョンです。結晶の中心部から外側に放射状やブラッシュ状に広がるこの内包物は、蛇紋石の一種であるクリソタイル（Chrysotile）の繊維状鉱物です。デマントイド・ガーネットはこの美しい内包物によって価値は下がらず、形状や入っている位置などによって高額になる珍しい宝石です。

ロシア以外の原産地

デマントイド・ガーネットの原産地はロシアのウラル山脈に限らず、世界のその他の地域でも産出し、イタリア、イラン、パキスタン、ナミビア、マダガスカルなどが知られています。また、少量産出地としてアメリカ、メキシコ、韓国、トルコなども挙げられます。産状としては、変成岩である蛇紋岩起源と、スカルン（石灰岩、苦灰岩など）起源のデマントイド・ガーネットがあります。

起源別の特徴

【蛇紋岩起源】……蛇紋岩起源のデマントイド・ガーネットにホーステール・インクルージョンが含まれ、クロムの含有量が高いため、深みのある濃い緑色を呈します。ロシア、イタリア、イラン、パキスタンなどが主な原

ナミビアのグリーンドラゴン鉱山で見られる
炭酸塩中に貫入した花崗岩脈

馬のしっぽのような形状に見える
クリソタイルの繊維状結晶

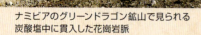

ナミビア中部のウサコス地域に設置されたグリーンドラゴン鉱山

産地です。宝飾市場には主にロシアから供給されていました。

【スカルン起源】……ホーステール・インクルージョンのようなインクルージョンがなく、カルサイト結晶が内包物としてよく含まれています。クロムよりも鉄の含有量が高く、明るい薄めのグリーンを呈し、強いファイアが特徴です。

さまざまな採掘方法

1996年にオーストリアの「グリーンドラゴン」と呼ばれる鉱山会社が、ナミビアの中部にあるエロンゴ(Erongo)山脈のウサコス(Usakos)地域で、デマントイド・ガーネットの採掘をスタートさせました。大規模な炭酸塩岩帯に花崗岩が貫入し、その後の熱水作用によってできたスカルン帯で、1~2㎝ぐらいのデマントイド・ガーネット結晶を採取していますが、重機を導入し、ダイナマイトで固い岩盤を爆破しながら、鉱石から結晶を取り出し、15%程度が宝石質として産出します。そのためアメリカ市場に安定した量を供給しています。

2008年にマダガスカルの最北部のアンテテザンバト(Antetezambato)地域で風化されたスカルンからナミ

ダイナマイトで爆破した様子

スカルン地帯で採掘をしている鉱夫

爆破した後にスカルン帯だけ取り出されたデマントイドを含む接触変成岩

スカルン起源のナミビア産デマントイド

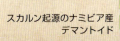

グリーンドラゴン鉱山に向かう途中に見られるナミビア砂漠

ロシア産デマントイド・ガーネットのダイヤモンドリング

ビア産に類似した薄い黄緑色のデマントイド・ガーネット結晶が発見されています。こちらは数千人の鉱夫により手作業で採掘が行われています。

インクルージョンが示す価値

各産地のデマントイド・ガーネットは、内包物の特徴や化学組成の相違、着色元素の含有量の差異によって分けることができます。近年になって、各産地から産出されるデマントイド・ガーネットの量は著しく減少し、枯渇に直面しています。特に、ロシア産のホーステール・インクルージョン入り、クロムグリーンのデマントイド・ガーネットは、その他の産地と比べて、色の濃度やインクルージョンの希少性が別格のため、プレミアム付きの評価となっています。

放射状のホーステール・インクルージョン

スカルン起源のマダガスカル産デマントイド・ガーネット

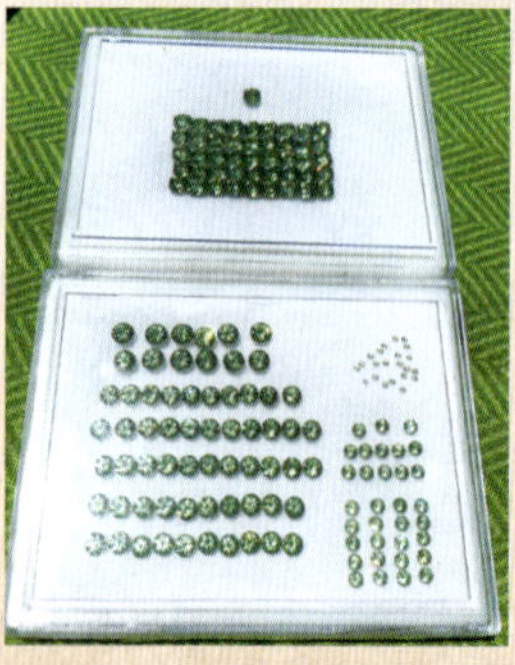

カットされたナミビア産デマントイド。非常に強いファイアを示す

21

トルマリン

さまざまな色の変種を手頃な価格で楽しめる宝石

アメリカのサンディエゴ近郊に広範囲のペグマタイトが分布し、トルマリンの産出地として知られている

トルマリンの産地と色相

トルマリン（電気石《でんきせき》）は非常に馴染みのある宝石で、10月の誕生石でもあります。宝石の中で最も幅広い色相を持ち、人々を魅了しています。ケイ素、アルミニウム、ホウ素などの主元素から構成された化学組成の複雑な鉱物として、主に花崗岩質のペグマタイトに産出し、ブラジル、アメリカ、東南アジア、アフリカの各地から宝石品質のトルマリンが採掘されています。

トルマリンには黒色、緑色、青色、黄色、赤色、ピンク、紫色、褐色、無色などの多彩な色相があり、その中でも赤色、青色、緑色のトルマリンは高く評価されます。さらに、銅を含有する非常に鮮やかな青色から緑色を呈するトルマリンは別格で、最高のプレミアムが付きます。化学端成分から見ると、33種類もありますが、その特性から主に次のような5つの変種に分けられます。

ナミビアのウサコス鉱山で採掘されたトルマリンのカット石

サンディエゴ近郊のヒマラヤ鉱山から採れた美しいピンクトルマリンの結晶

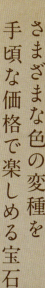

タンザニアのルンダジ（Lundazy）地域で産出した黄色のエルバイト・トルマリン（別名カナリー・トルマリン）

ライムグリーンがかった大変鮮やかなカナリー・トルマリン

ヴェルデライトの原石

美しいルベライトの原石

①リシア電気石（エルバイト）

ナトリウムとリチウム元素が豊富なトルマリンで、無色のアクロアイト、青色のインディコライト、ネオンブルーのパライバ・トルマリン、赤～ピンク～紫色のルベライト、緑色のヴェルデライト、黄色のカナリー・トルマリン、2色や3色の色を持つバイカラー・トルマリンやウォーターメロン・トルマリンなどがこの変種に属します。世界各地のペグマタイト鉱山から産出される宝石質のトルマリンの大部分は、このタイプです。

含まれる微量な遷移金属元素の違いによって、さまざまな色相が生まれます。例えば、鉄とチタンは青色、緑色、黒色を、マンガンは赤色、ピンク、黄色を、クロムは強力な緑色を、バナジウムは青緑色を、銅は青色、緑青色、紫青色を形成します。これらの元素は結晶成長環境の変化によって異なる種類と異なる量で結晶構造に入り込み、さまざまな色相、色の違う色帯、レインボーカラーなどを発生させるのです。また、トルマリンの形成段階で多くのチューブ状インクルージョンが取り込まれてシャトヤンシー効果を示し、美しい滑らかなキャッツアイが光に合わせて拡散していきます。

バイカラー・トルマリンの原石

ウォーターメロン・トルマリンの原石

銅を含有するエルバイト・トルマリン（別名パライバ・トルマリン）

ペグマタイトに含まれるエルバイト・トルマリン。ウサコス産

インディコライトの原石

①リシア電気石〔Elbaite；$Na(Li_{1.5}, Al_{1.5})Al_6Si_6O_{18}(BO_3)_3$〕

リディコータイトの結晶

人より何倍も大きいペグマタイトのポケットに豊富な宝石が含まれているオチュワ鉱山

ペグマタイト（巨晶花崗岩）は宝石を形成する豊富な元素を持ち、トルマリンは水晶類、蛍石類、ベリル類、ガーネット類などと同様にペグマタイト内の液体と空気でできた空洞（ポケット）で成長します。一つのポケットでさまざまな色のトルマリンが見つかる場合もあります。しかし、数メートルから数十メートルの幅を持つ巨大なペグマタイトの中からポケットを探すのは決して容易なことではなく、鉱夫たちは大変苦労します。宝石を最も多く産出する代表的なペグマタイトがナミビア、マダガスカル、ロシア、アメリカ、ブラジルにあります。

②リディコータイト

ナトリウムの代わりにカルシウムが多く含まれ、複雑な三角形の成長累帯構造を持ち、多様な色の積み重なりからできた色鮮やかなトルマリンです。結晶の成長段階で、着色元素の濃度と種類の激しい変化によって、一つの結晶に、緑、黄、紫、ピンク、赤のマルチカラーの色帯が形成されています。マダガスカル中央部のアンジャナボノイナ（Anjanabonoina）のペグマタイト地帯はカラフルな累帯構造を持つリディコータイトの唯一の原産地として知られています。１９７７年に、アメリカで「現代宝石学の父」とも呼ばれる米国宝石学会

オチュワのペグマタイトから産出したルベライト

オチュワにある巨大なペグマタイト帯から多くのトルマリンが採掘されている

Namibia

ナミビア中部のオチュワ（Otjua）地域に多くのペグマタイトが分布している

ブラジル産ウバイトの原石

ドラバイトの原石

GIA カルスバッド校内に設置されたリチャード・リディコートの銅像

（ＧＩＡ）の元会長兼社長であったリチャード・リディコートにちなんで、この種のトルマリンが「リディコータイト」と名づけられました。

③苦土電気石（ドラバイト）

マグネシウム元素が豊富で、黄色や赤色がかった褐色のトルマリンです。熱と圧力によって変化した石灰岩中に産出します。宝石質としては少なく、美しい褐緑色は最も希少です。ドラバイトは1884年にスロベニアのドラバ川で発見され、オーストリアの鉱物学者グスタフ・チェルマク（Gustav Tschermak）によって「ドラバイト」と命名されました。

④灰電気石（ウバイト）

1992年に、スリランカのウバ（Uva）地方で発見された新種で、カルシウムとマグネシウム元素に富んだトルマリンです。大部分が苦土電気石と混合しながら産出します。鉄分が多いため、色は黒色に近い色と濃い紅茶色を呈し、強い光を当てないと透過の色を正しく判断できないため、宝石としては低評価です。市場で「サバンナ」トルマリンと呼ばれる黄色のトルマリンは、苦土電気石と灰電気石の混合物で、鉄による着色です。現在の主な原産地はブラジルです。ブラジルのバイア州からクロム含有の黄緑の

ナミビア中部のエゴロン (Egoron) ペグマタイト地帯にあるウサコス (Usakos) 鉱山はブルーとグリーンのトルマリンの名産地

ウサコス鉱床から採取されたトルマリン結晶

ウサコス鉱山のマネージャーと筆者

③苦土電気石〔Dravite；$NaMg_3Al_6Si_6O_{18}(BO_3)_3(OH)_4$〕
④灰電気石〔Uvite；$(Ca,Na)(Mg,Fe)_3Al_5Mg(BO_3)_3Si_6O_{18}(OH,F)_4$〕

ウォーターメロン・トルマリンのカット石

赤みが強いピンクトルマリンのカット石

ショールの原石

ウバイトが産出されています。

⑤鉄電気石（ショール）

高含有量の鉄を含む、黒色のトルマリンです。15世紀にドイツのツショルラウ（Zschorlau）村で最初に採掘されたため、「ショール」という名前が誕生しました。地球上に産出されるトルマリンの95％が黒色で占められ、熱や圧力をかけると静電気を帯びることで、マイナスイオン効果があるとしてお風呂に入れて使うことがあります。日本では、ビーズなどに研磨され、念珠として使用される場合もあります。ブラジルのミナス・ジェライス州のペグマタイトから多く産出しています。

気軽に身に着けられるトルマリン

トルマリンは地球上に多く存在しますが、宝石品質になるものは限られています。五大宝石と比べて比較的安価で入手しやすい宝石なので、トルマリンの豊富な色とカットスタイルをエンジョイしていただきたいと思います。

ファンシーシェイプカットのパライバ・トルマリン

エメラルドカットのグリーントルマリン

オーバルカットのインディコライト

ペグマタイトによく含まれる黒色トルマリンのショール

⑤鉄電気石〔Schorl：$NaFe_3Al_6(BO_3)_3Si_6O_{18}(OH,F)_4$〕

TOPICS

人気と価値が高い「パライバ・トルマリン」

最初にパライバ・トルマリンが発見されたブラジルのパライバ州のサン・ホセ・ダ・バターリャ鉱区

パライバ・トルマリンを最初に発見したヘクター・バルボッサ氏（Andy Lucas 撮影）

Batalha バターリャ

パライバ州のバターリャ鉱区内を管理するパラ・アズール(Para Azul)鉱山社ではトンネル採掘法を実施している

独特の青い輝きがプレミアムを生み出す

「パライバ・トルマリン」はトルマリンのすべての変種の中で最も価値があり、とても人気があります。1987年に、ブラジル北東にあるパライバ州サン・ホセ・ダ・バターリャ(São José da Batalha)地域に住む地元の農夫ヘクター・バルボッサ(Hector Barbosa)によって発見され、バターリャに分布するペグマタイトから銅(Cu)とマンガン(Mn)を含有するブルー、バイオレットブルー、ネオンブルー、ターコイズブルー、ブルーグリーンなどの色相を呈する「パライバ・トルマリン」が産出されました。特に、「ネオンブルー」のようなトルマリンは大変に魅力的で、非常に強い彩度を示し、1990年にアメリカで行われた世界最大の宝石展ツーソンミネラルショーでリリースされ、最高プレミアムのトルマリンとして評価されました。1990年の後半に、パライバ州に隣接する北部のリオグランデ・ド・ノルテ州のムルング(Mulungu)とアルト・ドス・キントス(Alto dos Quintos)地域からも同様の

最高品質のブラジル産パライバ・トルマリン
(全国宝石学協会 Gemmology 引用)

パライバ・トルマリンの青色～緑色までの色範囲
(紫色や黄色味のある緑色は含まれない)

Mulungu《ムルング》

ムルング鉱山から産出された母岩に含まれる高彩度のネオンブルーを有するパライバ・トルマリンの結晶

リオグランデ・ド・ノルテ州のムルング鉱山に降りるための簡易型リフト（全国宝石学協会 Gemmology 引用）

ムルング鉱山を運営している MTB 社

ムルング鉱山から採掘された鮮やかなネオンブルーのパライバ・トルマリン原石

リオグランデ・ド・ノルテ州のムルング鉱山での選別作業（全国宝石学協会 Gemmology 引用）

地下２００m に到達したムルング鉱山。巨大なペグマタイト地層中にパライバ・トルマリンを含む鉱脈を探しながら掘り進む

Alto dos Quintos《アルト・ドス・キントス》

ペグマタイトに含まれるパライバ・トルマリン

鉱坑へ進むためにトロッコ車や脚立を頼って地下２５０m へ進む

高湿度下の過酷な環境で働く鉱夫たち

リオグランデ・ド・ノルテ州アルト・ドス・キントス鉱山では竪穴掘りが行われている（全国宝石学協会 Gemmology 引用）

オーバルカットされた高彩度のネオンブルーのブラジル産パライバ・トルマリン

トルマリンが発見され、産状的に同じペグマタイトの鉱脈から産出します。２０１０年までは、ブラジルのこの３つの鉱山における生産量が日本のパライバ・トルマリン需要のほとんどを満たしていました。

アフリカで産出するエルバイト・トルマリン

2001年に、アフリカのナイジェリア西部で産出したエルバイト・トルマリンが宝石業界で知られるようになりました。イバダン州のエドコ（Edeko）鉱山からブルー～グリーンのものが産出され、これらの色はブラジル産パライバ・トルマリンと同様に銅とマンガンの含有に起因し、化学組成も重複していました。そのため、ナイジェリア産の銅含有エルバイト・トルマリンも「パライバ・トルマリン」と呼ばれるようになり、ドイツとバンコクで販売されていましたが、2010年までにナイジェリアの鉱山は枯渇し、閉山となりました。

ナイジェリアのオフィキ・イロリン（Ofiki-Ilorin）地域から産出された銅含有量の少ない淡色のパライバ・トルマリン

ナイジェリアのエドコ鉱山から産出した銅含有量の高い鮮やかなパライバ・トルマリン

2005年の半ばに、モザンビークのアルト・リゴンハ（Alto Lingonha）地域からも銅を含有するエルバイト・トルマリンの新しい供給源が発見され、淡いブルー～グリーン、バイオレットなどの色相を示しました。銅の含有量は比較的少なく、ブラジルのような高彩度の「ネオンブルー」のパライバ・トルマリンと比べて、少し明度が低いものが多いです。近年も採掘が続けられ、少量ですが市場に提供されています。

パライバ・トルマリンの取引においては、外観だけでなく、産出された地域によって価格が付けられています。原産地情報が重要となり、鑑別機関は最先端の科学分析機器により、各産地の宝石学的な特性と特異な化学元素を調べ、地理的な産出地を同定しています。

モザンビークのマヴォコ鉱山から産出された銅を含有する各色のエルバイト・トルマリン

モザンビーク産のブルーグリーンを呈するパライバ・トルマリン

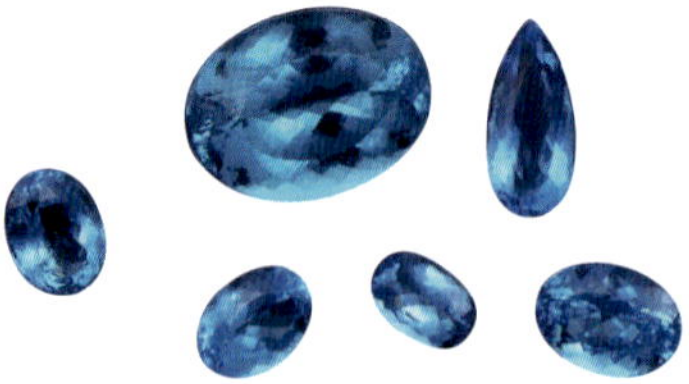
モザンビーク産の最も品質のよいブルーのパライバ・トルマリン

2005年にモザンビーク北東部のマヴォコ（Mavuko）地域から銅を含有するトルマリンが発見された（Branden Laurs 撮影）

マヴォコ鉱区で働く鉱夫たちの生活エリア

鉱夫の子どもたちと触れあう筆者

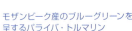

「パライバ・トルマリン」の名称

銅を含有する「パライバ・トルマリン」の名称は、最初に発見されたブラジル、パライバ州の産地に由来しています。しかしその後、同国のパライバ州に隣接するリオグランデ・ド・ノルテ州やアフリカのナイジェリアとモザンビークからも採掘されています。宝石学的特性や化学組成が重複しているため、一般的な鑑別技術では、地理的な産地を同定するのが困難です。ヨーロッパ、アメリカ、アジアの代表的な鑑別機関7社から構成された「ラボ・マニュアル調整委員会（LMHC）」が、銅とマンガンを含有するブルー～グリーンを呈するすべての変種のトルマリンを産地に関わらず、トレード用語として「パライバ・トルマリン」と定義しています。

銅とマンガンを含む緑青色のリディコータイトの変種も別名パライバ・トルマリンと呼ばれている。モザンビーク産

2種類のパライバ・トルマリン……エルバイトとリディコータイト

「パライバ・トルマリン」の多くはエルバイト（リシア電気石）という変種に属しますが、ごく一部はエルバイトの隣り合う変種であるリディコータイト（リディコート電気石）という変種に属します。両者とも銅とマンガンを含有し、青色から緑青色を呈しますが、違う点は、リディコータイトにはエルバイトより数パーセント多くカルシウムが含まれることです。このカルシウムは色や品質に影響を与えるものではありません。リディコータイトに属するパライバ・トルマリンの産出量は非常に少なく、特に２０１０年以降にモザンビーク、マヴォコ鉱山から20㎞離れたマラカ(Maraca)地域から新たに産出する程度です。

このトルマリンの変種は、１９７７年に著名なＧＩＡの宝石学者であったリディコート博士の名にちなみ、リディコータイトという名前が付けられたのは前述した通りです。

珍しい青緑色のリディコータイト原石。パライバ・トルマリンに研磨される

青色の部分を研磨し、パライバ・トルマリンというトレードネームが付けられる

バターリャ鉱区で採れた銅を含有する青と紫のエルバイト・トルマリン結晶

エメラルドを思わせるグリーンのパライバ・トルマリン

宝石品質の「パライバ・トルマリン」はブルー系の色調のものが多く産出しています。色の濃さは銅の元素に比例していて、ネオンブルーのものが最も高い濃度で、酸化銅（CuO）2・50wt%、酸化マンガン（MnO）2・96wt%に達します。しかしブラジルのバターリャ産にはしばしばエメラルドのようなグリーンを呈するトルマリンが見られ、化学組成を調べてみると、酸化銅の含有量は3・0wt%に、酸化マンガンは4・0wt%に達しています。その他の、チタン（Ti）、鉄（Fe）、ビスマス（Bi）などの微量元素の濃度が、ほかのブルーやブルーグリーンよりも多く含まれていて、それがエメラルドグリーンに強く関連していると思われます。このエメラルドのような色を呈するパライバ・トルマリンは、バターリャ鉱山でしか産出されず、産出量は圧倒的に少なく、パライバ・トルマリンの希少な色ともいえます。

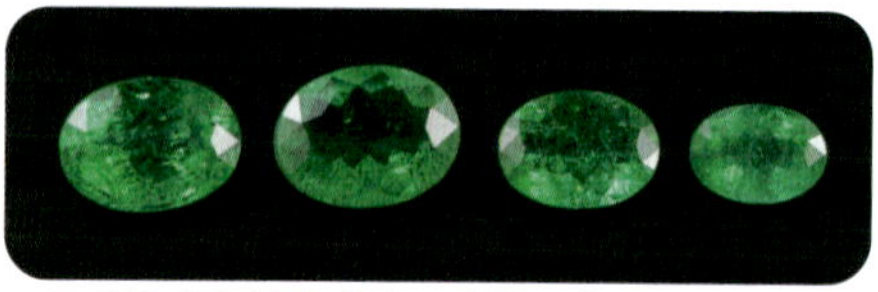
エメラルドのようなグリーンを示すブラジルのバターリャ産パライバ・トルマリン

鉱脈中に発見された青色のパライバ・トルマリンの結晶。周囲は同じ銅を含む紫のエルバイト・トルマリンで囲まれている

処理について

各鉱山から産出した美しいネオンブルーのパライバ・トルマリン以外に、灰色がかった青紫色と紫色のトルマリンも産出されています。同じ銅とマンガンを含有するものの、ネオンブルーのような美しさがないため、当初はパライバ・トルマリンとしては市場にあまり提供されませんでした。その後、400～500度の低温加熱実験を行ったところ、結晶中に含まれたマンガンイオンの電荷が容易に変わり、マンガンによる紫色がなくなって、銅による青色のみが残りました。やがて加熱時間、温度、酸素濃度などの条件をコントロールして、鮮やかな美しいネオンブルーに仕上げられるようになりました。今日の世界の宝飾市場では、非加熱のパライバ・トルマリンがとても希少なため、価格も非常に高騰しています。

パライバ・トルマリンに使用される小型の電気加熱炉

パライバ・トルマリンの加熱処理の前後。紫が青色に変化する。左は処理前、右は加熱後（J.C.Zwaan 撮影）

22

ペリドット

美しい黄緑が人々を魅了する太陽の宝石

最高級カラーの
ミャンマー産ペリドット

古代エジプトやローマでも使用されていた

ペリドットは古代から使用されてきた古い宝石のひとつです。エジプトでは、太陽神を国家の象徴として崇拝した時代に、ペリドットを「太陽の宝石」と呼んで、ファラオたちの王冠や装飾品に使用。黄金とともに埋め尽くされていました。やがて、この石はローマに渡り「夫婦の幸福」と記録され、王と王妃の愛情を結びつけたと言い伝えられています。

ペリドットという名前は、アラビア語で「貴石、宝石」という意味のファリダット（Faridat）に由来します。古代エジプト人は、トパゾス（Topazios）と呼ばれていた紅海にある島、現在のセントジョンズ島で緑色の宝石を発見し採掘していましたが、その宝石は長い間トパージオス、トパーズという名前で産出されていました。実はこの宝石こそ「ペリドット」だったのです。中世の人々の間でも、エメラルドとペリドットがしばらく混同され、ドイツのケルン大聖堂の神殿に飾られた200ctのペリドットをエメラルドだと信じ込んでいました。

オリーブにもたとえられる
鮮やかな黄緑が魅力

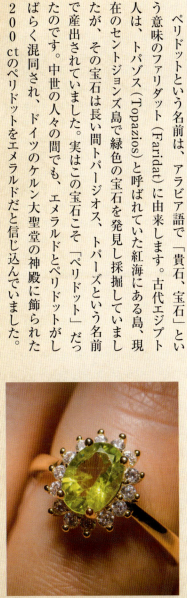

1904年に宝石質のオリビンがペリドットとして公式に認知され、8月の誕生石にもなっています。

ペリドットの生成と産出

地球深部の上部マントルで形成される橄欖石《かんらんせき》（オリビン）は、主にマグネシウムを含む白色、黄緑色を示すフォルステライト（Mg_2SiO_4）と、鉄を含む褐色、黒色を示すファイアライト（Fe_2SiO_4）に分かれます。変成作用により、この両者が混ざって再結晶化した、鮮やかな黄緑色の美しい橄欖石をペリドットと呼びます。鉄の含有量が増えれば緑色が濃くなり、マグネシウムが多ければ黄色みが強くなります。ペリドットは一般的に地球深部の60kmあたりで形成され、上部マントルの主要な構成鉱物であり、マグマの噴火によって地表に運ばれます。アメリカ、中国、ベトナムなどで分布する溶岩流に内在する不規則な塊から発見されたり、ミャンマー、パキスタン、フィンランド、紅海のザバガッド島などで見られる固化した溶岩の鉱脈中に大きな結晶が見つかったりします。特に、宝石品質のペリドットはアルカリ性玄武岩と90%以上の橄欖石を含む火成岩の一

多くの結晶質のオリビン
から構成された橄欖岩

再結晶化したペリドットは
変成作用を受けた橄欖岩の
接合部から見つかる

ウイグルのフカン県隕石に見られる緑黄色のペリドットの巨晶(Kikootwo on Reddit撮影)

種である蛇紋岩化したダナイトから多く産出します。

隕石にも含まれる地球外のペリドット

地球以外の発生源として、火星や隕石、彗星塵中に非常に希少なペリドットが含まれる場合もあります。これらのペリドットは太陽系が誕生した際に形成されたものであり、45億年も前のものです。一般的に、隕石に含まれるペリドットは宇宙から地球に落下した際に大気と摩擦し非常に高温で焼かれたり、衝突によって粉々になったりして小片しか見つからないですが、ウイグルのフカン、インドネシアのジェパラ、ロシアのセイムチャン、アメリカのアドミアなどに巨大な石鉄隕石《せきてついんせき》が発見されています。これらはパラサイトと呼ばれ、宝石サイズのペリドットが含まれています。このような隕石は地球上で発見された隕石の約1%しかなく、大変希少なものです。隕石から取り出された緑黄色のペリドットはファセットカットにし、地球以外の最初の宝石として市場に出され、コレクターに大変な人気です。地球起源のペリドットと比べ、比重はやや大きく、内包物として鉄隕石が含まれて強い磁性を示し、独特な輝きを見せています。含まれるニッケル、コバルト、バナジウム、マンガン、亜鉛、リチウムなど微量元素の含有量にも差違が見られます。

隕鉄部分とペリドット結晶が網のような模様を呈している(Southwest Meteorite Laboratory of Arizona University, USA から引用)

パキスタン産
最上質の
ペリドットリング

宝石としての品質とカット

ペリドットのモース硬度は6・5～7で、宝飾品として十分な耐久性があり、鮮やかなオリーブグリーンの色合いと独特の輝きが宝石としてとても魅力的です。また、手頃な価格で入手できる宝石の一つです。ペリドットの色の範囲は狭く、ブラウングリーン、イエローグリーン、純粋なグリーンがあります。高品質のものは緑色が強く、低品質のものは褐色がかっています。最高級の色のものはミャンマーとパキスタンから産出され、アメリカのアリゾナ州や中国の吉林省から採掘されたものは標準品質と評価されています。

ペリドットには内包物が少なく、一般的に透明度が高く、よい品質のものが市場に多く出ています。その中に「リリーパッド」と呼ばれる反射の強い円盤状の特有の内包物がしばしば見られます。

カットの形状はさまざまあり、オーバル、クッション、ラウンド、トライアングルなどが一般的で、グリーンとイエローから構成されたモザイクパターンによって、研磨のバランスがよく取れているかどうかの判断ができます。また、手作業で研磨と彫刻がなされるデザイナーカットがとても人気です。ペリドットの小さいサイズは比較的廉価ですが、10 ctを超えると価格が急上昇します。

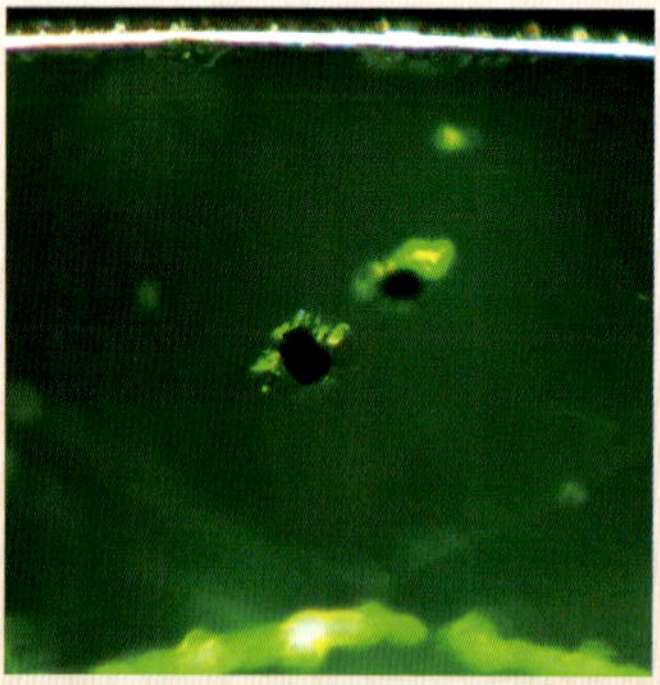

品質を低下させるクロマイト
のインクルージョン

ペリドットによく含まれる内包物、リリーパッド
（スイレンの葉）

ルビーの名産地モゴックから10kmほど離れたピャン・グァン・キャオポンのペリドット鉱山

世界的名産地と特色

宝石愛好家にとって宝石の原産地を知ることはとても大切なことで、それは上質のペリドットでも同様です。歴史的に産地として有名なエジプトの紅海に浮かぶセントジョンズ島では現在はほとんど採掘されていないのですが、そこから産出されたものだと確認できれば、その歴史的な価値が大いに評価されます。

最高品質の石が多い

ミャンマー

ルビーの原産地として有名なモゴック地域は、ペリドットの名産地でもあります。ピャン・グァン・キャオポン（Pyaung Gaung Kyaukpon）鉱山では、オリーブのような黄色みの少ない美しいグリーンが主流で、10ctを超える大粒の結晶が期待できる変成作用を受けた橄欖岩がよく産出され、カットによって色の濃淡が明瞭に現れる最高品質のものが多いです。

Myanmar

ミャンマー、モゴック産
ペリドット結晶

アリゾナ州のサンカルロ鉱山で見られるペリドットを含む玄武岩（Peridot Dreamsから引用）

高峰がそびえるパキスタンのサパット谷（Vincent Pardieu 撮影）

採掘が困難

パキスタン

ミャンマーと同じ最高級カラーのペリドットが産出されています。1992年に、標高4000m以上の高山地域のサパット（Sapat）谷から良質のペリドットが発見されましたが、採掘が極めて困難であるため、量が限られています。

小粒が大量に産出

アメリカ

アリゾナ州から産出されたペリドットは、世界総産出量の80%を占めます。メキシコ国境に近いサンカルロ（San Carlo）地域の火山岩（玄武岩）から小粒の黄緑色のペリドット結晶が豊富に産出され、褐色みの強いものが比較的多いです。ミャンマー産やノルウェー産のペリドットと比べて色みに差があり、標準品質のものが大半を占め、比較的安価で取引されています。

アリゾナ産ペリドットの原石

数百メートルも深いペリドットの採掘坑口

サパット鉱山から産出した母岩つきのペリドット結晶

America

カットされたオリーブグリーンを示すアリゾナ産

Pakistan

サパット産ペリドットの原石とカット石

Norway

ノルウェー産
淡緑色のペリドット

淡めの色が特徴的

ノルウェー

サンモーア（Sondmore）から柔らかい若草色を呈するペリドットが採掘されています。色の濃度と彩度から見るとミャンマー産より低いですが、均質な淡めの純粋な緑色を示すのが特徴です。5ctを超える石は希少です。

黄色がかった上質の石が産出

中国

1970年代に吉林省の白石山と河北省の張家口に分布する玄武岩から、高彩度の小さい黄色がかった緑色のペリドットが産出され、世界市場に台頭しました。ほかの産地に負けないほど上質で比較的大粒の、色がのった石がバランスよくカットされ、市場に非常によい印象を与えました。しかし近年、産出量が著しく減少しています。今後の採掘活動に期待したいところです。

China

中国産高彩度の黄色みがかった
緑色のペリドットと原石

中国河北省の張家口にあるペリドット鉱山

張家口産ペリドットの選別、
中彩度の黄緑色が特徴

23

真珠 1

生物が作り出した宝石の代表。天然真珠と養殖真珠

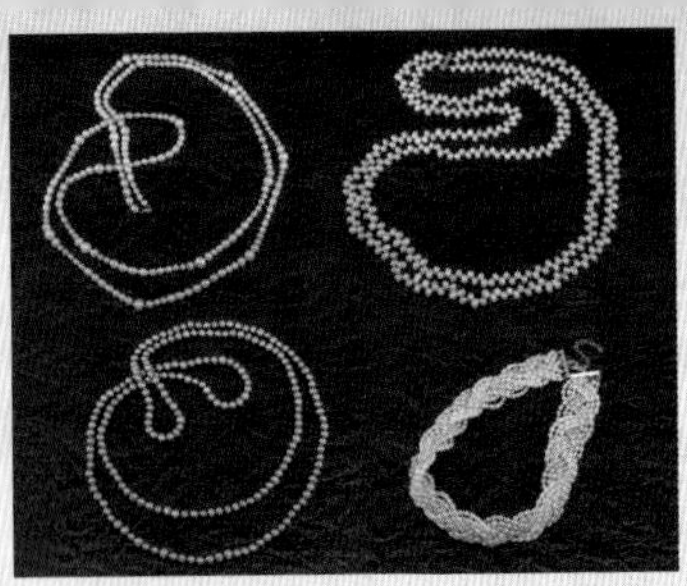
中国産淡水無核養殖真珠のネックレス

宝石の種類と天然真珠

　宝石は激しい地殻運動によって大地から生まれる無機物質性宝石と、生物が生み出す有機物質性（生物性）宝石に分かれます。生物性宝石は、生物の生殖が続く限り、その宝石が生み出されるということです。琥珀とジェットのようなものは植物起源で、真珠、サンゴ、象牙、ベッ甲は動物起源です。真珠、サンゴ、象牙などは石灰化しており、70～95％の無機物質と5～30％の有機物質、そしてわずかな水分から構成されています。

　真珠は、貝殻内部の細胞からなる真珠袋が形成され、その真珠袋上皮の分泌によって、アラレ石であるアラゴナイト（Aragonite）の微結晶と有機質層が、交互に同心円層状に積み重なることで形成されます。

　市場にある真珠は、天然真珠と養殖真珠に分類されます。かつてヨーロッパで「オリエンタル」と呼ばれた良質の天然真珠は、主にペルシャ湾、マナール湾、オーストラリアのアラフ

天然真珠が生まれる海水産二枚貝のウグイス貝科に属する原生アコヤ貝（*Pinctada radiata*）

南シナ海に生息するメロメロ貝、
ハルカゼヤシ貝ともいう

メキシコ湾岸、カリブ海全域に
生息しているピンク貝

ラ沿岸に生息する海水産二枚貝ウグイス貝科に属する貝殻から採れたものです。まれに、オオシャコ貝（クラム真珠）、巻貝であるピンク貝（コンク真珠）、メロメロ貝（メロ真珠）、ミミ貝（虹色の不正形アワビ真珠）などからも採取されます。

淡水起源の天然真珠は、主にヨーロッパやアメリカの河川に豊産するカワシンジュ貝に属する淡水二枚貝から採れます。

養殖真珠の種類

養殖真珠の場合、養殖に用いられている貝殻は海水産二枚貝4種（アコヤ貝、シロチョウ貝、クロチョウ貝、マベ貝）、淡水産二枚貝4種（イケチョウ貝、ヒレイケチョウ貝、カラス貝、マルドブ貝）、海水産巻貝1種（エゾアワビ）の合計9種類があります。

真珠養殖に成功して以来、養殖場は世界中に広がっています。代表的なもの4カ所を紹介します。

①日本の南西海域、韓国、ベトナム、中国広西省沿岸を中心としたアコヤ貝の真珠養殖場

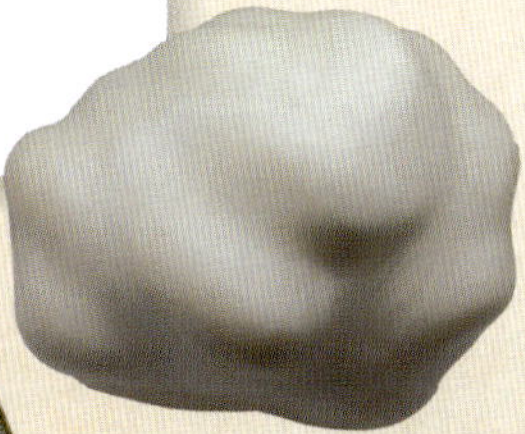

天然の
シャコ貝の真珠

養殖真珠用淡水貝であるイケチョウ貝

ホラ貝にも似た大型のシャコ貝
(GIA 提供)

茨城県霞ヶ浦産淡水有核養殖真珠のネックレス

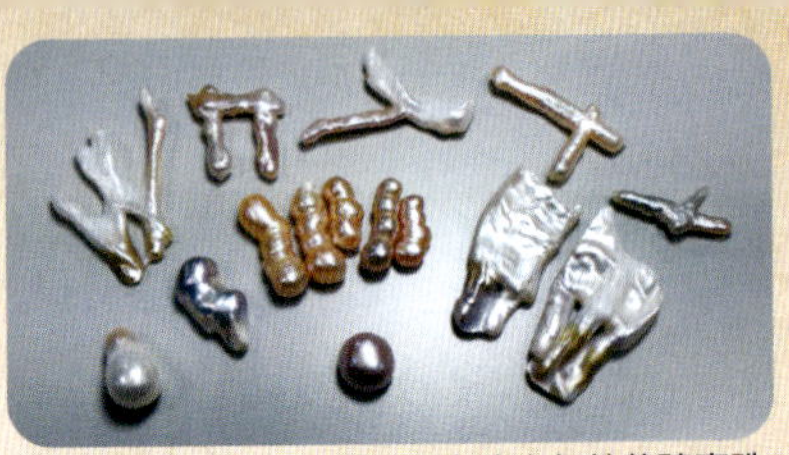
さまざまな色、形の琵琶湖産淡水無核養殖真珠

②ミャンマー、フィリピン、マレーシア、インドネシアなどの東南アジアからオーストラリア北西沿岸に点在するシロチョウ貝の真珠養殖場
③ミクロネシア・メラネシア・ポリネシアの3領域の太平洋上に浮かぶ島に点在するクロチョウ貝の真珠養殖場
④日本の湖沼や中国大陸の河川に形成された淡水産の真珠養殖場

日本産淡水真珠の歴史

淡水真珠養殖の歴史はきわめて古く、11世紀には中国においてカラス貝を使用して仏像真珠や半形真珠が作られていました。日本における淡水真珠養殖は明治の末ごろ、見瀬辰平が茨城県霞ヶ浦においてカラス貝を、1904年に越田徳次郎が北海道千歳川でカワシンジュ貝を使用して行いましたが、いずれも失敗していました。

1935年、藤田昌生は琵琶湖および付近の内湖において幾多の養殖実験を試み、イケチョウ貝による淡水産真珠養殖の事業化に成功しました。その後、淡水産真珠養殖は第二次世界大戦により中断し、戦後の再開に当たって従来行っていた有核真珠養殖から無核真珠養殖へと切り替えられ、今日の淡水真珠養殖技術の基礎が築かれました。

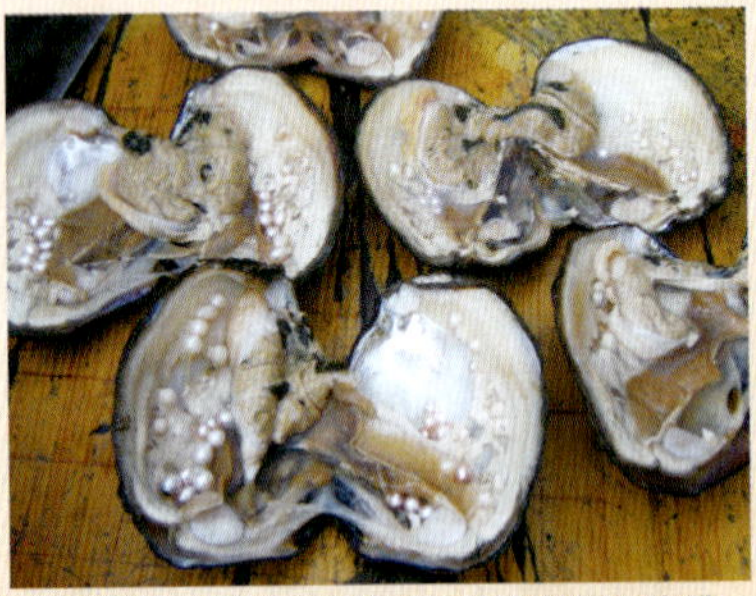
ヒレイケチョウ貝で養殖された無核淡水真珠。
一枚の貝殻から十数個の真珠が養殖される

武漢の養殖場で挿核作業を行っている様子

中国武漢の東溝鎮地域に人為的に作られた
多くの真珠養殖用淡水池

1955年度に0・1tと農林統計に初めて記録され、中近東およびインド向けを中心に輸出が伸びています。生産量は1969年度には6tに達し、それ以降は年間6～7tと極端な増減もなく推移しました。生産量の99％強は無核真珠で、残り1％弱が有核真珠です。

1970年ごろから中国大陸でも華中地方の長江沿いで、恵まれた自然環境と豊富な淡水産二枚貝の資源を利用して、淡水産無核真珠が本格的に養殖されはじめ、1980年には約13tも日本に輸入されていました。この時期すでに日本で養殖された淡水産真珠の総生産量（年間約7t）を大幅に上回り、その後も中国の生産量は毎年増加し続け、現在の年間総産量は700t以上ともいわれています。

しかし、琵琶湖での真珠養殖は産業の隆盛に反し、イケチョウ貝の天然資源が乱獲されて枯渇。人工種苗生産技術が1975年に開発されたにもかかわらず、1982年ごろから健全な供給ができなくなり、衰退の一途をたどっています。人工種苗の成長不良の主な原因として、近親交配の弊害、漁場環境の汚染、生態系の変化が指摘されています。

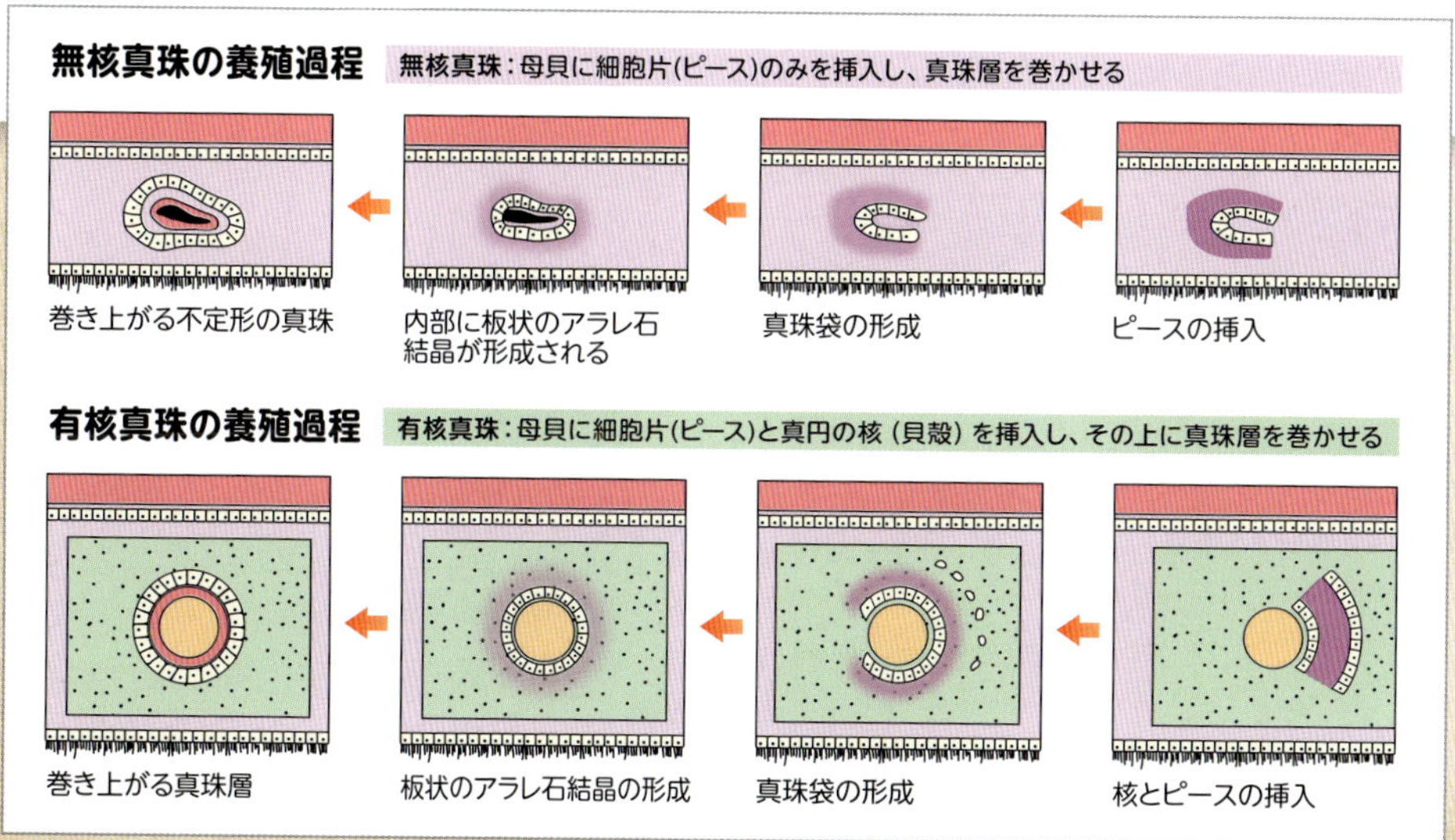

無核真珠の養殖過程
無核真珠：母貝に細胞片(ピース)のみを挿入し、真珠層を巻かせる
ピースの挿入
真珠袋の形成
内部に板状のアラレ石結晶が形成される
巻き上がる不定形の真珠
有核真珠の養殖過程
有核真珠：母貝に細胞片(ピース)と真円の核（貝殻）を挿入し、その上に真珠層を巻かせる
核とピースの挿入
真珠袋の形成
板状のアラレ石結晶の形成
巻き上がる真珠層

和田浩爾氏（Underwater Journal, 1973）の図式を参考に作成

4年貝 ▶ 7年貝

素晴らしいテリを持つさまざまな色合いの霞ヶ浦真珠

日本で生き残る霞ヶ浦真珠

琵琶湖での真珠養殖の衰退を見越して、わずか数名の真珠養殖業者が、中国産淡水真珠の大量生産に対抗するために南洋玉に匹敵する、良質の有核10㎜以上の真珠の養殖を1962年から始めました。養殖が可能かどうか綿密に調査し、琵琶湖から貝を移動して実験を行いました。やがて貝が育つことが証明され、条件も非常によく、茨城県霞ヶ浦での核入り真珠の養殖に成功しました。養殖場は環境の変化による影響を最小限に留めるため、霞ヶ浦に注ぐ新利根川、園部川、小野川の河口に作られました。

霞ヶ浦真珠の養殖者たちは、貝をあらゆる病気や障害から守るため、専用池を作り稚貝を2年間養成します。そして2年たった母貝に挿核オペレーションを行い、ネットに入れて湖に戻し、3年から4年で真珠の収穫が始まります。現在、霞ヶ浦で行われている養殖は有核真珠のみで、一つの貝に一個の核とピース（外套膜小片）を挿入し、真珠袋を形成し、その中で真珠が作られます。長い年月をかけて養殖された真珠層の厚みは3㎜もあり、海水産の有核養殖真珠より圧倒的に厚いのです。真珠の大きさはたいてい12〜15㎜範囲のものが多くなっています。

霞ヶ浦真珠の母貝は、ヒレイケチョウ貝（*Hyriopsis*

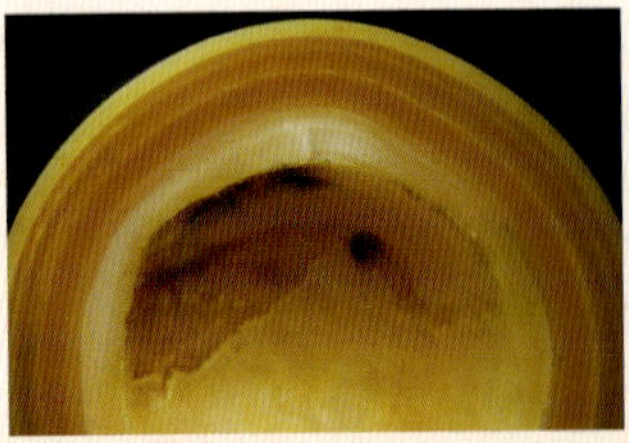

3年以上の年月をかけて養殖した霞ヶ浦真珠の断面（真珠層の巻き厚は3mm 以上）

現在の霞ヶ浦の淡水真珠養殖場

35年前の霞ヶ浦に流入する小野川に設置した真珠養殖場

日本が誇る霞ヶ浦で養殖された最高のテリを示す多彩な有核淡水真珠のネックレス

稚貝から真珠養殖用貝へ変化していく姿

1か月　2年貝

cumingi）とイケチョウ貝（*Hyriopsis schlegeli*）が交配されたものです。この種の貝から作られた霞ヶ浦真珠の特徴は、独特なカラーバリエーションがあり、テリと厚みのある多様な色彩の真珠が豊富なことです。その基調色はホワイト系、ピンク系、パープル系、イエロー系、パープルがかったレッド系、オレンジ系、ブラウン系、虹色系などの系統があります。真珠の色は国によって好みが異なり、日本においてはピンクとパープル系のものが最も高値で取引されていますが、アメリカやヨーロッパ市場では、「カスミガウラパール（*Kasumigaura Pearl*）」の光沢、多色、その大きさが非常に高く評価され、その需要に生産が間に合っていないのが現状です。

残念なことに、今日の霞ヶ浦での真珠養殖業者はほんの数人のみで、年間の総生産量はたった40kg以内に留まります。霞ヶ浦真珠養殖の未来が大変気にかかるところですが、今後の継承者の育成と環境の保護、そして国や地方自治体の協力があれば、日本が誇る「霞ヶ浦真珠」を守り続けられるでしょう。

日本で開発されたヒレイケチョウ貝とイケチョウ貝の交配種である稚貝を池で2年間養成する

養殖場で貝を4年間育成し、いよいよ浜揚げの瞬間

35年以上の年月をかけて霞ヶ浦真珠を育て続ける戸田さん

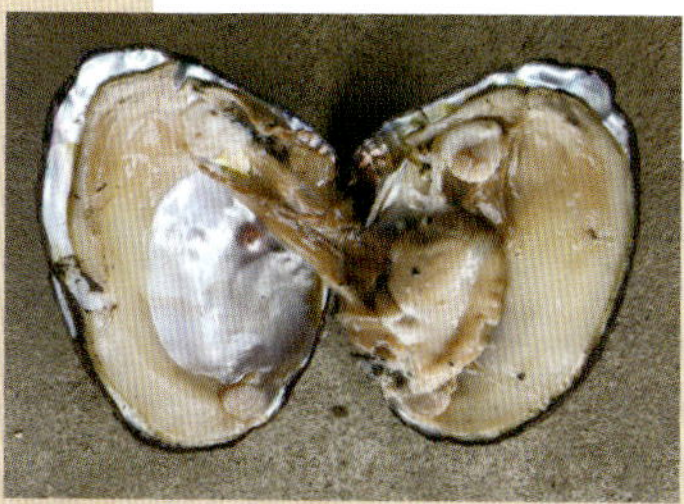

霞ヶ浦真珠の代名詞であるピンクパール

真珠 ②

きらめきと輝きを保ち続ける天然真珠

バーレーンで天然真珠を観察する筆者

バーレーンで採れる原生のアコヤ貝

古くから女性に好まれた貴重な宝石

真珠は東洋の宝石として日本で最も愛されてきました。しかし、天然真珠がほとんど採れなかった日本では、歴史に誇る天然真珠のジュエリーはあまり知られていませんでした。しかし、5000年以上も前から、日本では小粒の天然アコヤ真珠の採取が行われていたという説もあります。

1893年、御木本幸吉が半円真珠の養殖に成功しました。その方法は、天然真珠と同様の形成原理を用いたもので、異物（核）を人工的に貝に挿入し、軟体組織を刺激しながら真珠成分（アラゴナイト／アラレ石）を分泌させるというものです。開発された美しい真珠が日本の代表的な宝石となり、世界に輸出され続けています。

海や河川の恵みを受けて自然に作られた天然真珠は非常に希少で、数千個または一万個の貝

1900年に天然真珠の採取に使われた海のキャラバン船

アラビア半島で石油が発見されるまで、ほとんどのアラビア人は真珠採りで生活していた（Matter Jewelers 提供）

イスラム教の聖典コーランには「Lulu（真珠）」という言葉が3回も記載されている

20年もかけて集めた天然真珠から作られた大変美しい真珠のネックレス

殻から数粒しか採れません。貝殻から生まれたその輝き（テリ）と経年変化が少ないという特徴から、天然真珠は古くから五大宝石のランキングに入っていた、唯一の有機宝石です。女性のシンボルとして、ヨーロッパの貴族たちの社交界で欠かせない大切な宝石として、その希少性が高く評価されています。中国の老子が作らせたといわれる世界最大級の「老子の真珠」や、古代エジプトの女王クレオパトラが酢に溶かして宴会で飲んでいた真珠、ケンタウロスの形に作られたアブダビの856ctの真珠などは、世界で最も希少価値の高い、珍重な宝石だといわれています。

天然真珠のできる仕組み

貝殻を持った貝ならどんな貝でも、貝殻と同質の鉱物（アラゴナイト）を軟体組織（貝の肉体部）で作ることができます。しかし10万種もある貝の中で、ほんの一部だけが光沢のある真珠を作り出せます。光沢の有無によって商品価値が決まります。天然真珠は主に海水産のウグイス貝類と、淡水産のイシ貝類の二枚貝によって作られます。

ケンタウロスの天然真珠の側面

半人半馬のケンタウロスの宝飾品に使用された巨大なペルシャ湾産の天然真珠（Kenneth Scarratt 撮影）

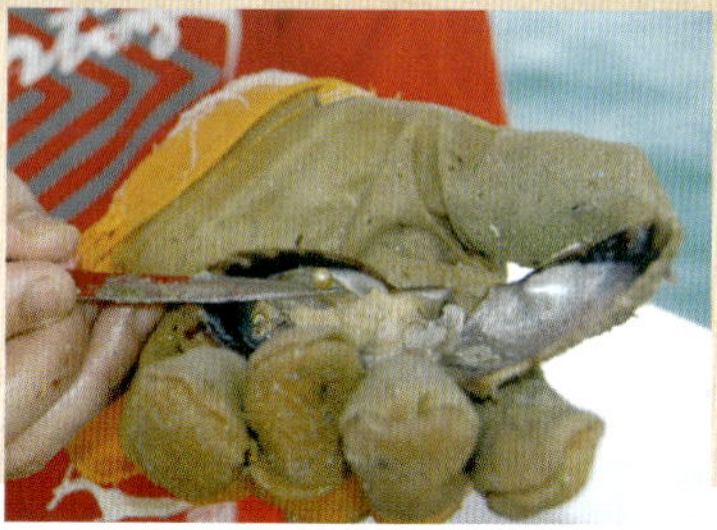

原生アコヤ貝から発見した
希少なゴールドの天然真珠

天然真珠は、内因的あるいは外来物の侵入によって偶然にできるもので、産状によって真珠と殻付真珠に分けられます。

【真珠】……寄生虫や砂粒などの外来物が、貝殻と殻質層を作る貝の外套膜の外皮の間に偶然に入り込み、その外皮の一部が異物を巻きながらさらに体内に入り込んで、真珠袋が形成されます。この真珠袋の上皮細胞の分泌機能によって真珠層が作り出され、異物を核として巻きながら大きく成長し、袋の内腔で天然真珠が形成されます。

【殻付真珠】……いったん体内で形成された真珠が真珠袋と外套膜の外皮を破り、飛び出した真珠が貝殻の内側に固着してコブになると殻付真珠となります。

天然真珠にはさまざまなサイズがあり、3㎜以下の微小な真珠は、シードパール（種真珠）と呼ばれ、この呼び名は養殖真珠には使用されません。日本の呼称で「ケシ」といわれるものは、一般的に海水産の無核養殖真珠に使用される名称です。

天然真珠の真珠層は、アラゴナイト結晶層と、有機

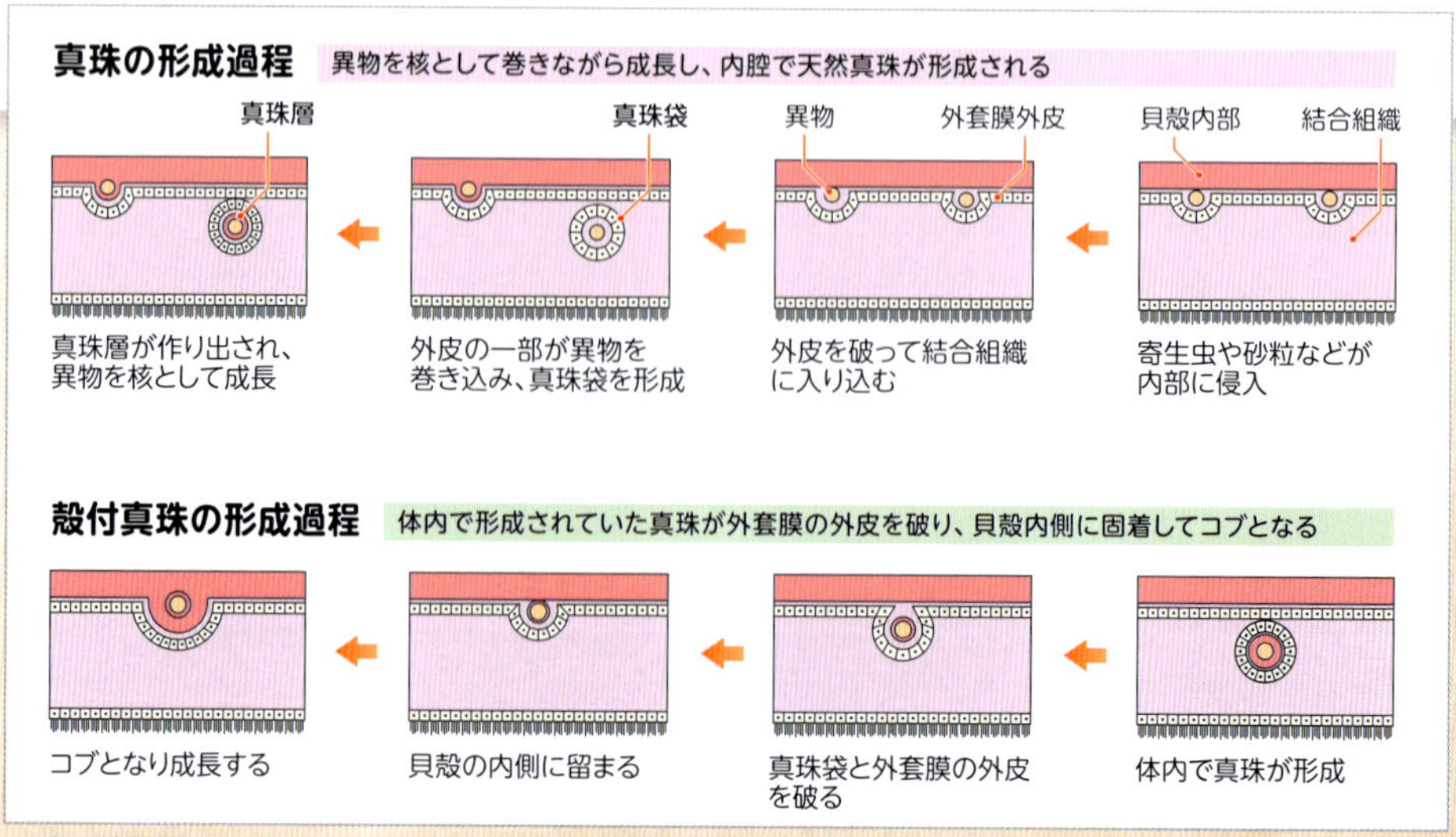

和田浩爾氏（Underwater Journal, 1973）の図式を参考に作成

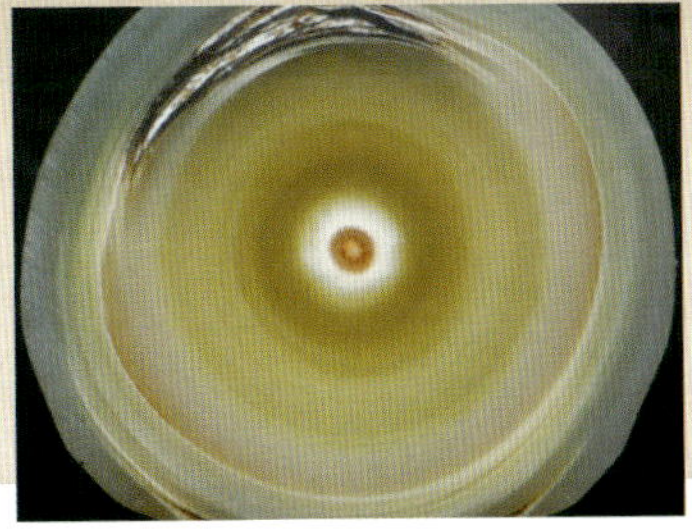

天然真珠に見られる同心円状の成長構造(切断面)

物質であるタンパク質コンキオリンが交互に積み重なった同心円の多重層構造からなります。平坦で大きな結晶が成長した真珠は、光沢が強く、美しいピンク色の混じった干渉色(虹色)が見られます。大小の不規則な形の結晶が混在して成長した真珠は、光沢が悪く、美しいピンク色の干渉色がほとんど見られません。表層に不規則な細かい凹凸が生じた真珠は、光沢感が鈍くなり、白く不透明になります。

天然真珠の評価

天然真珠の価値を評価するにあたって、最も重視されるファクターは色と光沢です。真珠には、黄色、オレンジ、ゴールド、赤色、緑色、青色、ピンク、紫色などのさまざまな色彩を持つ光沢色と、真珠の中から出てくる色づいた実体色(物体色)とがあります。光沢色は真珠層の微細組織によって生じる色で、真珠表面からの反射光に真珠層内の結晶層から反射した干渉色が重なったものです。実体色は、主に真珠の化学組成から来る色と、真珠層中の色素による吸光や拡散透過された光などが加わったものです。つまり真珠の色は、実体色と光沢色が重なって現れるのです。

100ctを超える巨大な天然真珠のペンダントトップ

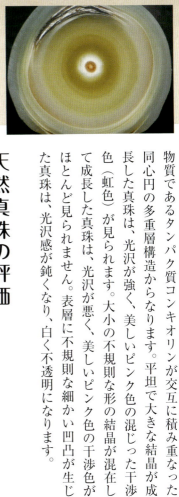

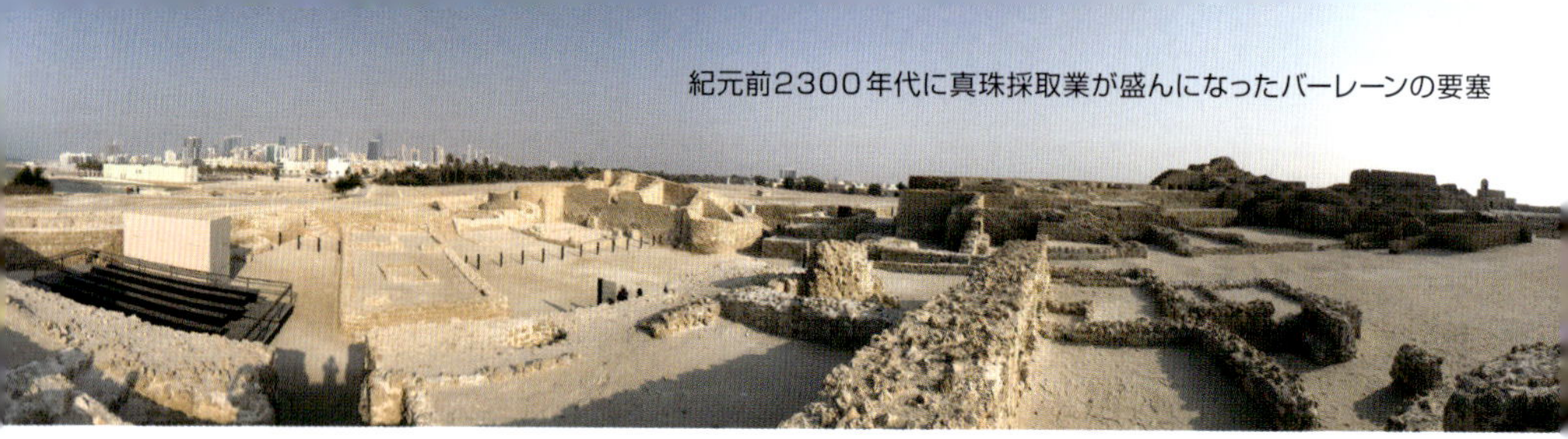

紀元前2300年代に真珠採取業が盛んになったバーレーンの要塞

天然真珠の主な産出地

●**ペルシャ湾**……真珠採集に何千年もの歴史があるペルシャ湾（別名・アラビア湾）は、世界の天然真珠総産出量の60％を占め、バーレーンはその主な産出地です。1900年頃が天然真珠採取の最盛期であり、数百の採取船と2万人のアラビア人ダイバーが、日本のアコヤ貝（*Pinctada fucata*）に似た原生のアコヤ貝（*Pinctada radiata*）から希少な美しい天然真珠を採取し、ヨーロッパ市場に提供してきました。しかし、1960年代に入ると石油の発見に伴い、真珠の採取は弱体化していきました。

●**スリランカ（旧セイロン）のマナール湾**……マナール湾はペルシャ湾と同様に天然真珠が最も多く産出された地域として古くから知られています。1870年頃に起きたパール・ラッシュ時代に世界から数千人のダイバーが集まり、ウグイス貝から採れた真珠が非常に高く評価され、ヨーロッパに素晴らしいテリを有する真珠を提供していましたが、大量乱獲の結果、

ペルシャ湾（アラビア半島）に面したバーレーンは天然真珠の一大産地。世界で産出された天然真珠の60％を占める

4時間もダイビングし、200個の原生アコヤ貝を採集することができた

毎年、天然真珠の採集期間が規制され、4か月も船でダイビング生活をしながら真珠の販売も行う

バーレーンのスークでは天然真珠のみが取引される

小粒の天然レインボーマベ真珠

西オーストラリアから採れるシロチョウ貝の外套膜に入っている天然真珠

19世紀に真珠貝が絶滅に向かいました。

オーストラリア……西オーストラリアの80マイルビーチ(80 mile beach)に生息する南洋真珠の母貝であるシロチョウ貝(*Pinctada maxima*)が採取されています。150年の歴史を持つ天然真珠の漁業は、現在では養殖真珠業に移行しています。天然真珠は、サイズが大きく、素晴らしい色と光沢を持ち、自然の魅力に溢れるシルバー系とゴールド系のものが現在も少なからず採れています。かつて、19世紀に日本人のダイバーがこの海域で従事したという歴史もあります。

メキシコ……インカ時代の真珠が、遺跡から発見されたことがあります。メキシコ湾にレインボーマベ貝(*Pteria Sterna*)やメキシコアコヤ貝、パナマクロチョウ貝(*Pinctada margaritifera*)など、何種類かの貝が生息しており、18世紀までは盛んに天然真珠の採取が行われ、その多くがスペインへ運ばれていました。近年、レインボーマベ真珠の養殖が広がり、副産物として天然レインボーマベ真珠が希に市場に出ています。

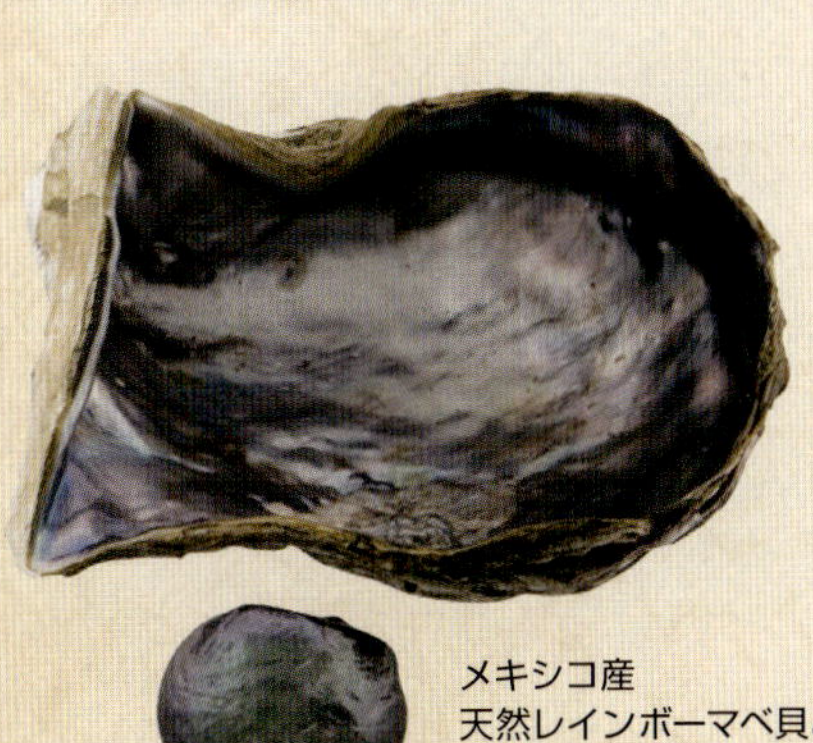

メキシコ産
天然レインボーマベ貝と真珠

ペルシャ湾から
採取された天然真珠

コンクパールのダイヤモンドリング

カリブ海に生息するコンク貝とコンク真珠

●アメリカ……テネシー川やミシシッピ川に生息しているカワシンジュ貝（*Margaritifera laevis*）から、「ローズバッド」、「ウイング」、「フェザー」と呼ばれる淡水産の天然真珠が採れています。19世紀に淡水真珠を求め、数千人がこの地域に押し寄せましたが、見つかった真珠の数はごくわずかでした。

真珠層を持たない天然真珠

通常のアラゴナイト結晶とコンキオリンが交互に層状構造を持つ真珠と違い、薄い板状のアラゴナイト結晶が斜めに交差しながら等間隔に配列し、交差板構造の「火炎模様」と呼ばれる特殊な成長構造からなる天然真珠があります。

【コンク真珠】……カリブ海全域に生息する大型の巻貝であるコンク貝（ピンク貝：*Strombus gigas*）から採取される真珠で、美しいピンク色の火炎模様が見られます。食用貝を採る際に偶然に見つかるもので、大変に高価な天然真珠のひとつです。

【メロ真珠】……ベトナムや南シナ海で生息する、オレンジ

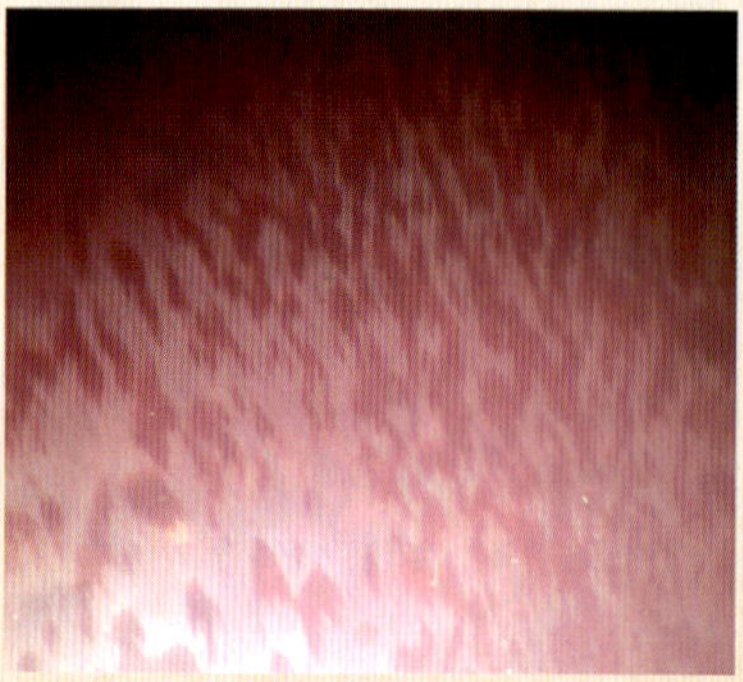

コンク真珠に見られる交差板構造の火炎模様

アメリカ産の羽のような形状の天然淡水パール

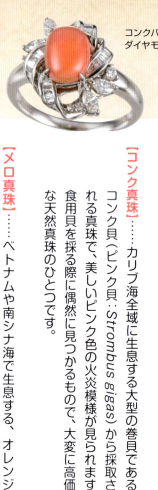

または黄褐色の大型巻貝である、メロメロ貝（*Melo melo*：別名ハルカゼヤシ貝）から採取され、コンク真珠と同様な交差板構造を持つ球状の真珠です。コンク真珠と比べて、産出量は大変に少なく、3㎝を超える真珠はコレクターが所有しているものしかありません。

【アバロン真珠】……カリフォルニア沖に生息する巻き貝（*Haliotidae Fulgens*：別名クジャクアワビ）で、クジャクのような豊かな色彩を持つ角状で緑色の真珠です。アバロンの養殖真珠が始まるようになったことで、天然真珠はさらに希少となっています。

ベトナムのハロン湾でメロメロ貝を採集している漁船

南シナ海に生息するメロメロ貝

ベトナム産の天然メロ真珠

多彩な色を持つアバロン真珠

真珠 3

一般的に行われている真珠の処理

引き上げた貝殻から真珠が入った軟体部を取り除く

毎年冬季に宇和島では海から真珠養殖貝を引き上げる

最低限知っておくべき処理の方法

無機質の宝石は自然界で成長したもので、主に地下で発見され、宝飾品として使用するために、カットや研磨、加工などが施されます。しかし、すべての宝石が形成された際に優れた美しい色や透明度、耐久性などの特性が揃っているとは限らず、通常は色の改良や透明度と耐久性の改善を目的とした処理をします。これに対して、真珠は有機宝石の一種で貝殻の軟体組織内で成長したため、真珠層に有機物（タンパク質、メラニンなど）や不純物が混入し、外観に影響するようなシミができてしまう場合があります。そのため、表層色の不均一性や明瞭なシミを持つ低品質の真珠には必ず外観改善の処理が施されます。

消費者は宝石市場に出された宝石が天然なのか、どのような処理が施されているのかを知る必要があります。また、宝石を販売する側も各種処理を完全に開示す

真珠の品質判定は基本的に無処理の真珠に限られ、色、形、表面光沢、表面の凹凸、大きさと真珠層の巻き厚で評価される

前処理工程では、真珠が入ったメタノール溶液のビーカーを温水水槽に入れて、一定の温度で保ちながら真珠の黄色みを薄める

浜揚げ直後に竹で作られた筒に真珠を入れ、粗塩と水で洗浄を行う

るようにと、国際貴金属宝飾品連盟（World Jewellery Conference：CIBJO）が定めたルールに基づいて販売する必要があります。本来であれば当然のこととして、消費者には処理された宝石の取扱いの注意を説明しなければなりません。ここでは、一般的な真珠に対して行われるさまざまな処理法を紹介します。

シミを抜くための処理

真珠を浜揚げした際に、真珠表面に付着した粘液や肉片などを洗い出すために、モーターがついた竹で作られた筒に粗塩と少量の水を入れて、真珠を回転させながら表面清浄を行います。その後、真珠養殖業者は色、光沢、形、傷などを評価して、高品質の真珠を選定し、シミと不純物が多いものはさらに外観を向上させるため、次の処理と加工を行います。

【前処理】……一部のシミの色素成分はメタノール、アンモニアなどで容易に分解されるため、真珠を開孔する前に、アルコール類の溶液に入れ、低い温度で加温しな

真珠表層にある軽度のシミと不純物などを除去するために真珠をメタノールなどのアルコール溶液に入れて前処理を行う

回収されたアコヤ真珠

軟体部を肉粉砕機で粉砕して真珠が回収される

シミのある真珠を過酸化水素水で漂白する

通常よく見かける淡いピンク色に調色したアコヤ真珠

がら黄色の色素を薄めます。光沢がある程度は改善され、次の工程の漂白がしやすくなります。

【漂白】……真珠内部に存在するシミと不純物を除去するために、蒸留水に過酸化水素水やアンモニア、エタノールなどを混ぜた溶液を用いて、数百から数千枚の積み重ねでできた真珠層の間、また核と真珠層の間に存在する褐色化した有機物などを除去する処理です。漂白効果が高いですが、元の色が脱色されるので、淡水真珠、アコヤ真珠、シロチョウ真珠などによく使用されています。

【調色】……特にアコヤ真珠によく使用される処理法で、真珠の色を揃えるために、ピンク色の染料液に浸漬させることで、核と真珠層の隙間にピンク色の色素を少し浸透させ吸着させる方法です。ピンク色が濃くなりすぎた真珠は、水洗いと50度まで温めたアルコールに漬けて色調を調節します。一部の業者は核だけをピンク色に染色し、真珠を養殖する場合があります。「無調色」と呼ばれるものは、このような染色加工が行われていないものです。

色が均一に漂白されたアコヤ真珠

日本が誇る宇和島産の最高品質の無調色大玉アコヤ真珠(9~10mm)

染料が真珠層の間と真珠層と核の間に着色し、ゴールドに変色する

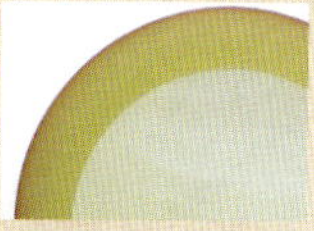

ゴールドに染色したシロチョウ真珠の断面

銀イオンの溶液を用いてシロチョウ真珠の黄色みを濃くする着色処理

アコヤ真珠や黄色の淡いシロチョウ真珠などを染料溶液を用いてゴールドに染色する

色を変色させるための処理

真珠本来の色を染めたり、変色させたりします。染料を使ったり放射線照射を行います。

●染料による染色……古くから使用されている処理法で、低品質の天然や養殖真珠の色をさらに強調するために、化学染料を用いて鮮やかで多様な色に仕上げる処理で、アコヤ真珠やシロチョウ真珠、クロチョウ真珠、淡水真珠によく使われます。

●化学薬品による染色……染料を使わず、硝酸銀の化学薬品などを使用して、黒色化する着色処理（銀塩処理とも呼ぶ）です。近年、銀イオンの薬品を使用して、シロチョウ真珠の黄色を濃くする方法もあります。

着色用の銀イオンの溶液

グリーンに染色したアコヤ真珠

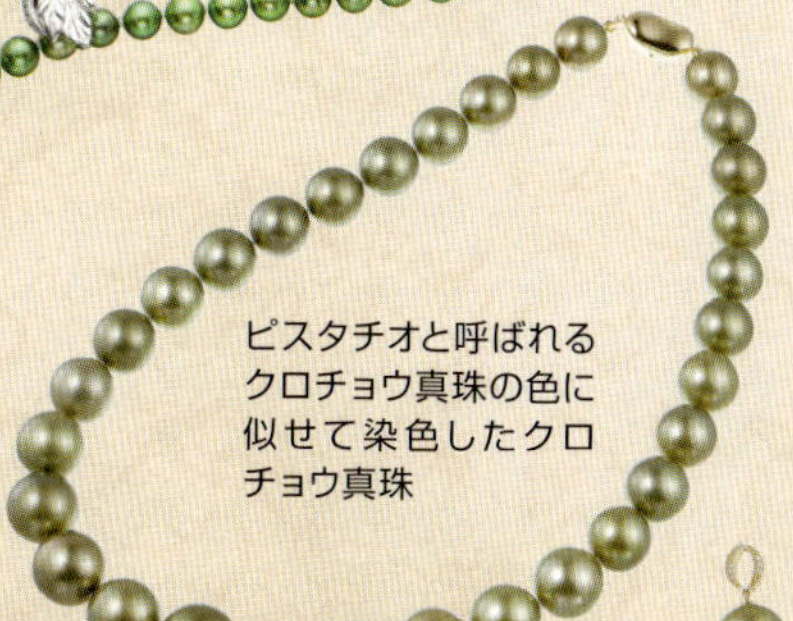

ピスタチオと呼ばれるクロチョウ真珠の色に似せて染色したクロチョウ真珠

染色された多様な淡水真珠

γ線で照射処理されたブルーブラックの淡水真珠

●放射線照射による真珠の黒色化……1960年代から使われ始めた放射線（γ《ガンマ》線）による照射処理で、海水産のアコヤ真珠やシロチョウ真珠にコバルトを線源としたγ線を照射すると、核に炭酸マンガンが含まれているため、照射によって酸化され、核が黒色化し、真珠の外観がブルーグレーに変化します。また、淡水産真珠の場合は、真珠層自体にマンガンが含まれていることから、真珠層がブルーブラックに変化します。

真珠の充填処理

真珠の経年劣化を防ぐために行います。

●樹脂による充填……大型サイズの不定形なシロチョウ真珠の真珠層と真珠核の間に隙間が生じる場合が多く、年数が経つと劣化が進み、割れてしまうケースがあります。そのため合成樹脂を隙間に注入して埋める処理が行われます。

コバルト60を線源としたγ線の照射施設

コバルト60を線源としてアコヤ真珠に照射すると、核に炭酸マンガンが含まれているため、照射により酸化されて、核が黒色化する（全国宝石学協会Gemmology引用）

通常の真円シロチョウ真珠に比べて、大型不定形のシロチョウ真珠の内部は隙間が生じやすい

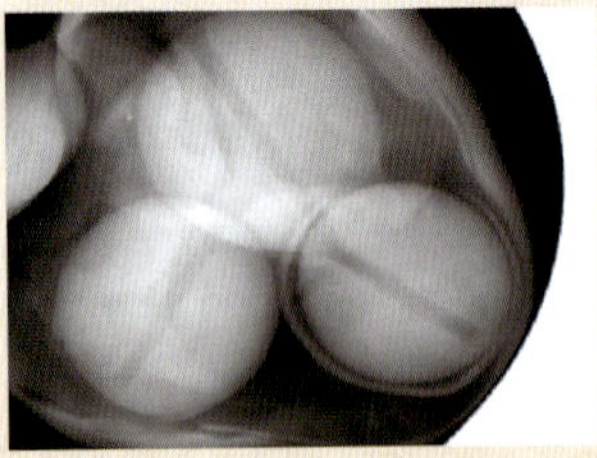

3個も真珠核を持つ大型シロチョウ真珠に樹脂を充填する（透過X線による内部構造の写真）

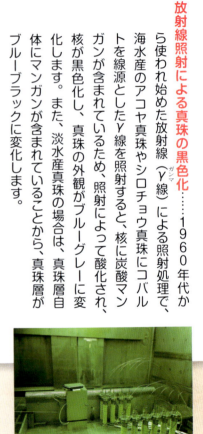

真珠表層を剥いでいくバフ研磨機

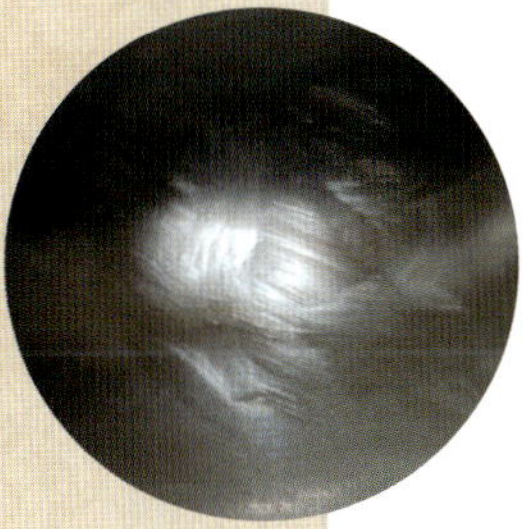
バレルによって研磨された真珠の表層

真珠の研磨

真珠の研磨は無機質の宝石と同様に、次の方法に大別できます。

バフによる研磨……使用する際に真珠が肌に直接接触するため、汗や皮脂によって表面が傷み、光沢が除々になくなってしまいます。真珠本来の光沢をよみがえらせるために、極小の研磨剤を付けた柔らかい布（バフという）を回転させせながら真珠表層の一枚皮を剥ぎ、研磨する加工です。

バレルによる研磨……表面に凹凸のある真珠の形を整えるために、シリンダー状のバレルに入れ、研磨剤としてワックスコーティングされたトウモロコシの小粒を一緒に入れ、高速回転させながら1～2時間ほど研磨する加工です。

トウモロコシの研磨剤と真珠を入れるシリンダー状のバレル

ワックスでコーティングされたトウモロコシでできた研磨剤

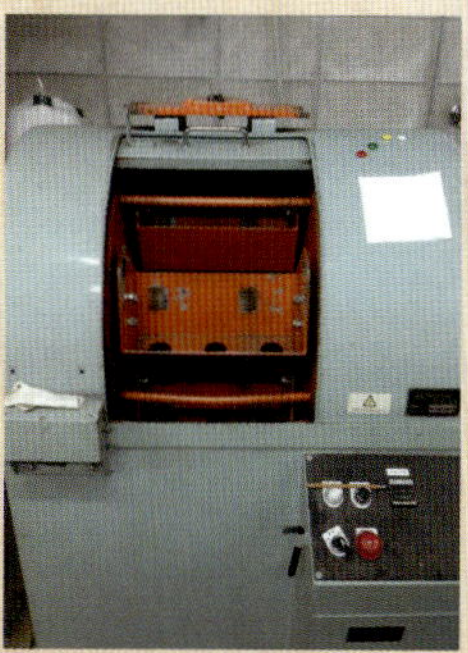
電動式のバレル研磨機

トルコ石

古代の人々の装飾品に使われた世界最古の宝石のひとつ

アメリカ先住民ナバホ族の老婆のブレスレット。それぞれの石は彼女の人生における重要な出来事を意味している

ナバホ族の伝統的なネックレス

トルコ石の歴史

トルコ石は５０００年もの歴史がある世界最古の宝飾品のひとつであり、人々に幸せを与えると考えられてきました。美しく深い空色と青緑色を示し、古代エジプト、アステカ、マヤ、中央アジア、アメリカ先住民などに愛され、着用されていたことでも有名です。メソポタミア地域のイランで生じた宝石ですが、各地でさまざまな名前を持ち、エジプトでは「喜び」という意味で「メフカト」、ギリシャでは「カライナ」、ローマで「カレイズ」と呼ばれてきました。「トルコ石」と呼ばれるようになったのは13世紀になってからです。主産地であるイランやシナイ半島からトルコ経由で、地中海を経てフランスに持ち込まれたことで、「トルコの石」という新たな名称が誕生しました。トルコ石は、12月の伝統的な誕生石です。

アメリカ先住民のホピ族が使用していた装飾品

1000年前にアメリカ先住民によって掘り残されたアリゾナ州キングマン鉱山の遺跡が Mr. S.A. コルボー（Colbaugh）により1962年に発見された

斑点模様を含む
イラン産トルコ石の馬の彫刻
（Bahareh Shirdam 提供）

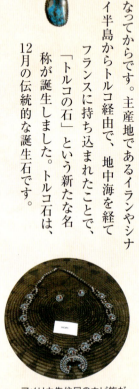

アリゾナ州で産出した巨大なトルコ石の塊

トルコ石の生成

トルコ石は次のような経過で生成されます。まず、酸性の水溶液が地下に浸透し、すでに形成された銅を含む黄銅鉱やクジャク石などを溶かします。そして、周囲の火成岩中にある長石からアルミニウム、燐灰石からリンを取り込みます。その溶解液が冷却するとともに化学反応が起こり、火山岩の隙間に沈殿しながら隠微晶質の（単結晶ではない）多孔性を持つ半透明から不透明のトルコ石（※）が出来上がります。

一般的にトルコ石は、鉄に富んだ砂岩やリモナイト中に生成され、表面に斑点状の黄鉄鉱や黒い筋状の褐鉄鉱がよく見られます。トルコ石の鉱床は、非常に乾燥した地帯に分布します。

鉱山では、トルコ石が母岩中にクモの巣のような層状で生成され、地表に近い数十メートル以内の地層で見つかります。鮮やかな青色や青緑色を示し、銅で着色されていますが、鉄の含有量が増えれば色は緑に変化していきます。

世界の名産地

トルコ石は二次鉱物で、地球上でごく限られた場所でし

鮮やかな青色や青緑色で発見されるトルコ石の原石

火成岩の一種である斑岩の隙間に堆積したトルコ石の鉱脈

ショベルカーでトルコ石を含む断層の隙間にある地層を掘り出す

※トルコ石〔水酸化銅アルミニウムリン酸塩；$CuAl_6(PO4)_4(OH)_8 \cdot 4H_2O$〕

イランのネイシャブル鉱山から産出したトルコ石の原石

か発見されません。トルコ石は古代から、エジプト、ペルシャ（現イラン）、アメリカ、中国で何世紀にもわたって採掘されて人々を魅了してきました。しかし資源の枯渇により、エジプトのシナイ半島やイランのネイシャブル、アメリカのニューメキシコ州の南西部、アリゾナ州のスリーピンビューティなどの鉱山が次々と閉鎖されました。現在も稼動しているエリアは非常に限られています。

高品質が産出する

イラン

最高品質のトルコ石の産出国として古くから知られ、トルコ経由でヨーロッパに最初に渡りました。北部のマシュハド地域にあるアリ・メリサイ鉱山ではスカイブルーから濃いブルーのトルコ石が産出し、5～6と硬度も高く、耐久性は他の産出国より優れて長期間でも変色しないものが多かったのですが、100か所の採掘現場はすでに閉山しています。最近、中南部のケルマン（Kerman）地域に良質のトルコ石が再び発見され、今後の市場に期待できると思われます。

特徴的なトルコ石が産出

アメリカ

イランに分布するトルコ石の鉱山

歴史的に有名なトルコ石の産地ネイシャブルの母岩に含まれる原石

Iran

現在、アメリカで唯一商業規模で採掘しているアリゾナ州キングマンのトルコ石鉱山

アメリカのアリゾナ州スリーピングビューティ(Sleeping Beauty)鉱山から産出された高品質のトルコ石のブローチ

America

アメリカ産トルコ石の鉱山は、ほぼ西部(カリフォルニア州、ネバダ州、コロラド州)と南西部(アリゾナ州、ニューメキシコ州)に集中しています。紀元前300年からアメリカ先住民たちがトルコ石を装飾品にし、やがてメキシコと貿易が盛んになり、トルコ石文化の中心地となりました。アメリカ産トルコ石の大部分は色は淡く、低品質のチョーク状のものが多いのですが、アリゾナ州のスリーピングビューティ鉱山で鮮やかなブルーの上品質がわずかに産出しました。

ネバダ州から産出するスパイダーウェブ、クモの巣状の模様を持つトルコ石は特徴的です。現在、アリゾナ州のキングマン鉱山は唯一商業的な規模で採掘されています。淡い青色のものから濃い青色までのトルコ石を産出しますが、多孔質が多いので一般的に樹脂を含浸し、構造を安定させます。これをスタビライズ法といいます。非常に高いグレードのものは2~3%しかなく、スパイダーウェブが入ったものはコレクターに大変な人気です。

世界最大のマーケット

中国

歴史的に古い産出国ですが、現在は湖北省、河北省、安徽《あんき》省、チベットなどで、青色から緑色までのトルコ石が少量産

キングマン産の最高品質の希少なトルコ石原石

キングマン鉱山から産出された高品質のトルコ石の切断面。非常に均一なものと、褐色のマトリックスが入ったもの

キングマン鉱山で最も多く産出されるチョーク状のトルコ石は構造を固める樹脂含浸処理が行われる

チベット民族にとって愛着の深いチベット産トルコ石の宝飾品

出します。柔らかいものが多く、彫刻品に加工されるケースが大半です。中国はトルコ石の最大の消費国でもあります。

トルコ石のさまざまな処理

トルコ石は多孔質であるため、脱水・吸着性があり、耐久性が低くなったり、変色したり、汚れが付着したりして、不安定な要素が多いです。そのため耐久性を向上させるために、古くから無色のオイルやワックスを原石の表層に浸み込ませて美観を与えてきました。しかし、熱や日照によって、オイルやワックスが溶け出してしまうケースが多いのです。近年、より安定させるための処理法が開発され、品質を向上させています。

●**スタビライズ法**……硬度の低いトルコ石をエポキシ樹脂やアクリルプラスチックに長時間入れて、じっくりと石の深部まで浸透させ、長持ちさせる処理法。品質はオイルやワックスより、はるかに安定します。

樹脂含浸処理されていない鮮やかさを失ったトルコ石リング

日常生活で汗に触れて経年変化したトルコ石

彫刻された中国湖北省産の青緑色のトルコ石

China

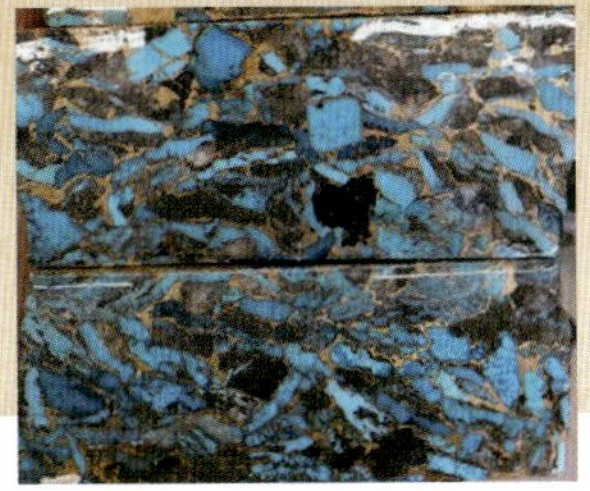

樹脂で大粒トルコ石を固めて再生したもの

化学処理(ザッカリ処理)したトルコ石のブローチ

●化学処理法（別名・ザッカリ処理）……1980年代にジェームズ・ザッカリというトルコ石の商人によって発明された手法です。カリウムを含む水ガラス(ケイ酸ソーダの水溶液）を用いて石の品質を改善させます。3週間から6週間かけて化学溶液により処理されたトルコ石の品質は、オイルや樹脂などによって含浸処理されたものよりも酸化されにくく、変色しないことと、石の彩度や硬度も増すため、トルコ石関係者に好評な処理法です。

●染色処理法……褐色のマトリックスが入ったトルコ石は、スパイダーウェブの模様を明瞭に見せるために、黒色インクを塗ってから、バフで軽く研磨します。

●再生処理法……トルコ石の粉末や小粒石を樹脂で固めて一個体に形成した、再生トルコ石です。粉末で固めた石の粒子境界部分は観察しにくいので、均一な色が見られ、光沢もよく、安価で販売されています。大粒石を固めて形成されたトルコ石は、さまざまな色や異なる方位を持つ石の構造が明瞭なため、再生トルコ石であることがわかりやすいです。

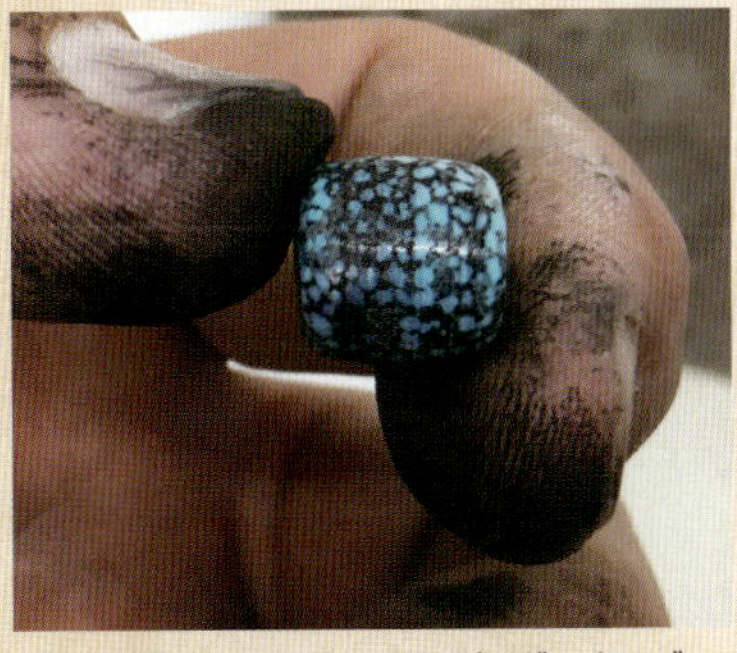

黒色インクで染めてスパイダーウェブの模様を明瞭に仕上げたビーズ

含浸後　含浸前

エポキシ樹脂を長時間含浸することで、トルコ石の多孔質が樹脂で埋められて構造が丈夫になり、変色しにくくなる

褐色のマトリックスが入った天然ビーズ

品質とカット

古代からトルコ石は自然界でできた姿のままで宝飾品に使われてきましたが、最も貴重な色は、マトリックスがなく、色が均一な緑がかった青色です。強いミディアムブルーがデザイナーに最も求められ、消費者からも好まれています。その一方で、アメリカ先住民の宝飾品のような、網目のあるクモの巣のような模様（スパイダーウェブ）が好きな方も多く、大変魅力的だといわれます。トルコ石には一般的に不透明なものが多く、斑点が少なくマトリックス模様が入っていない素材が研磨に強く、品質が高いと評価されます。

トルコ石は通常、カボションやビーズのような形にカットされます。母岩を回避しながら色を最大限に美しく際立たせます。品質のよいトップカラーのものがドーム状の形で素晴らしい宝飾品にセットされ、人気商品に仕立てられます。テクスチャーの明瞭なものは、あえてその自然な成長模様を強調し、円形のビーズや彫刻品に研磨して仕上げます。「ナゲット」と呼ばれるトルコ石は人気の商品の一つです。サイズに関しても、どんな大きさであれ、色の均一さ、色の濃さ、品質のよさが価値を決める最も重要な要因です。

均一な青色を呈する高品質な天然トルコ石のネックレス

トパーズ

西欧諸国で特に愛された黄金色の石

カットした赤みのある
オレンジ色のブラジル産
インペリアル・トパーズ

古い歴史を持ち、明るい黄色が人々を魅了する

古代ギリシャとローマでは、トパーズは太陽や黄金の象徴でした。昼も夜も光を放ち、男女を問わず愛された宝石で、ギリシャ語で「探し求める＝トパツィオス（Topazios）」、「悪魔払い」、「幸福」といった意味を持ってきました。しかし、ペリドットの歴史的な名産地である紅海の島を「トパーズ」と呼んでいたことから、しだいにペリドットのことを「トパーズ」と誤称するようになりました。近代になっても、アメシストを加熱して黄色にした「シトリン＝黄水晶」をトパーズと混同することがありました。シトリンを「シトリン・トパーズ」と呼んでいたケースがあったからです。これが多くの誤解を招きました。

19世紀には、トパーズは西洋宝飾品に欠かせない中石として、ネックレスやイヤリングにセットされ、非常に人気の宝石でした。

アメリカのユタ州のトーマス・マウンテン・レンジ（Thomas Mountain Range）から産出した赤みを帯びたオレンジトパーズの原石

赤みを帯びたオレンジ系のインペリアル・トパーズをセットしたダイヤモンドリング

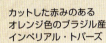

加熱によって変色したピンクトパーズ

褐色がかったトパーズを570度で40分間加熱するとピンクトパーズに変色する

トパーズの産状と二つのタイプ

トパーズはアルミニウム（Al）、ケイ素（Si）、フッ素（F）でできたケイ酸塩鉱物（※）です。ペグマタイト、花崗岩、流紋岩、結晶質石灰岩の空隙や割れ目の空間で産出します。和名は「黄玉《おうぎょく》」といいます。トパーズには多色性があり、結晶軸を変えて見ると異なる色が見られますが、色相は結晶構造中に含まれるわずかな遷移金属元素と格子欠陥（カラーセンター）によって形成されます。

トパーズは黄色だけでなく、ピンク、パープル、オレンジ、褐色、赤、青、無色などの色相があり、最も人気なのは天然のピンク、レッド、オレンジの三色が混合したクロムを含有するトパーズです。このような色が豊富なトパーズはブラジルとパキスタンで、ごくわずかに産出しますが、多くは褐色を加熱処理して美しく純粋なピンクにしたものです。

トパーズは化学構造によって二つのタイプに分かれています。

①水酸基（OH）を含むタイプ……屈折率が高く、退色性もなく、ブラジルのミナス・ジェライス州産のレッド～ピンク・オレンジ系「インペリアル・トパーズ」や、

鮮やかな赤みとピンクがかったオレンジ色の非加熱のブラジル産トパーズは水酸基を含むタイプに属する

赤みが増えれば彩度も上がるトパーズのカット石

※ケイ酸塩鉱物〔$Al_2(F, OH)_2SiO_4$〕

アフリカ、ナイジェリアのクライン・シュピツコッペ(Klein Spitzkoppe) 地域から産出した無色トパーズの結晶とファセット石

パキスタンのレッディッシュピンク系トパーズはこのタイプに属します。

②フッ素を含むFタイプ……多くのトパーズは大抵このタイプで、無色、青色、褐色が含まれます。屈折率はOHタイプよりやや低く、長時間光にさらされると退色する可能性があるため、一般的に放射線照射が施されています。自然界で産出した淡い青色のトパーズはFタイプの代表的なものですが、色の濃い青色や緑色のトパーズは、ほとんどが無色のものを放射線照射しています。

皇帝の名が付けられた人気の色相

「インペリアル・トパーズ」と呼ばれるピンクみや赤みの強いオレンジ色のトパーズは、ブラジルのドン・ペドロ皇帝に限りなく愛され、王冠に飾られていたので、「インペリアル」という言葉が使用されていました。また同じ19世紀に、ロシアのウラル山脈にも赤ピンク色の濃いトパーズが発見され、皇帝を称えて「インペリアル・トパーズ」と命名されたという説もあります。

最高品質である非加熱のオレンジがかった橙赤色のインペリアル・トパーズ

一般的に照射処理を施されるFタイプのブルートパーズのカット石

ブラジルのミナス・ジェライス州のテオフィロ・オトニ地区から産出したペグマタイト起源の天然ブルートパーズ

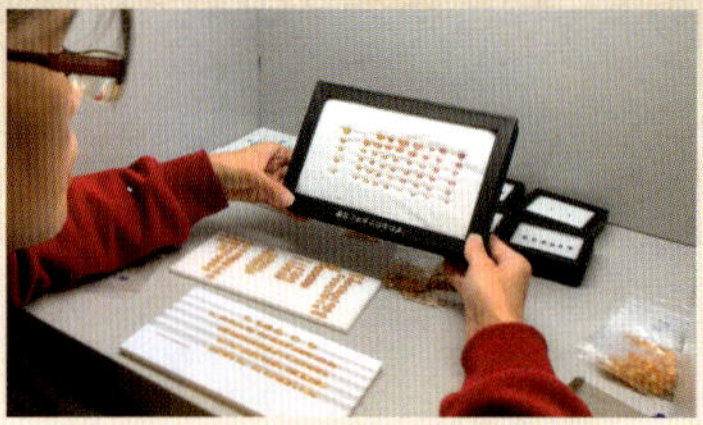

インペリアル・トパーズの色選別

ブラジルのミナス・ジェライス州オウロ・プレト地域はインペリアル・トパーズの世界唯一の原産地で、1730年から探鉱と採掘が始まった

宝石としての品質

トパーズは自然界で大きな結晶（巨晶）として産出される場合が多く、美しい結晶形は鉱物コレクターを大変魅了しています。世界最大のトパーズは２７１kgもあり、ブラジルのミナス・ジェライス州で発見されています。モース硬度は８で、底面劈開があり、靭性もやや低く、カットや石留めなどの場合に特別な注意が必要です。宝飾職人はカットする際に、劈開方向をテーブルから十数度ずらしてオーバルやペアーシェイプのようなファセットカットを行います。

また貴重なインペリアル・トパーズのような非加熱のレッドオレンジ、オレンジピンクのものは長時間にわたり日光にさらされたり、激しい温度の変化によって黄色から褐色に変化する恐れがあります。それらをなるべく防ぐのが賢明です。

最上質と評価されるトパーズは、非加熱のレッド～ピンク～オレンジが混合したインペリアル・トパーズです。ただし、産出量は非常に希少であるため、入手は極めて困難です。インペリアル・トパーズは基本的に加熱の処理はされませんので、自然から生まれたままの素晴らしい宝石です。内包物や傷が少なく、シトリンと比べてより輝きが強く、黄色の

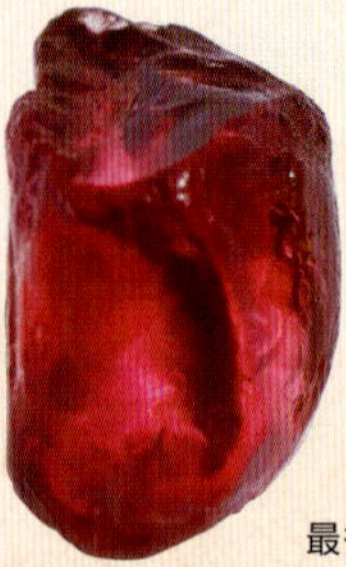

最も希少で価値が高い赤色トパーズの結晶

完璧な結晶面を持つインペリアル・トパーズの結晶、底面に平行な向きに劈開が発生しやすい

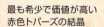

オウロ・プレトの西部と北東部の3か所、ドン・ボスコ(Dom Bosco)、ベント・ロドリゲス(Bento Rodrigues)、サラメーニャ(Saramenha)に採掘鉱山があったが、現在はベント・ロドリゲスのみ稼働している

Brazil

宝石として温かみのある最高の色相と彩度と品質を持っています。インペリアル・トパーズの色相の幅は広く、写真のようなオレンジピンクからレッディッシュオレンジまでとなります。褐色みが少なく、色相は濃いめで彩度が高ければ、格別な美しさが感じられます。3ct前後の石はジュエリーに最適で、大粒の場合はさらに高くなります。また、上質ランキングに入る彩度の高いオレンジ色のトパーズは、トレードネームとして「プレシャス・トパーズ」と呼ばれています。

世界の名産地

18世紀以後、ロシアとブラジルはレッディッシュピンクやオレンジピンクのトパーズの主な産出国でした。1980年代からパキスタンとアフガニスタンからも赤、オレンジがかったピンクトパーズが産出していますが、その量は非常に少量です。また、ミャンマー、スリランカ、アメリカ、そして日本も、淡い青、黄色、無色のトパーズの産出国です。

世界最大のトパーズの産出地
ブラジル

ミナス・ジェライス州は「インペリアル・トパーズ」の

インペリアル・トパーズの色範囲とマスターストーン

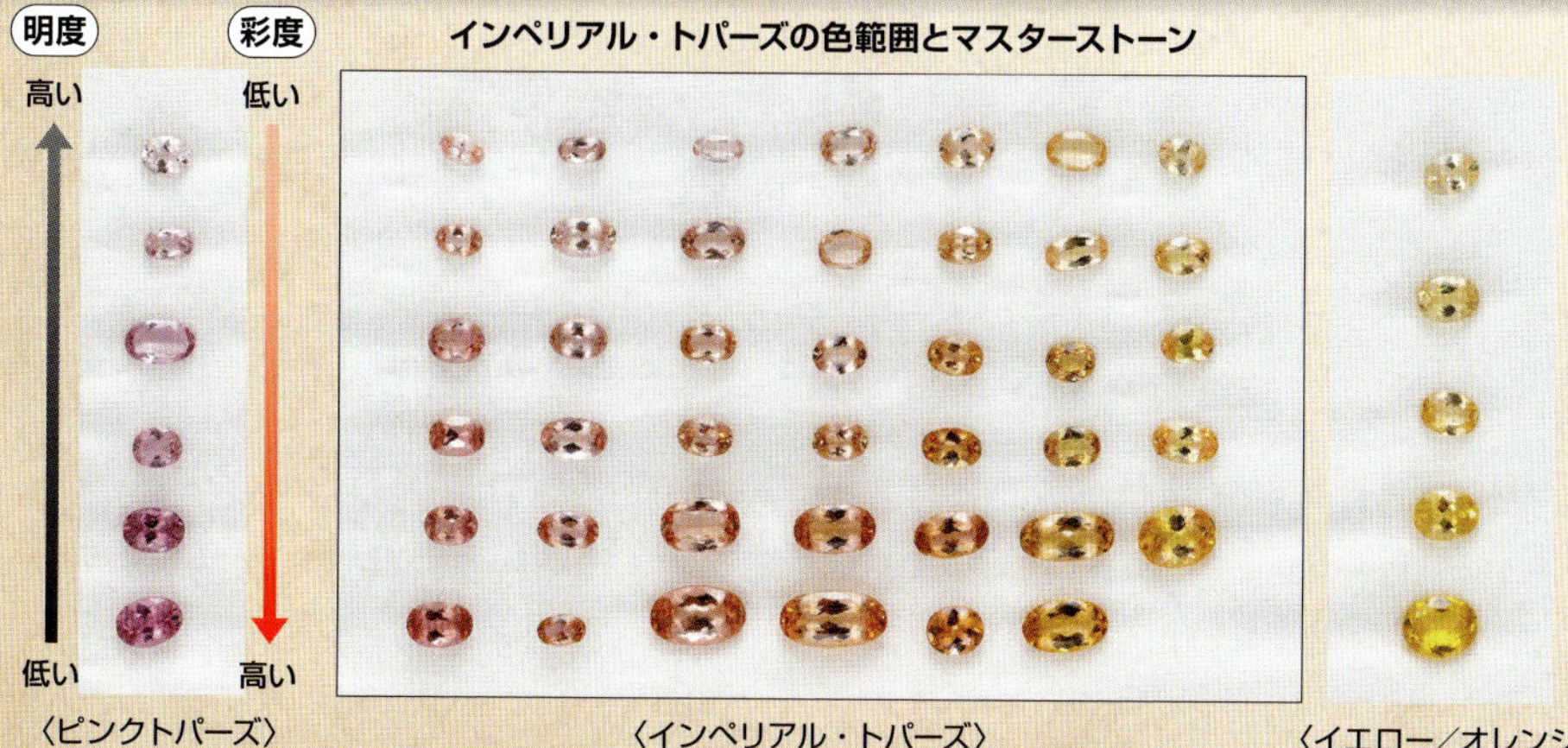

〈ピンクトパーズ〉 〈インペリアル・トパーズ〉 〈イエロー／オレンジトパーズ〉

歴史的都市オウロ・プレトは、かつてはブラジルで黒色の金の生産地として有名

オウロ・プレト鉱山から産出した美しいトパーズの原石

世界最大の産地です。１７３５年にオウロ・プレト（Ouro Preto）付近で発見されています。この地域の貫入した花崗岩が後から上昇した地下熱水と反応し、鉱脈が形成されています。この地域から産出したトパーズにはクロム元素が含まれ、赤みがかったオレンジが特徴です。一般的にペグマタイト起源のトパーズは水酸基が含まれず、フッ素を含んだFタイプのトパーズが多く形成されますが、オウロ・プレト産のトパーズには多くの水酸基が含まれ、直接ペグマタイト性ではないことを示しています。このような赤オレンジ系、いわゆる「インペリアル・トパーズ」の原産地としてはオウロ・プレトの鉱脈は世界で唯一の場所といえます。黄色や褐色などのトパーズは５００〜６００度以下で熱すると、色はいったん消えて無色になり、その後の徐冷過程でピンクまたは紫ピンクに変色します。

希少な貴重色のトパーズ

パキスタン

１９８０年にパキスタン北西部のマルダン地方のカトラン（Katlang）渓谷に分布した結晶質石灰岩の断層脈から鮮

ベント・ロドリゲス鉱山で産出した最も高品質のオレンジがかった赤ピンク色のインペリアル・トパーズ

セルジオ氏とともにベント・ロドリゲス砂礫鉱床を視察する筆者

二次鉱床から見つけた大粒のインペリアル・トパーズの原石

ベント・ロドリゲス鉱山の選鉱プラント。年間数キロのトパーズしか採掘されていない

パキスタンのヒンドゥークシ山脈とカトラン平原

赤ピンク色のトパーズはこのカトラン鉱山の炭酸塩中の断層の隙間から採掘される(Friends of Minerals Forumから引用)

Pakistan

やかなピンク色のトパーズが発見されました。ブラジルと同様に水酸基を含むＯＨタイプで、微量なクロム元素によって発色されたものです。天然のレッディッシュピンクのトパーズとして大変高く評価されていますが、産出量は非常に限られています。

新鉱床の期待が高まる

ロシア

歴史的に有名で、18～19世紀にかけて、ウラル山脈南部のプラスト地域のカメンコ川沿いの漂砂鉱床から赤色がかった濃いピンクトパーズが採掘され、王族に大変愛用されてきました。しかし、近年は採掘された記録がないのですが、バイカル湖一帯に広大なペグマタイト鉱床があることがわかりました。新しいトパーズ鉱床の発見に大いに期待したいところです。

Russia

結晶質石灰岩に含まれるカトラン産ピンクオレンジのトパーズの原石

ロシア産インペリアル・トパーズの結晶

28

タンザナイト

20世紀に発見された新しい宝石。美しい青紫色が人々を魅了

アフリカの至宝と呼ばれる

ブルーサファイアを凌ぐほど美しい青紫色を有するタンザナイトは、なんとも不思議な色合いが特徴の華やかなカラーストーンです。タンザニアのみで産出する新しい宝石ですが、ルビーやサファイア、エメラルド、パライバ・トルマリンなどに匹敵するほどの人気があります。見る角度によって異なる色を発する多色性の強い宝石です。

美しい輝きの紫青色のタンザナイトネックレス

タンザナイトの歴史

1967年に、東アフリカのタンザニアで、キリマンジャロ火山の麓に生活していたマサイ族のアリ・ジュヤワ（Ali Juuyawatu）が偶然、鮮やかな青色の宝石を見つけ、地元の宝石探鉱者であるマヌエル・ドゥソウザ

タンザナイトのカット石

タンザナイト鉱山の分布図

タンザニア北部に位置するメレラニ山丘から産出されたタンザナイトの結晶原石

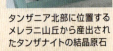

キリマンジャロの麓で生活するマサイ族

(Manuel d' Souza)に伝えました。この石をブルーサファイアと思い込んだドゥソウザは、すぐに4か所の鉱床採掘権を取得したのですが、その後、科学分析によりこの青い石は複雑な化学組成を持つゾイサイト（黝簾石《ゆうれんせき》）の新しい変種であることがわかりました。この紫青から青紫色の色相を持つタンザナイトは世界で唯一、タンザニアでしか発見されず、この国の国石となりました。しかもティファニー社（Tiffany & Company）の当時の社長、ヘンリ・B・プラットがこの石を産出国にちなんで「タンザナイト」と命名し、1968年にアメリカおよび世界の宝石市場で大きく宣伝しました。この美しく輝くタンザナイトは一躍有名になり、世界の宝石商やジュエリーデザイナー、宝石研究者らが大変魅了されました。

タンザナイトの採掘鉱山

タンザナイトが発見された翌年、タンザニア北部のメレラニ山丘において、マヌエル氏らのタンザナイト採掘が始まりました。すると、たちまち大小90以上の採掘業者が現れて採掘ブームとなり、アメリカ宝飾市場へ多くのタンザナイトを提供しました。しかし、無秩序な坑道採掘により坑内事故や採掘者同士の衝突などが多発し、多くの死者を

Cブロック地区の採掘を行う鉱山タンザナイトワン社の入口

タンザニア西部、アルーシャの町にはタンザナイトを取引する多くの業者が集まる

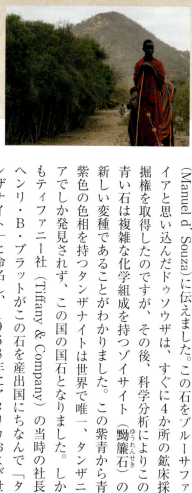

ハンマーを使い母岩とタンザナイト原石を手作業で分ける

選別作業を行うタンザナイトワン社の現地作業員

鉱石を砕きながら選別室に送る選鉱プラント

出してしまいます。1971年には、タンザニア政府がこのような事態を防ぐために、すべての業者から採掘権を取り上げ、個人採掘から倫理的で安全かつ科学的な採掘の手段に転換しました。国有企業ステート・マイニング（State Mining）社が10年間採掘を行いましたが、生産量は上がらず、弱体化してしまいました。その後、1990年に政府が5㎞の細長い鉱山地域をA、B、C、Dの4つのブロックに分け、Aブロックを国有企業キリマンジャロ・マイン（Kilimanjaro Mines Limited）社に、最大採掘鉱区であるCブロックをグラフタン（Graphtan Limited）に、BとDブロックを小規模の地元採掘者に割り当てました。

2004年にイギリス資本を持つタンザナイトワン（Tanzanite One）グループがCブロックを買収し、綿密な地質調査によりタンザナイトの埋蔵層を推測して新しい採掘法を行うようになりました。伝統的な露天掘りよりも坑道採掘法を採用し、タンザナイトワン社の地質学者、技術者、鉱夫などから構成した350名のチームで、鉱脈を採掘しながら地下1200ｍに到達しています。簡易型のトロッコで地下750ｍまで移動し、その先はロープを伝いながら徒歩で採掘先に進みます。大変に蒸し暑く、酸素濃度も低い厳しい環境の中で岩脈をダイナマイトで爆破し、鉱石を袋に詰めてロープで地表

蒸し暑い地下での厳しい環境で働く鉱夫

ロープを伝ってさらに深く進む採掘現場

地下750ｍまで坑内に向かうトロッコ車

地下1200ｍの鉱坑で視察する筆者と鉱山の地質学者

岩脈に含まれるタンザナイト

選別された褐色のゾイサイトと紫青色のタンザナイト

に運びます。運ばれた鉱石は選鉱プラントである程度のサイズに砕かれ、選別室に運ばれます。選別室ではコンピュータ制御された機械で光を用いて色つきの原石を分別します。それをさらに手作業でニッパやカッターを使って、タンザナイト原石の周囲の岩石を切り落とし、細分化します。最終的に熟練した選別士によって色やサイズの品質選別が行われます。年間原石の産出量は86万ctに及び、世界最大の供給業者となっています。

グロッシュラー・ガーネット（ツァボライト）からタンザナイトが誕生

タンザナイトはおよそ5億年前（先カンブリア代）に形成された広域変成岩である石墨片麻岩に含まれています。岩体は波のような折れ曲がり構造として地下に伸びているため、坑内に白色と黒色が混合したソーセージの形に似た片磨状組織が見られると、タンザナイトの発見率が高いと考えられています。意外なことに、同地層に鮮やかな緑色のグロッシュラー・ガーネット（ツァボライト）も発見されています。実は初期の高温の変成岩にグロッシュラー・ガーネットが先に形成されていたのです。その後、岩石の温度が低下している段階に地下からマグマの熱水が貫入し、グロッ

タンザナイトの分布図……地下での折れ曲がり構造を示す片麻岩の地層

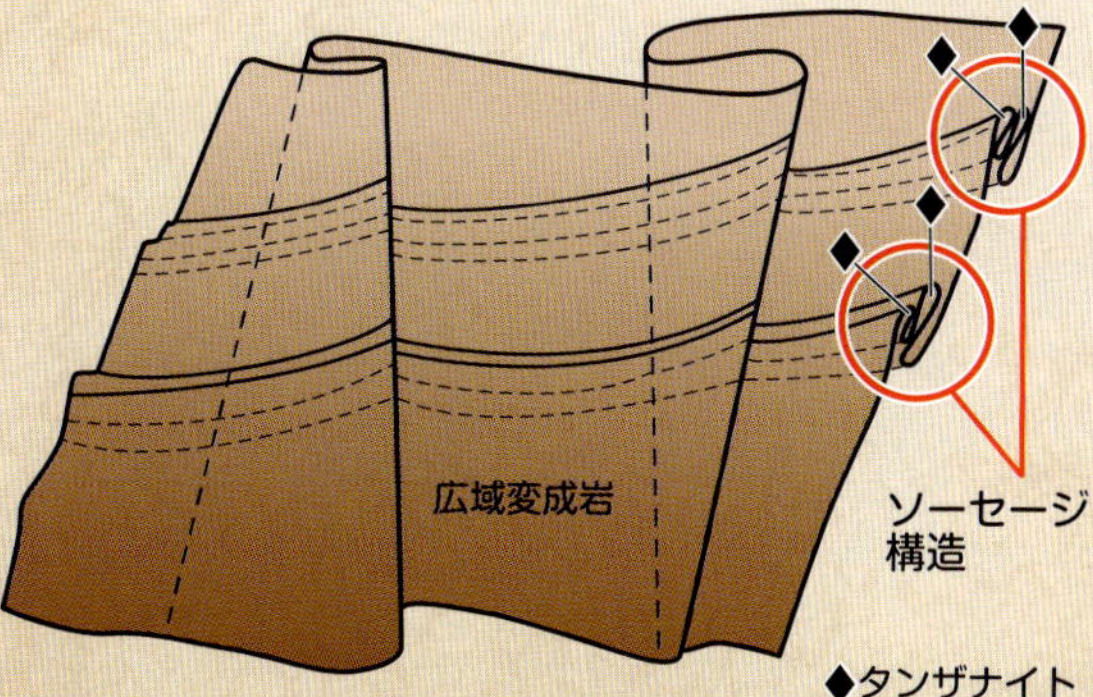

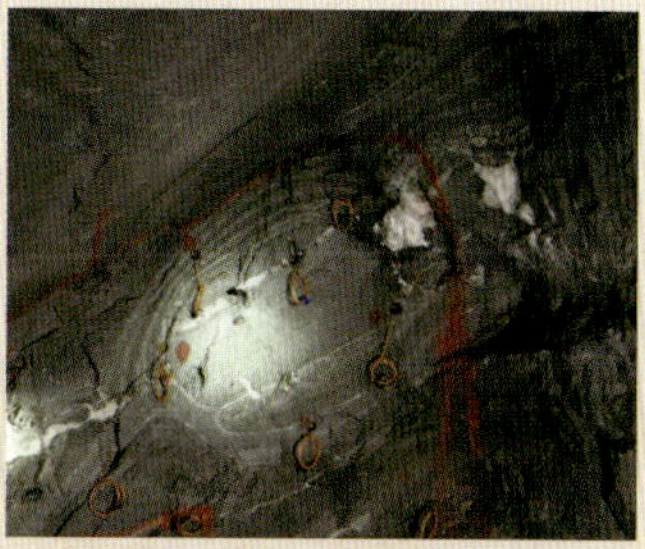

ソーセージと呼ばれる片麻状組織を示す広域変成岩。片麻岩を爆破して鉱石を採取する

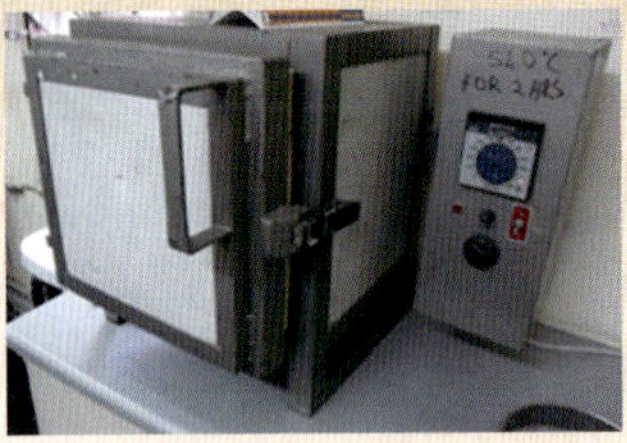

現地で使用されているタンザナイト加熱用電気炉

アフリカの最高峰であるキリマンジャロ山

シュラー・ガーネットが分解されてしまいます。そして再び化学反応によりゾイサイトに変わり、グロッシュラー・ガーネットに含まれたバナジウムは、タンザナイトの紫青色の発色元素となったのです。地下の神秘がもたらした極めて希な出来事です。

　2005年にはメレラニ鉱区から世界最大のタンザナイト原石が発見され、1万6389ct（3・277kg）もあり、その原石にはキリマンジャロ山の第二峰である「マウエンジ（Mawenzi）」の名が与えられました。

タンザナイトの加熱処理

　タンザナイトは多色性の非常に強い宝石で、結晶方向の異なる三つの光学的弾性軸から「濃青、赤紫、黄緑」が見えます。研磨する際に職人がどの色を強調するかによって磨く方向も異なります。しかし、自然のまま美しい濃青色を呈するタンザナイトの産出は非常に限られ、多くが褐色の色調を持つ原石であるため、ほとんどの場合は色改良のための加熱処理が施されます。400〜600度までの熱を加えると、発色元素であるバナジウムの電荷が変わり、黄緑色や茶色がかった多色性の色が除去され、青色とスミレ色が最大限に生かされます。この熱処理は結晶の構造を壊す

褐色のゾイサイトを540度で2時間加熱すると、紫青色のタンザナイトに変色する

タンザナイトの母岩である片麻岩にグロッシュラー・ガーネットが共存している

タンザナイトのカット石

ものではありませんが、加熱後のブルータンザナイトは自然光では顕著な青色に、白熱灯では紫に見える強い変色効果が特徴です。

品質の評価

タンザナイトの品質評価には、欠かせない4つのファクターがあります。色、彩度／明度、透明度、カットです。品質評価用のマスターストーンからわかるように、濃い紫青色はタンザナイトの最も理想的な色です。基本色にどれくらい青紫みが含まれるかによって、タンザナイトの多様な美しさが異なります。彩度の最も高いものはエクセプショナル（Exceptional ＝特優）と評価され、グッド（Good）以上のものを重視すべきです。自然光ですでに紫色が強く見られるものは避けたほうがよいでしょう。

タンザナイトは内包物が少なく、一般的に透明度が非常に高いために、パビリオン側にモディファイド・ステップカットが採用されれば、テーブル面から見たときにきらきらした鮮やかなモザイクパターンがよく見えて、独特の繊細な魅力があります。指輪では3 ct以上のものは価値が高いと判断されます。

タンザナイトの品質評価用マスターストーン……色相・明度・彩度が指標となる

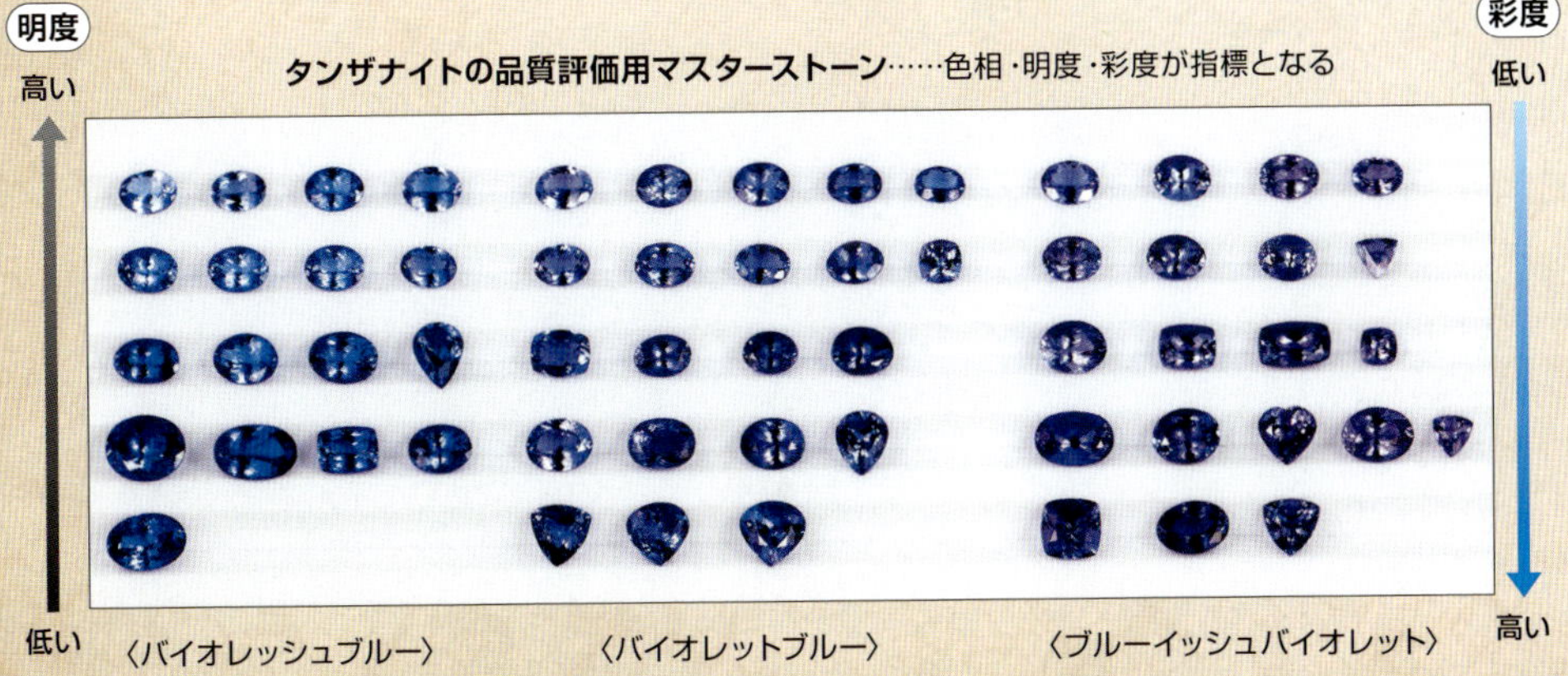

29

ジルコン

ダイヤモンドに酷似する地球上で最も古い宝石

ジルコン最大の特徴。バックファセット面はすべて二重に見える

無色ジルコンのペンダント

ジルコンの三つの特徴と歴史

ジルコンという宝石は、次の三点の特徴を理解すると、もっと好きになれるかもしれません。

火成岩から生まれ、風化作用に非常に強く、地球上で最も先に形成された鉱物。時間を刻む微量の放射線が含まれるため、地質学者にとっては大事な年代測定の指標となり、初期の地球について語れる地質学的な時計の役割を持っていること。

屈折率(1・8~12・02)や分散度(0・039)、光沢などが非常に高いため、ダイヤモンドのような輝きと虹色のファイアが見られ、無色ジルコンは天然石としてダイヤモンドの代用品に最も相応しいこと。

顕著な複屈折(二重屈折)を有するため、すべてのバックファセット面が二重に見えること。

母岩つきのジルコン結晶

比重分離選鉱機でコランダムとジルコンを探すカンボジアの鉱夫

四角柱状のジルコン結晶

中世から、ジルコンはヨーロッパのジュエリーに幅広く使われてきました。独自の魅力と美しい色を示すため、赤いジルコンは「火の石」とされ聖書にも登場します。青いジルコンはビクトリア朝時代に特別な宝石として愛用され、半透明でスモーキーな黄褐色のジルコンは、喪の宝飾品として人気の高い宝石になりました。

また、無色ジルコンの光学特性はダイヤモンドに類似しているため、何世紀も混同され、ダイヤモンドジュエリーとして使われてきました。ジルコンの語源は、アラビア語で赤色の鉱物である「シナバー：辰砂《しんしゃ》」を意味する「ザルクン(Zarkun)」に由来したものです。ギリシャ語にも類似した「ザルグン(Zargun)」という言葉があり、「金色」を表しています。この宝石は富と知恵の象徴だと考えられ、トルコ石やタンザナイトと並んで、12月の誕生石にも挙げられています。

ジルコンの産出の仕方と色相

45億6000万年前に地球が誕生したと考えられていますが、それから1億6000万年後に最初の鉱物が形成さ

オレンジレッドジルコンのダイヤモンドリング

ブルージルコンのダイヤモンドリング

青色のジルコン結晶

れました。それがジルコンです。21世紀になり、約44億年前の最古の鉱物としてオーストラリア西部で発見されました。ジルコンはジルコニウム（Zr）とケイ素（Si）でできたケイ酸塩鉱物（$ZrSiO_4$）で、自然界で両端に錐面を持つ四角柱状の正方晶系の結晶として産出します。各種の火成岩である花崗岩、玄武岩、閃長《せんちょう》岩、ペグマタイトなどに宝石品質のジルコンがよく見られ、カンボジア、オーストラリア、スリランカ、タイ、ミャンマーが主な産地です。純粋なジルコンは無色透明で、黄色、褐色、赤色、オレンジ、緑色、青色など多彩な色相を呈します。最も人気で華やかな青色は加熱処理によって形成されています。

ジルコン内には不純物として希土類元素（Eu、Yb、Hf、Pb、Th、U）が含まれ、放射性元素であるウラン（U）、トリウム（Th）などによって結晶構造が破壊され、多様な色に変化していきます。また、この二つの放射性元素が地質学的な時計の役割を果たし、鉱物、岩石、地層などの年代測定に用いられています。

ジルコンの種類

ジルコンは異なる岩石内で成長するため、結晶内部に含まれる放射性元素によって長い地質年代の間に結晶構造が

ペグマタイト鉱床に見られるジルコン

破壊されていきます。結晶構造の損傷程度と光学的な特性によって、次の2種類に分けられます。

◉ハイタイプ……結晶の損傷が少なく、完全な結晶構造を持ちます。高い光学的、物理的な特性を持ち、1・92～1・98の屈折率と7・5の硬度を有します。宝石品質のほとんどはこのタイプに属し、青色、赤色、黄色、褐色、無色のジルコンがその代表です。

◉ロータイプ……放射性元素による結晶構造の損傷が大きいため、光学的、物理的な特性も低く、屈折率は1・78～1・82、硬度も6・5に低下しています。緑色と褐緑色のジルコンがその代表です。

ジルコンの楽しみ方と色別の注意点

ジルコンは多様で多彩な宝石でありながらも、市場に多く流通している色は、やはり魅力的な青色です。赤色と緑色のジルコンはコレクターに好まれ、黄色やオレンジのジルコンは低価格で販売されています。無色のジルコンはほとんどダイヤモンドの代用品として使用されます。内包物を有するキャッツアイ・ジルコンも時おり市場に現れます。

スリランカ産ロータイプの緑色のジルコン原石

スリランカ産ハイタイプのジルコン原石

緑青色ジルコン

赤色ジルコン

褐色がかった
オレンジ赤色ジルコン

オレンジジルコン

ジルコンは貴石宝石と比べて高価なものではありませんが、その魅力をもっと広く知ってほしいと思います。内包物が少なく、透明度が非常に高いジルコンは、ブリリアントカットとステップカットを組み合わせた華やかなスタイルにするのが一番望ましいです。青色のジルコンは10 ctを超えるものは希少で、黄色～オレンジのものは通常は5 ct以下のものがほとんどです。赤色のサイズは小さく、大粒のものは大変高価で取引されています。青いジルコンは自然界での存在は非常に少なく、大低の場合は加熱処理によって形成されたものです。

ジルコンに含まれる放射性元素は非常に微量であり、内部から放出される放射線量は、自然界からの放射線量（年間2・1ミリシーベルト）よりも低い1・4ミリシーベルトです。年間許容範囲は20ミリシーベルトと定められていますので、人体に影響を与えるものではありません。宝石品質のジルコンは石英より硬いですが、欠けやすいので取り扱いに注意が必要です。

また、ジルコンはキュービックジルコニアと同じものと誤解されている場合があります。キュービックジルコニアは外観はジルコンよりもダイヤモンドの輝きに近いですが、酸化ジルコニウム（ZrO_2）に他の物質を添加して結晶化した人造石の立方晶ジルコニアです。

ダイヤモンドの代用品として使われる
人造のキュービックジルコニア

加熱前の
褐色ジルコン

加熱後の青色と
無色ジルコン

カンボジア、パイリンの漂砂鉱床からはルビーやサファイアの採掘中、副産物として暗い赤色がかった褐色のジルコンが見つかることがある

世界の原産地

宝石品質となるジルコンは主にカンボジア、スリランカ、ミャンマー、タイ、オーストラリア、中国、タンザニア、ナイジェリア、南アフリカなどの多くの国から産出されますが、名産地について紹介します。

褐色から色を変化させて市場に送る

カンボジア

1890年代にカンボジアでサファイアが発見され、それに伴って多くの褐色のジルコンが採掘されてきました。北東部に位置するラタナキリ州から産出された褐色のジルコンを還元雰囲気（酸素濃度の低い）の環境下で800度の加熱処理を施すと、結晶構造の損傷が多少修復され、U^{4+}イオンがZr^{4+}イオンと置換し、青色が形成されます。さらに高温（1000度）にすると、損傷した結晶構造がほぼ完全に修復され、透明な無色のジルコンに変わります。大変不思議なことにカンボジア産以外の褐色ジルコンを加熱しても、このような青色には変化しません。

カンボジアのラタナキリ州で多くの褐色ジルコンが採掘され、加熱処理によって美しい青色に変色されている

カンボジアでは宝石を先に発見したのはカワウソという伝説がある

ジルコン原石を入れる加熱るつぼ

Cambodia

ルビーやサファイアとともに見つかるパイリン産ジルコン（大粒赤褐色石）

カンボジアのジルコン研磨工場

石炭を用いるジルコンの加熱炉

オーストラリアのクイーンズランドにあるジルコンとサファイアの鉱山

Australia

産出状況を視察する筆者

ジルコンの宝石市場を支える
オーストラリア

西オーストラリアのジャック・ヒル（Jack Hills）地域に地球最古の鉱物としてジルコンが発見されたのは前述しました。このほかにサファイア最大の産出地であるニューサウスウェールズ州とクイーンズランド州の火成岩から、多くの宝石品質の天然無色と黄～褐色、希少色である赤色と青紫色などのジルコンが産出し、世界市場に一定の量を提供しています。

さまざまな色相のジルコンを産出
スリランカ

スリランカで産出される宝石の総産出量の35%は北部のエラヘラ地域が占めています。サファイアとルビーが発見される漂砂鉱床である「イラム」と呼ばれる砂礫の堆積層から、非加熱の白色、黄色、オレンジ、褐色、淡青色、緑色のジルコンも多く発見され、そのうち、無色ジルコンは「マタラ・ダイヤモンド（Matara Diamond）」と呼ばれています。ロータイプである緑色ジルコンも大変人気で、比較的安価で手頃に入手できる宝石です。

クイーンズランド産の天然無色と黄～褐色のジルコン

スリランカの砂礫堆積層からサファイアと同時にジルコンが産出する

Sri Lanka

30 クンツァイト

20世紀初頭に発見された注目の新宝石

アメリカの著名な宝石学者であるジョージ・フレデリック・クンツ博士。1902年にアメリカのパラ鉱山から産出した、クンツァイトの結晶を観察している様子（Pala International ビル・ラーソン家にて）

宝石鑑別士の名前が付けられた宝石

クンツァイトを紹介する前に、まずこの人物から語らなければなりません。アメリカの著名な宝飾店ティファニー社の初期主席宝石鑑別士であるジョージ・フレデリック・クンツ博士です。クンツ博士は１９０２年、カリフォルニア州サンディエゴ郡に分布するペグマタイト鉱床からピンク色のトルマリンとともに発見された、ナイフのような形がとても印象的な、淡いピンク色やパープリッシュピンク色の結晶に興味を持ちました。その結晶を詳しく調べた結果、リシア輝石（スポジュメン）という鉱物種に属する新しい色の変種であることが判明しました。その翌年、ノースカロライナ大学の化学専攻のチャールズ・バスカヴィル教授によって、アメリカ科学振興協会が発行するサイエンス誌にこの鉱物が紹介され、クンツ博士に敬意を表し、彼の名前にちなんで「クンツァイト」と命名されました。白熱灯下では赤みのある美しい紫色に見えるため、「夜の宝石」とも呼ばれ、社交パーティーに欠かせない宝石です。

クンツ博士が観察した世界初のクンツァイトの結晶

クンツ博士の写真に収められた同じ結晶を同じ姿勢で観察する筆者

アフガニスタンのラグマン地域から産出したクンツァイト結晶

クンツァイトの性質と注意点

クンツァイトはスポジュメンの中でも最も価値の高い変種です。スポジュメンはリチウムとアルミニウムとケイ素で構成されたケイ酸塩鉱物（$LiAlSi_2O_6$）で、主にペグマタイトの低温環境で成長したものがほとんどです。多くのリチウムが含まれるため、工業資源として大変重視され、オーストラリアやチリ、中国などで採掘され、リチウムを精製しています。スポジュメンはギリシャ語で「燃えると灰色になる」という意味を表す「スポジュメノス（Spodumenos）」に由来しています。

色が変化するクンツァイトの多色性

クンツァイトは板状の結晶に成長し、表面に条線がよく見られます。最大の特徴は強い「多色性」を示すことです。結晶の長軸方向に沿って見た場合は大変深いパープリッシュピンクを示し、マンガンの含有量が多ければ色が濃くなります。カッティングの職人もこの方向を正確に識別し、

スポジュメンの変種

スポジュメンは一般的に白色と灰色を呈しますが、結晶構造中にあるアルミニウムとわずかな遷移金属元素が置換されると、さまざまな色が作り出されます。「鉄」が入ると黄色を発し、格子欠陥による色中心（カラーセンター）を伴ってトリフェーン（Triphane）という変種になり、宝石コレクターに人気です。「クロム」が置換すると、大変に魅力的な緑色のヒデナイト（Hiddenite）になり、自然界では大変希少であるため、入手困難な宝石です。「マンガン」の場合は見事なパープリッシュピンクに発色した新変種、クンツァイト（Kunzite）です。ティファニー社ではレガシーストーンとして販売されています。

クロムを含むヒデナイトの結晶

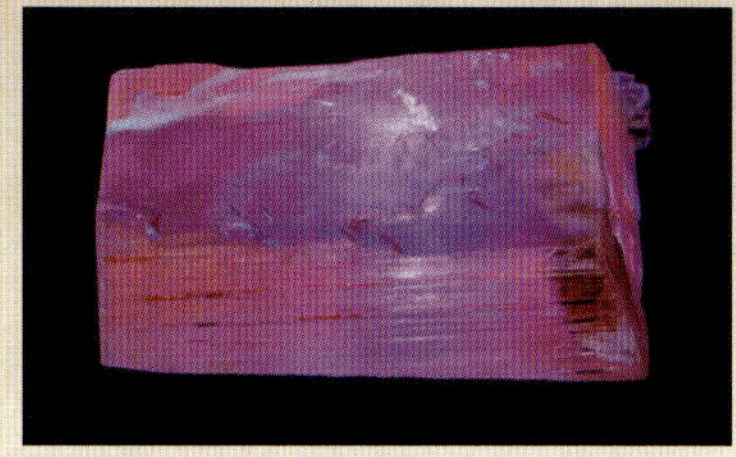

長波紫外線下で強いオレンジレッドの蛍光を発するクンツァイト

テーブルファセットに色が最大限に現れるようにカットしていきます。90度回すとピンクに変化し、板状の結晶面方向から見下ろすとほぼ無色に見えます。結晶内に平行に配列した成長管が多く含まれると、美しいキャッツアイ効果を示します。

クンツァイトは長波と短波紫外線下では〝強いオレンジ赤色の蛍光〟を示し、ブルーライトの下では大変に魅力的です。さらにブラックライト（紫外線ライト）を消しても、しばらく光り続ける「燐光《りんこう》」を示すものもあります。

注意点として、クンツァイトは二方向に劈開が発生しやすいため、職人はファセットカットするときに細心の注意を払います。さらに熱や強い光に長時間さらすと退色することがあります。一般的に、色の淡いものには、人為的照射処理と加熱処理を施して色を濃くしているため、光や熱で退色する場合があります。

クンツァイトの原産地

クンツァイトは世界中のペグマタイト鉱床のある地域から産出されますが、宝石品質のものは主にアメリカ、ブラジル、アフガニスタン、ナイジェリアに限られ、中国はその最大の輸入国となっています。

クンツァイトの最大の特徴「多色性」

見る方向によって色相も変わる

板状の結晶面から見下ろすとき、ほぼ無色になる

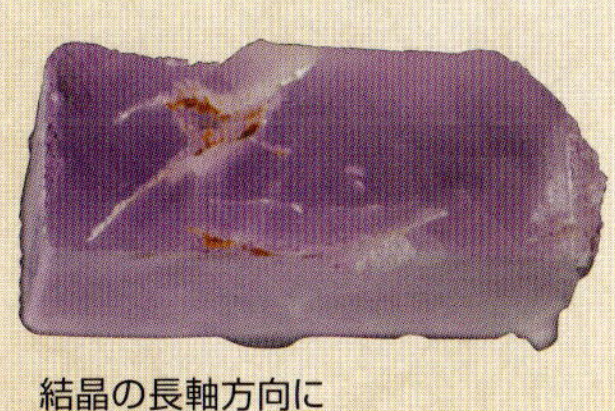

結晶の長軸方向に最も濃い紫ピンク色を示す

短軸方向では淡いピンクに見える

パラのオーシャンビュー（Oceanview）鉱山内

アメリカ、カリフォルニア州のサンディエゴ郡にあるパラ鉱山。世界で最初のクンツァイトの発見地

ペグマタイト鉱脈中にトルマリンやクンツァイトを含むポケットを探す

20世紀初頭に新鉱山を発見

アメリカ

1902年に、カリフォルニア州のサンディエゴ郡のパラ（Pala）地域でモルガナイトとともにライラックのような色のクンツァイトが世界で初めて発見されました。それ以来、アメリカ市場に美しいピンク色の石を提供してきました。

その後、ノースカロライナとサウスダコタなどでも産出し、そこでは14mもの大きさのスポジュメンの巨晶が発見されるなど、世界を驚かせましたが、宝石品質のクンツァイトを宝石市場に長く提供することはできませんでした。

資源の枯渇により閉山

ブラジル

1970年代に、ミナス・ジェライス州東部のウルクン（Urucum）とゴベルナドル・バラダレス（Governador

パラ鉱山から産出したクンツァイトの結晶

ブラジルのミナス・ジェライス州東部、ウルクン地域に分布するペグマタイトの風化表層

America

オーシャンビュー鉱山の選鉱場

一緒にオーシャンビュー鉱山を視察したカリフォルニア州工科大学のジョージ教授(右)

ブラジルのゴベルナドル・バラダレス産クンツァイトの結晶

Valadares）地域で良質のクンツァイトが発見され、２００４年までに多くの淡いピンクからパープリッシュピンクの石が採掘されました。一般的に、色の淡いものには人為的照射と加熱処理が施され、濃い色のものが市場に提供されてきましたが、鉱山は枯渇し、近年に閉山しました。

ブラジル、ウルクン産の淡いピンク色のクンツァイトは照射処理が施される

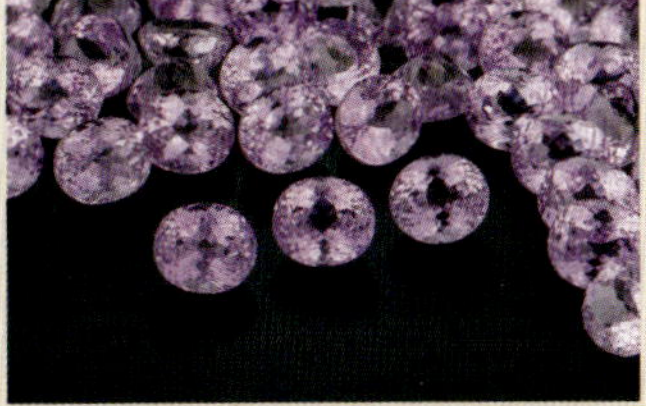

照射と加熱処理により、ピンクの色相は濃くなる

Brazil

豊富な産出が各地方から続く

アフガニスタン

アフガニスタンのラグマン地域から産出した最も鮮やかなクンツァイト

１９７０年代に、アフガニスタンの首都カブールから北東部にあるヌリスタン（Nuristan）地域にある、幅40m、長さ数キロメートルにも及ぶ広大なペグマタイト鉱脈から、多くのトルマリンやベリル、クンツァイトなどが発見されました。そして、淡いパープルからバイオレティッシュピンクのクンツァイトの原石が毎年２０００kgも世界の宝飾マーケットに提供され、宝石好きな人々を大変に喜ばせました。１９９０年代末にこの地域は閉山となってしまいましたが、新たにラグマン（Laghman）省のニラウ（Nilaw）、モーウィ（Mawi）、コルガル（Korgal）の3か所

Afghanistan

アフガニスタンの北東部のヌリスタンにペグマタイトの鉱脈があり、クンツァイトやトルマリンを産出している(Pala International提供)

ナイジェリアの
イバダン鉱山

Nigeria

にある小規模のペグマタイト鉱脈中にクンツァイトが発見されました。そこで採掘されるクンツァイトは、マンガンの含有量が高く、色も非常に鮮やかで、産出量の24％は宝石品質となり、アフガニスタンのクンツァイト採掘が再びよみがえりました。

近年、品質の優れた石を発見

ナイジェリア

アフリカのナイジェリアはレアメタルの主要な生産国として注目されていますが、トルマリン、ベリル、ガーネット、サファイアなどの宝石産出国としても国際マーケットに大きく評価されるようになりました。そのなかでクンツァイトもナイジェリア南部のイバダン（Ibadan）地域で採掘されましたが、色が淡いため市場では注目されませんでした。ところがつい最近、南西部にあるコム（Komu）鉱山から最も紫の濃いクンツァイトが産出され、注目されています。マンガンの含有量は0・2wt％に達し、世界でも最上級の色を示しています。

イバダン鉱山付近で地元鉱夫とともに視察する筆者

アフガニスタン北東部のヌリスタン地域から産出したクンツァイト

クンツァイトの
ダイヤモンド
ペンダントトップ

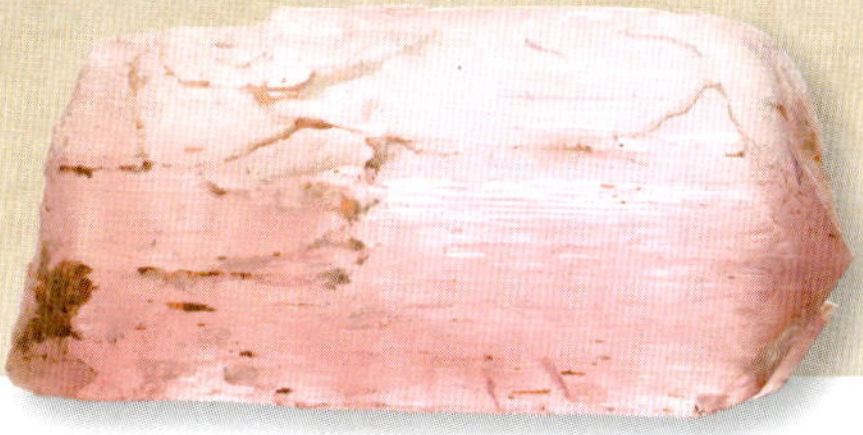

比較的大きい
ピンク色の
クンツァイト結晶

クンツァイトの選び方

クンツァイトはアメリカ市場において人気の宝石ですが、アジアではあまり知られていません。自然界で産出されたクンツァイトは淡いピンクの色合いのものが多く、自然光を長時間当てると色がさらに淡くなる場合があり、日光を避けて保管する必要があります。店頭でも強いライトの下で並べないことが好ましいです。近年は、アフガニスタンとナイジェリアからマンガンの含有量が高い鮮やかなクンツァイトが採掘されています。サイズも大きく、濃厚なパープリッシュピンクを示し、退色せず、目を疑うほど美しく大変に希少な色相です。

クンツァイトの結晶は比較的大きく、宝石として大きいサイズにカットされます。内包物が少ないため、透明度が高く、深みのあるステップカットにすると、色も最大限に濃く見えます。また、クンツァイトは劈開が生じやすいため、割れ目のない石を選ぶことをお勧めします。希少で美しいクンツァイトは四大宝石に比べて、大きなサイズの石でも比較的手頃な価格で購入できます。

クンツァイトの
ダイヤモンドペンダントトップ

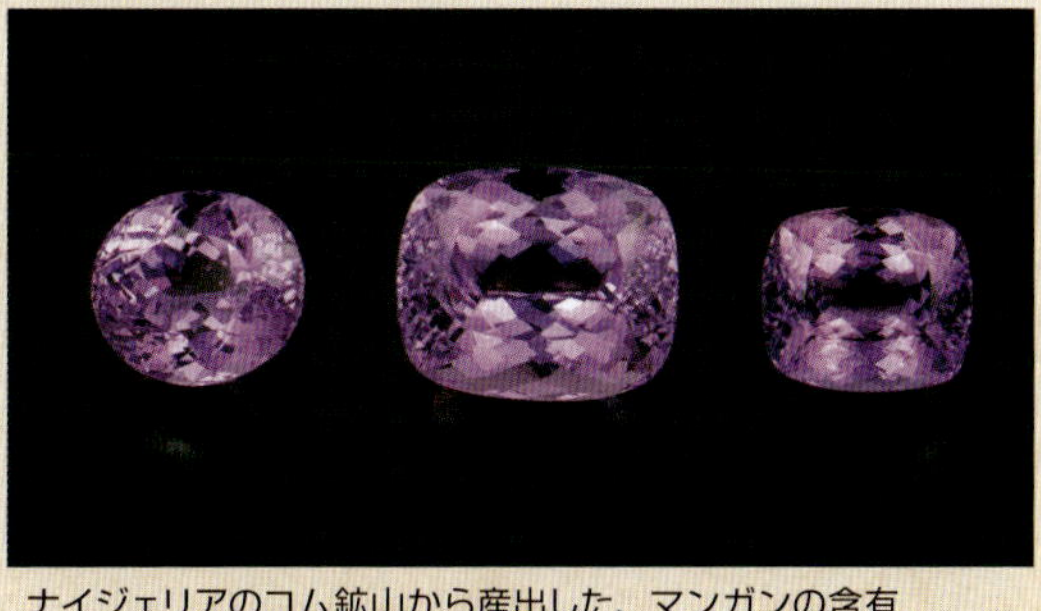

ナイジェリアのコム鉱山から産出した、マンガンの含有量が多い世界最良色を持つクンツァイト

31

オパール

希望と愛を連想させる揺らめきの宝石

青い輝きが美しいブラック・オパールのルース

オパールの歴史と光学現象

日本でなじみのある、最も人気の宝石のひとつであるオパールは、10月の誕生石であり、イギリスのビクトリア女王が最も愛した宝石としても世界中によく知られています。オパールはドイツ語で、サンスクリット語の「ウパラ（Upala ＝宝の石）」が語源といわれています。古代ローマでは、虹色のあらゆる色を示すことから、希望と愛の象徴と考えられてきました。中国では卵の白身によく似ているため「蛋白石《たんぱくせき》」と呼ばれ、その後、日本に伝わりました。

オパールの最大の魅力は、赤、オレンジ、黄、緑、青色などの虹彩が角度によって多彩に変化する「遊色効果」と呼ばれる現象です。この現象は、規則正しく配列した粒子に光が当たるときに生じる、独特の揺らめき効果により見られます。光の波が粒子の間を進むと、波が分散したり曲がったりして異なる波長の色に分解され、遊色効果を起こすのです。

ブラック・オパールの原石

ライトニングリッジ鉱山地下の採掘の様子

オーストラリアのクイーンズランド州のヤワ（Yowah）地域はナット・オパール（ボルダー・オパールの一種）の世界唯一の原産地

母岩つきのブラック・オパール原石

オーストラリア中央部のライトニングリッジにあるブラック・オパールの露天掘り採掘現場

ブラック・オパールのダイヤモンドリング

1960年にオーストラリアの科学者が、電子顕微鏡を使ってオパールの内部のケイ素の（ピンポン球のような）粒子の積層パターンを発見したことで遊色効果が解明されました。赤色の遊色効果は0・2ミクロンのシリカ（ケイ素）球、一般的な青紫色は0・1ミクロンのシリカ球で作り出されています。中間サイズのものが、その他の虹色を形成しています。

オパールの種類

オパールは遊色効果の有無によって、おおむね3種類に分けられます。

◉プレシャス・オパール……遊色効果を示す

プレシャス・オパールはマトリックスによって、さらに次の4種類に分類されます。

①ブラック・オパール……ボディカラーは黒色から暗い灰色の背景を持ち、半透明から不透明なもの

②ホワイト・オパール……白色から薄い灰色の背景を持ち、半透明から亜半透明なもの

オパール化した貝殻

ホワイト・オパール

オパールの積層構造の模式図

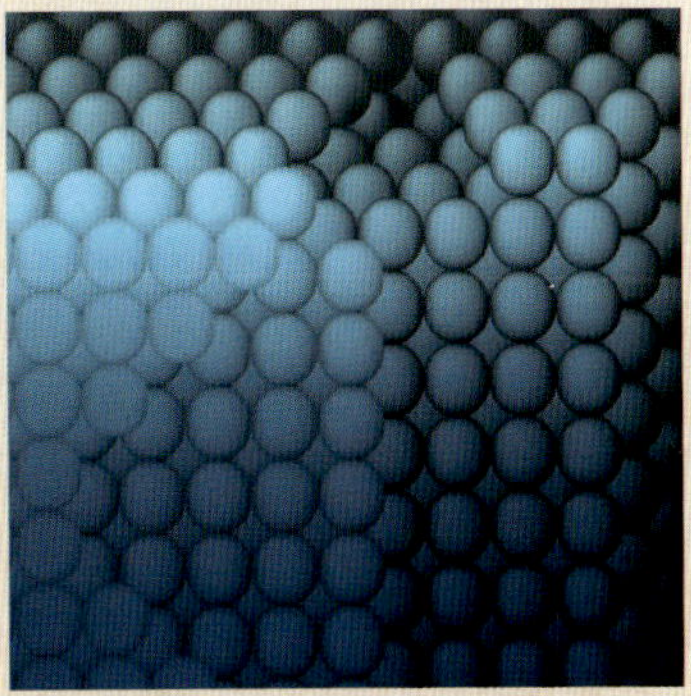

ケイ素の球粒子が規則正しく配列し、オパールの積層構造を形成する

コモン・オパールのカット石

ウォーター・オパールのダイヤモンドリング

③ファイア・オパール……黄色から赤がかったオレンジ色の背景を持ち、透明から半透明なもの
④ウォーター・オパール……透明な背景を持ち、透明から半透明なもの

◉コモン・オパール……遊色効果を示さず地色しか見えないが色が美しい

地色だけを示す「ミルキー・オパール」、「ブルー・オパール」、「ローズ・オパール」がコモン・オパールとして扱われますが、それ以外に岩石の表層に球状のように付着した玉滴石《ぎょくてきせき》、乳珪石《にゅうけいせき》、木蛋白石《もくたんぱくせき》の「ウッド・オパール」などもこの種類に入ります。

◉オパライト……遊色効果を示さず半透明から不透明

半透明なものは「セミ・オパール」、光をわずかに透過する樹脂のようなものは「レジン・オパール」。ワックスの光沢を有する不透明なものは「ワックス・オパール」、水分のない単色のオパールで水に漬けて光を当てると遊色効果が現れるものは「ハイドロフェーン」、苔状のインクルージョンを含むものは「モス・オパール」と呼ばれています。

日本、メキシコ、アルゼンチン、ハンガリーなどから産出した玉滴石

ワックス・オパールのキャッツアイダイヤモンドリング

玉滴石(ハイアライト)には微量な酸化ウランが含まれるため、紫外線下で強い緑色を発するのが特徴(GIA 提供)

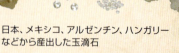

8mに及ぶボルダー・オパール脈を観察する筆者

クイルピー鉱山のボルダー・オパールの特徴を説明する鉱山主のエリック氏（右）と、オーストラリア宝石学協会会長のテリー氏

オパールの成因

まず、堆積岩や火成岩の乾燥した地層の割れ目や隙間に雨や地下水が入り込み、岩石に含まれたシリカ（ケイ素と酸素でできた化合物）が溶け出します。それがさらに深い地下の隙間と堆積岩の層間に堆積し、シリカ粒子の積み重なりで生まれた結晶構造を持たない非晶質のオパールが形成されます。唯一、水分（最大20％）を含む宝石です。ほとんどのオパール鉱床は1500万年から3000万年前に形成され、地球の表面に多く存在しています。

オパールの世界的名産地

さまざまな種類が産出する

オーストラリア

1870年に、オーストラリア中央部のニューサウスウェールズの原野で、広大なオパールの産地が発見されました。グレーや黒色の地色に青、緑、オレンジ、赤などの色を持つ「ブラック・オパール」と、白や乳白色などを主体とする淡い色調の「ホワイト・オパール」を多く産出し、いずれも美しい遊色効果を示しました。中でも、鮮やかな赤

三角に磨かれたボルダー・オパール

クイーンズランドのクイルピー（Quilpie）地域はマトリックスボルダー・オパールの世界最大の鉱山

オパール鉱床ができるまで

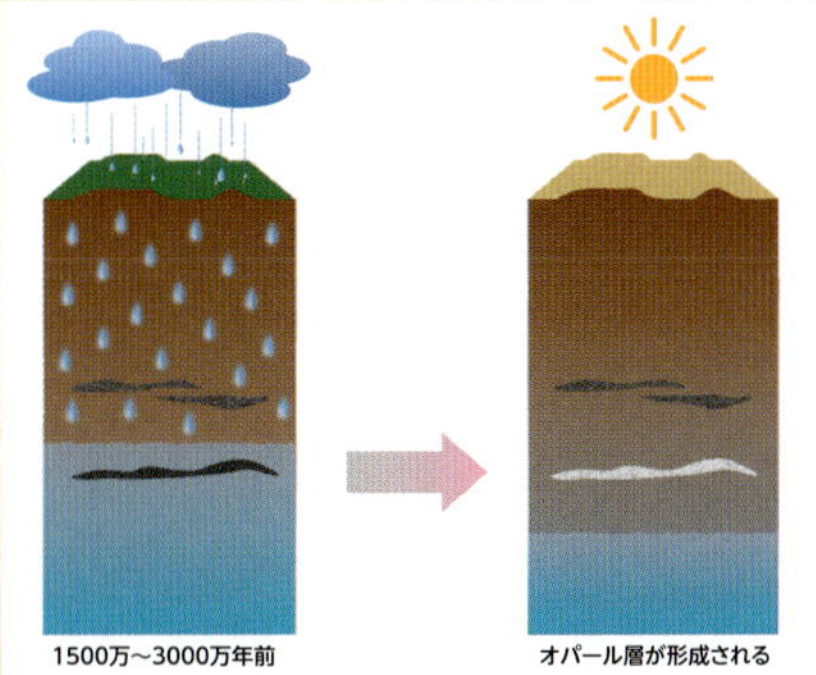

1500万〜3000万年前
オパール層が形成される

ケイ酸分を含む雨や地下からの熱水が地層に浸透し、長い年月をかけてオパールを形成する

メキシコのケレタロ(Queretaro)州に分布する火山岩の一種である流紋岩中に、ファイア・オパールが形成される

原型のまま研磨されたボルダー・オパール

Mexico

色がきらめいたオパールは最高品質とされます。また、北部のクイーンズランドで鉄鉱石の空洞や隙間などに帯状の独特な光沢のあるオパールが産出され、「ボルダー・オパール」と呼ばれる母岩つきの研磨品に仕上げられています。現在、オパールはオーストラリアの国の象徴石となっています。

メキシコ

プレシャス・オパールを多く産出

13世紀のアンデス文明に登場したメキシコのオパールは、歴史的に装身具として使われてきました。黄色からオレンジ色を経て赤色までの燃えるような美しい地色を持つ「ファイア・オパール」と、遊色効果が強く水のような透明感のある「ウォーター・オパール」、母岩つきのメノウのような「カンテラ・オパール」があります。遊色効果が弱い、または見られない赤色とオレンジ系の「ファイア・オパール」はカボションカット以外にファセットカットにも用いられ、プレシャス・オパールとして高く評価されて

ファイア・オパール

オーストラリア、ライトニングリッジで普及した竪穴掘り法

地下堆積岩の層間中に分布するオパール脈を探しながら採掘を行う

地下20mでナット・オパールを採掘する竪穴の入口

Australia

ナット・オパールを含む30cm幅の層

鉄鉱石の母岩に形成されたボルダー・オパール。マトリックス・オパールとも呼ぶ

2008年にエチオピア北部ウォッロ(Wollo)州のウェゲルテナ(Wegel Tena)地域の火山灰堆積層(溶結凝灰岩)中に大量のオパールが発見された(GIA提供)

ブラジルの北東部のピアウイ州の砂岩中に形成された乳白色オパール

います。ハリスコ州はメキシコオパールの主要な原産地として知られています。

魅力的なオパールの産地
ブラジル

ピアウイ州には細かいきらめきの多彩な遊色を示す乳白色のオパールが、リオグランデ・ド・スル州には岩石の表面に薄く付着した透明感のあるオレンジ色のファイア・オパールや、青色とパープルの美しい遊色を示すオパールが産出されています。

ブラジル産オパール

大量に市場に供給を始める
エチオピア

近年発見された最も若い鉱山として世界に知られ、遊色効果のある黄褐色のオパールや透明感の高いクリスタルのようなライト・オパール、メキシコ産ファイア・オパールに似たようなオパールを大量に産出しています。しかし粒子の積層構造に空間が多く、水の吸収や乾燥によって脱水反応が激しく、ひび割れが発生してしまうなど、美しさを長く保ちにくい面があります。

エチオピア産オパール

Brazil

ブラジルのピアウイ州にあるオパール鉱床。底部灰色の砂岩中からオパールが採掘される

Ethiopia

吸水前

エチオピア産オパールは構造に空間が多いため、吸収と脱水反応が激しい

吸水後

水に130時間浸漬すると、透明度が著しく増す(Benjamin Rondeau撮影)

ファイア・オパールの
イヤリング

品質の価値判断

オパールは個性的で、7色の虹彩の遊色効果が美しさを評価する最も大切な要素ですが、遊色の色相（赤、オレンジ、グリーン、青の順にプレミアムがつく）やモザイクのパターン、色の強弱と輝き、全体の鮮やかさを見て、その美しさを総合的に判断する必要があります。日本では「ブラック・オパール」が好まれますが、一つ一つ異なる形と輝きを感じられることがオパールの最大の魅力です。

遊色効果が顕著な
ブラック・オパールの
ダイヤモンドペンダントトップ

ブラック・オパールのイヤリング

ブラック・オパールは日本では
1980年代に特に人気があった

32

アメシスト、シトリン

クオーツ（石英）からできた宝石の大家族

アメリカのハーキマー産両錐水晶

視認性で分類する石英の変種

クオーツ（和名＝石英）は、地殻のいたるところに存在し、どのようなタイプの岩石にも含まれる主要な造岩鉱物です。美しい六角柱状の水晶や、砂漠の砂も二酸化ケイ素で構成された石英の結晶鉱物なのです。透明な水晶から半透明なメノウまで、何千年も前から宝飾品として身に着けられてきました。宝石としての石英は結晶性質、形態、包有物などにより、次のような変種に分類されます。

肉眼で見える結晶質の石英

✧**ロック・クリスタル**（和名＝水晶：SiO_2）……単結晶からできた無色の石英

✧**スモーキークオーツ**……着色元素や格子欠陥などの不純物によって着色された石英

✧**アメシスト**（和名＝紫水晶、鉄イオン（Fe^{4+}＋Fe^{2+}）に由来）

水晶の結晶の集合体

スモーキークオーツのカット石

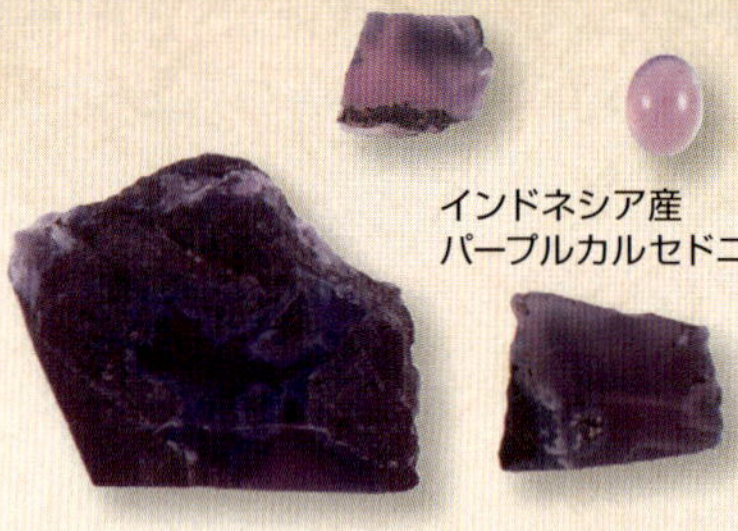

インドネシア産
パープルカルセドニー

ルチル入り水晶のカット石

ハートの形の日本式双晶

✧ **シトリン**（和名=黄水晶、エネルギー準位の異なる鉄イオンに由来）

✧ **煙〜黒水晶**（放射線を受けた色を中心に由来）

✧ **紅水晶**（マンガン、鉄、チタンイオンに由来）

✧ **緑水晶**（微細な包有鉱物—角閃石に由来）

また、形態によって、二つの単結晶が接合して成長した双晶（日本式双晶）や、結晶の両端に錐面を持つハーキマー水晶、結晶片側の先端が大きく成長した松茸水晶などがあります。

肉眼で見えるさまざまな鉱物結晶が入った水晶

✧ **ルチル入り水晶**

✧ **トルマリン入り水晶**

✧ **緑泥石入り水晶**（アベンチューリン・クオーツ）

✧ **水入り水晶**

肉眼で見えない塊状の結晶質石英

✧ **玉髄**（カルセドニー）……陰微晶質の石英の集合体。自然界で鍾乳状やブドウ状のような半透明な塊として産出され、その色と産状によりカルセドニー、アゲート、カーネリアン、クリソプレーズ、ジャスパー、オニックス、ブラッドストーンと呼ばれます。

ユニークな形の
松茸紫水晶

ブルーカルセドニーの
ペンダントトップ

カーネリアンの
ペンダントトップ

内包物として多くの緑色雲母が入ったアベンチューリン・クオーツ

クリソプレーズ
のリング

オニックスのクリップ

アゲートの
インタリオ

ブラジルのミナス・ジェライス産ローズクオーツの原石

オーバルカットの
アメシスト

ナミビアで産出した
世界最大のロック・
クリスタルの群晶

装身具として使われるアメシストとシトリン

ロック・クリスタルは無色透明で、古代から溶けない氷のシンボルとして珍重され、自然そのままの姿や、容器として利用されてきましたが、装身具として最も多いものはアメシストとシトリンです。

アメシストは最も美しい紫色の宝石のひとつとして、王冠や宗教的宝飾品や司教の指輪に使われ、その価値はかつて五大宝石と同等と考えられていました。古代ギリシャではワイン色を連想させることから、アメシストを身に着けると「酒に酔わない」という意味があり、同じく戦闘では頭脳の回転がよくなると信じられていました。アメシストは宝石として数千年の歴史を持ち、誠実や心の平和を表し、2月の誕生石に選定されています。

アメシストとは？

鉄イオンによって着色された紫色の水晶で、最も珍重されてきたクオーツの変種です。明るいライラック色から深みのある濃いパープルまでの色の範囲があり、成長構造に

アメシストは巨晶で発見
される場合が多い

ロック・クリスタル
のカット石

エメラルドカットの
アメシストを中石にした
トルマリンリング

沿った濃淡の帯状の色むらがよく見られます。最上質なものは色むらを伴わない、彩度の高い強い赤みを帯びた濃いロイヤルパープル色です。褐色みの強いものや色むらのあるものは価値も大きく下がります。色がとても暗いものは加熱処理によって明るくすることができます。ブラジルのミナス・ジェライス州はアメシストの世界最大の産出地として知られ、巨晶のアメシスト水晶群がとても印象的です。近年、タンザニア、マダガスカル、ルワンダから鮮明なラズベリー色を示す良質のものが産出されています。

アメシストの品質評価

アメシストはジュエリーに適した素晴らしい宝石で、肉眼で見えるインクルージョンがほとんど含まれないため、表面に達するフラクチャーが少なく、どのような形でもカットできます。高品質のものは三角形のブリリアントカット、エメラルドカット、オーバル、クッションカットにされるのがポピュラーで、プレミアム価格で販売されます。デザイナーによっては石の原形を生かして、独自の創作で彫刻する場合なども見られます。低品質のものはカボションやビーズなどに加工されます。かつては王族しか入手できなかったアメシストは、今では宝飾市場で容易に手頃な価格

ブラジル産の天然アメシスト結晶集合体

トライアングルカットされたアメシスト

ブラジルのミナス・ジェライス州に分布するペグマタイトから多くのアメシストが産出する

オレンジイエローの
シトリンリング

黄色、オレンジ、褐色
のシトリン

で手に入れられるようになり、大きな石はセンターストーンとして人気です。

太陽のような光を放つシトリン

黄水晶・シトリンは、アメシストと同様に何千年もの間、人気の黄色宝石の一つとして使用されてきました。太陽のような黄金の光を放って大変に魅力的で、「幸福の石」とも呼ばれています。

水晶の構造中に微量な鉄が入り、黄色からオレンジ色を発色します。自然界で存在するシトリンは非常に希であり、地表下でアメシストがマグマの熱を受け、シトリンは黄色に変化したものです。しかし、市場のほとんどのシトリンは薄い紫色のアメシストに人為的に低温加熱処理を施し、結晶構造中の鉄イオンの電荷を変えることによって美しい黄色に変化させたものです。加熱前のアメシストの色の濃さは加熱後のシトリンの黄色の濃度を左右します。

宝石学が発展する前は、シトリンはトパーズと混合されていました。シトリン・トパーズと呼ばれているものは実はシトリンであり、トパーズの代用品として使われました。シトリンはトパーズと並んで11月の誕生石です。主な産地はブラジル、アフリカ、ウルグアイ、チリなどです。

ブラジル産加熱のシトリン結晶集合体

マディラ・シトリンのブローチ

オーバルカットされた最高品質の加熱したマディラ・シトリン

シトリンの品質評価

最高品質のシトリンは褐色みのない高彩度の黄色や赤みがかったオレンジ色で「マディラ・シトリン」とも呼ばれ、大変に人気があります。

シトリンにはインクルージョンが少なく、結晶のサイズも大きくて、数カラットから20カラットまでのものが容易に安価で入手できます。

魅力的な黄色や赤みのあるオレンジ色のものは、デザイナーや彫刻家によって珍しいカットが施され、さまざまなジュエリーのスタイルに展開されています。

アメシストとシトリンの両方の性質を持つアメトリン

アメシストとシトリンが、地下で同時に成長してできた自然な紫色と黄色が半々に混ざり合ったものは、アメトリンと呼ばれます。ボリビアが唯一の原産地として知られています。

ボリビア産の天然アメトリン原石

モダンなカットの天然アメトリンリング

ミルキーな白色の
ブリーチ・アメシスト

グリーンド
アメシスト

グリーン
クオーツ

アメシストとシトリンの処理

紫色のアメシストを加熱処理すると黄色のシトリンに変化する現象は、1883年にブラジルで発見されました。その後、加熱や照射などで石英を多様な色に改良する特殊な処理法が次々と開発されました。例えば、加熱のグリーンドアメシスト（Prasiolite）、照射＋加熱のレモンクオーツとグリーンクオーツ、照射のスモーキークオーツなどがありますが、色が不安定な場合があり、退色に注意が必要です。

緑黄色の
レモンクオーツ

紫青色の
ブルーベリー
クオーツ

淡い紫青色の
ネオンクオーツ

異なる処理法によって改良される各色の石英

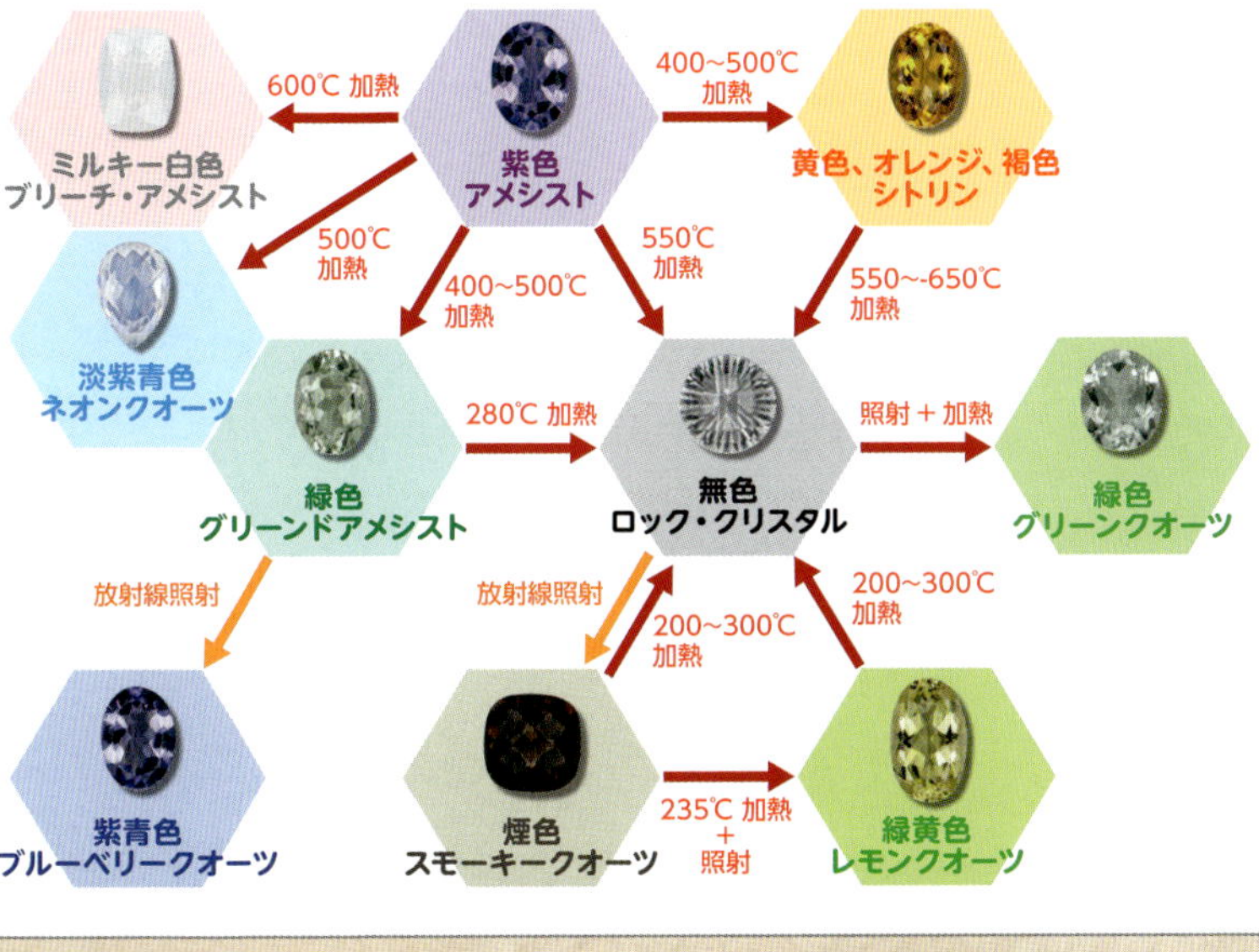

33

ムーンストーン

光学現象が見られる長石族の変種

長石に最も珍しい月光のような青色閃光を放つ光学現象を持つ各種のムーンストーン

長く愛されるムーンストーン

長石の硬度は石英より低いのですが、宝石としての変種の多さと、ジュエリーとしての歴史もかなり伝統があり、世界中に知られた宝石の一つです。変種の中でもムーンストーン（和名＝月長石）は古代インドの神話に登場し、月の光によって作られたと考えられ、石の内部から散乱する青色の閃光は確かに満月を連想させます。スリランカでは七つの宝の一つとして必ず集めないと幸運が来ないと信じられていました。近代になって、アメリカのティファニー社のメジャーな宝石として、有名なデザイナーのルイス・コンフォート・ティファニーによる傑作のジュエリーによく使われていました。ムーンストーン以外にも、長石にはとても珍しい光学現象を示すサンストーン（和名＝日長石）という変種もあり、きらきらとした内包物の反射は太陽を連想させ、長石のとても美しい品性をよく表しています。

南インドのタミル・ナードゥ州産ムーンストーンの原石。ミルキーな閃光を放つ

スリランカ南西部の鉱山で発見されたムーンストーンの結晶

火成岩に含まれる
カリウム長石

アルカリ長石グループと斜長石グループ

長石は地球の地殻に最も広く大量に存在する造岩鉱物です。カリウム、ナトリウム、カルシウムなどの元素から構成されたアルミノケイ酸塩で、火成岩、変成岩や堆積岩に広く含まれ、地殻の60％を占めます。長石には、主にこの三つの元素を端成分とする三成分系があり、カリウム長石（$KAlSi_3O_8$：オーソクレース）、ナトリウム長石（$NaAlSi_3O_8$：アルバイト）、カルシウム長石（$CaAl_2Si_2O_8$：アノーサイト）に分かれています。それぞれが端成分として形成されるものと、この三種類が混合して形成された固溶体があります。三角ダイヤグラムで示したように、カリウム長石ーナトリウム長石の固溶体系列（**アルカリ長石グループ**）と、ナトリウム長石ーカルシウム長石の固溶体系列（**斜長石グループ**）に分かれます。

◉アルカリ長石グループ（カリウム長石ーナトリウム長石の固溶体系列）に含まれる変種

生成温度によって、カリウム長石には高、中、低温型の三つの変種があります。玻璃長石（サニディン）、正長石（オーソクレース）、微斜長石（マイクロクリン）です。ナトリウム

長石の成分の三角ダイヤグラム

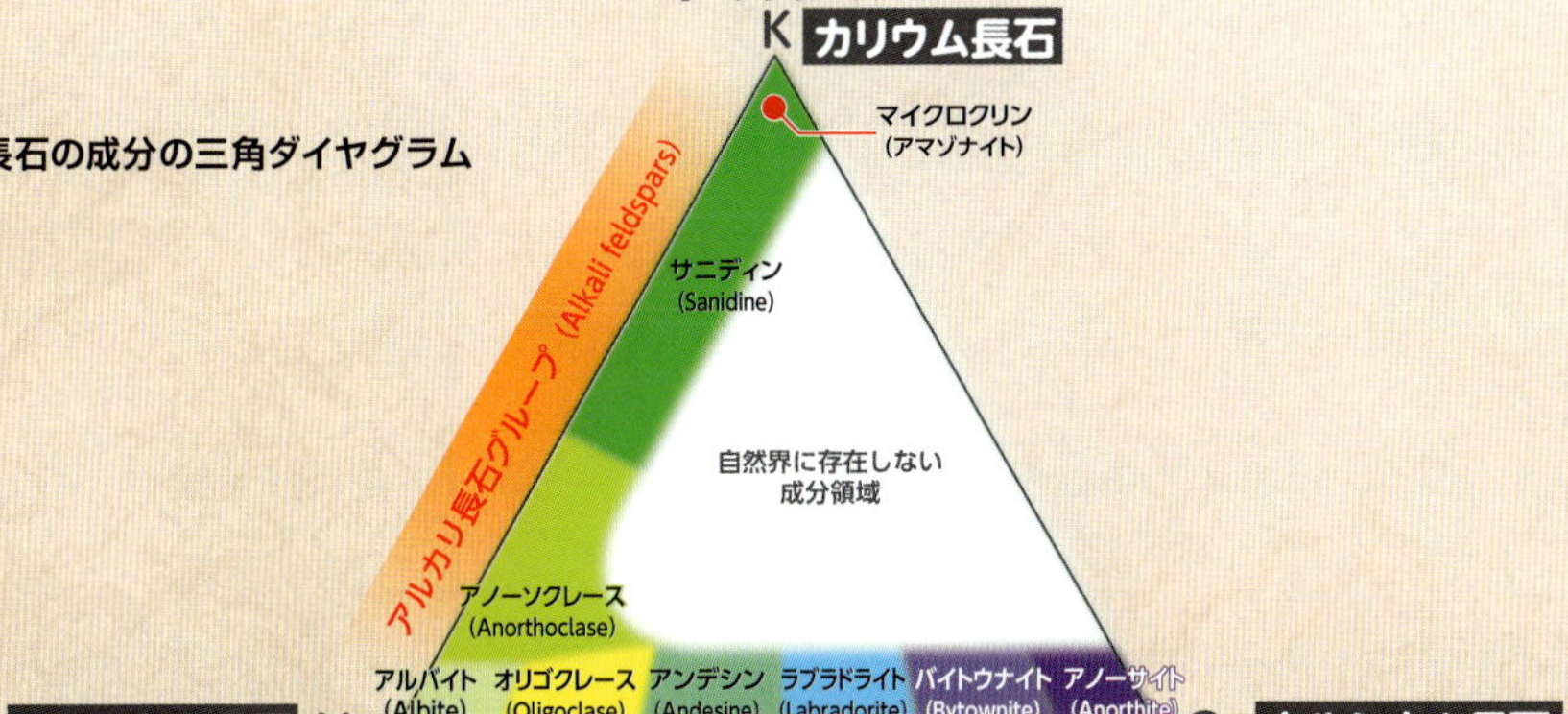

アルバイト原石

長石にも高、中、低温型のアルバイト（曹長石）の変種があります。

◉斜長石グループ（ナトリウム長石ーカルシウム長石の固溶体系列）に含まれる変種

ナトリウム長石（アルバイト）とカルシウム長石（アノーサイト）の両成分の割合によって、アルバイト、オリゴクレース（灰曹長石）、アンデシン（中性長石）、ラブラドライト（曹灰長石）、バイトウナイト（亜灰長石）、アノーサイト（灰長石）などの6変種に細分化されます。

アルカリ長石グループの宝石

長石の外観は基本的に白色、淡黄色が多く、ガラス光沢で、柱状や板状の結晶形を示します。生成温度の低下によって、異なる二つの相に分離する離溶現象が発生し、双晶として出現することが多く、青色の閃光効果を示すのが最大の特徴です。また、内包物の反射によってキラキラした虹色の輝きを示すものもあります。長石の成分範囲は大変に複雑で名称もいろいろあります。以下に、各固溶体系列に含まれる長石の宝石を分類して紹介します。

長石の結晶形

自然銅を含む日本の三宅島産
アノーサイトのサンストーン

アメリカ
コロラド州産
アマゾナイトの原石

透明な淡黄色を呈するオーソクレース

【アルカリ長石グループに含まれる宝石】

光学現象を示さないもの

オーソクレース、アマゾナイト、サニディン

イエローオーソクレース（正長石）

バニラのような薄い黄色を呈する透明な石です。直角のような二つの面に従って劈開する特徴から、ギリシャ語でオルトス（Orthos）という名を付けられました。マダガスカルから大きいサイズのものが産出しています。

アマゾナイト（マイクロクリン／微斜長石）

美しいターコイズブルーのような緑青色と空青色を示す半透明と不透明な石で、微細な流れ模様を示すのが特徴です。名称は南米のアマゾン川にちなんでいますが、その領域には産出がなく、ブラジル、新疆ウイグル自治区、アメリカのコロラド州が主要な原産地です。

サニディン（玻璃長石）

ギリシャ語で小板サニス（Sanis）という意味で名づけられた緑がかった黄色の宝石です。ドイツのアイフェル地方が名産地となっています。

サニディンのカット石

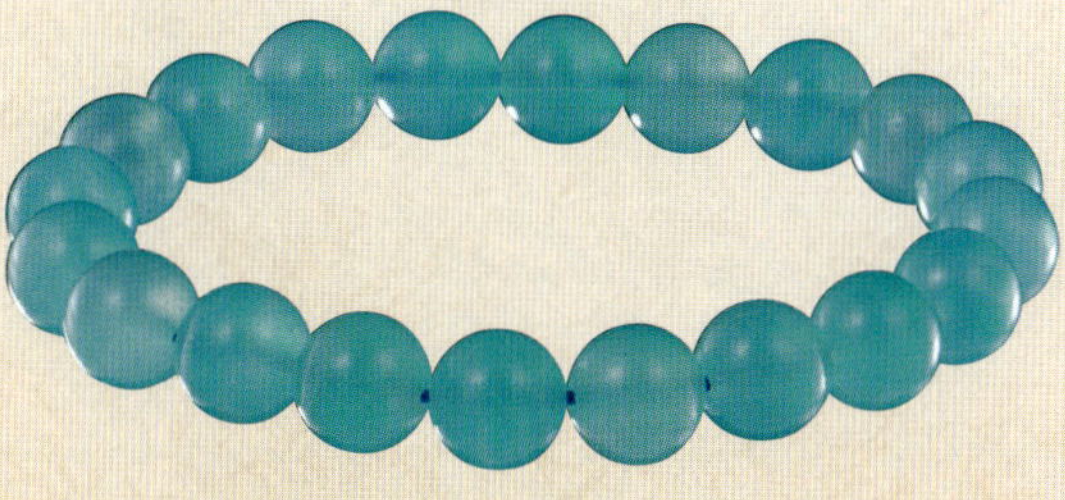

色が濃く最も透明感のあるウイグル産アマゾナイト

エメラルドカットされたオレゴン産ラブラドライトのサンストーン

インド産オリゴクレースのサンストーン

オーバルカットされたチベット産アンデシンのサンストーン

光学現象を示すもの

オーソクレースの「サンストーン」、オーソクレースの「ムーンストーン」

サンストーン

オレンジ赤色を示す長石をギリシャ語では太陽を意味する「ヘリオ」で表し、サンストーンのことを「ヘリオライト」と呼ぶ場合があります。長石が成長する過程で多くの微細な板状の内包物が取り込まれ、光が内包物によって反射されてキラキラした虹色の輝きが現れます。この光学現象は「アベンチュリン効果」と呼ばれます。ヘマタイト（赤鉄鉱）やゲーサイト（針鉄鉱）、自然銅などによってオレンジ、赤色、褐色の輝きが形成され、雲母によって緑色の輝きが現れます。アルカリ長石グループの中ではオーソクレース、斜長石グループではオリゴクレース、アンデシン、ラブラドライトなどが「サンストーン」のような効果を示す場合があります。名産地は、オーソクレースのサンストーンはタンザニア、オリゴクレースのサンストーンはインド、アンデシンのサンストーンはチベット、ラブラドライトのサンストーンはアメリカのオレゴン州が挙げられます。斜長石グループについては、254ページ以降で詳しく解説します。

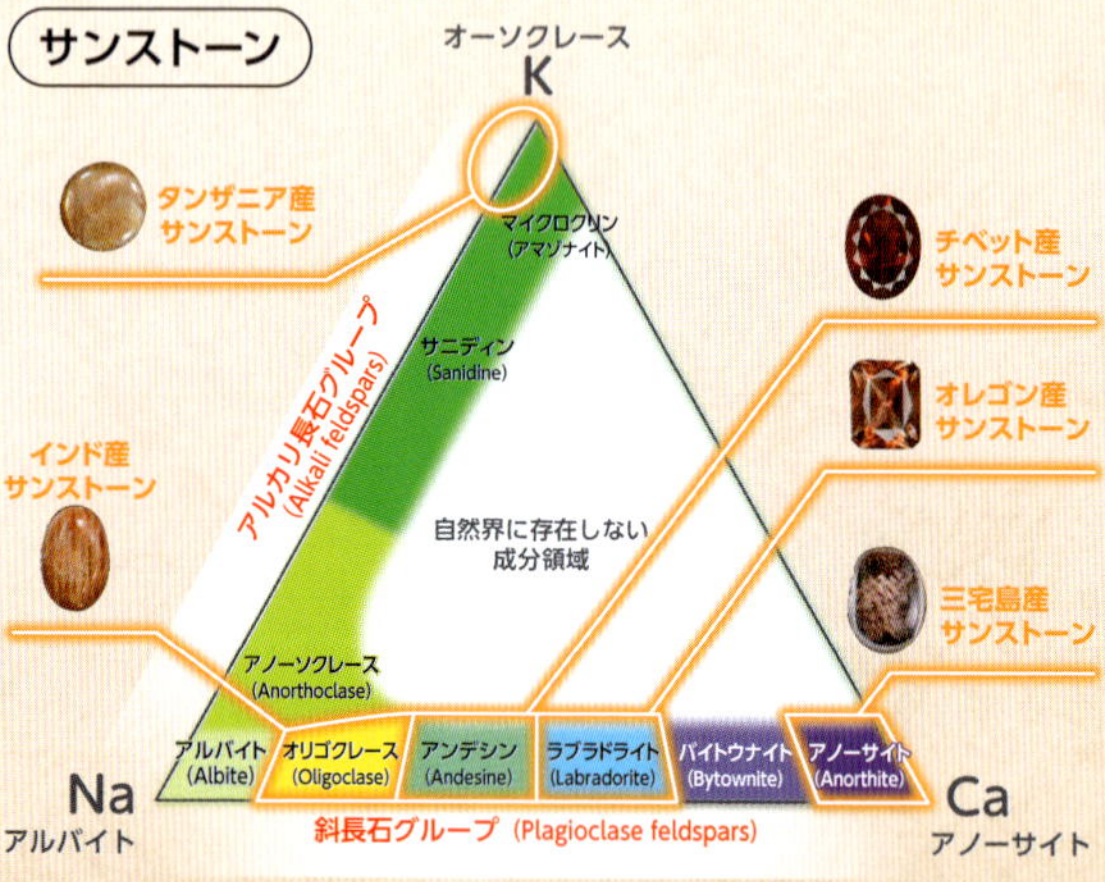

ヘマタイトとゲーサイトを含むオーソクレースのサンストーン原石

インド産
オーソクレース・
ムーンストーン

ムーンストーン

白色と青色が混じり合った月光のような青色閃光を放つシラー効果を持つものは、鑑別書に「通常〝アデュラレッセンス〟や〝ムーンストーン効果〟とも呼ばれます」というコメントのある長石です。結晶構造から見ると、混じり合った二つの長石、オーソクレースとアルバイトが冷却するにつれ、分離しながら交互に重なった薄層の積層組織が形成されています。光がこの薄層間を通過するときに散乱し、青色の閃光現象が現れるのです。この種の宝石を異なる角度で見ると、青色の閃光が波打つような動きの光として見られ、霧の隙間から月の光が輝くような外観が現れます。最高品質のムーンストーンは、揺れ動きの強い、鮮やかなブルーのきらめきを持つ透明ガラス質のものです。

スリランカとインドから産出されたムーンストーンはこのオーソクレースとアルバイトの混合種に属しますが、青みを帯びたミルキーのシーンはスリランカ産のものに顕著に現れることから、「ロイヤルブルー・ムーンストーン」というトレードネームがつけられています。インド産のものは層状組織の発達がやや劣り、青色閃光の効果が弱いものが多くなります。

スリランカ産
オーソクレース・
ムーンストーン

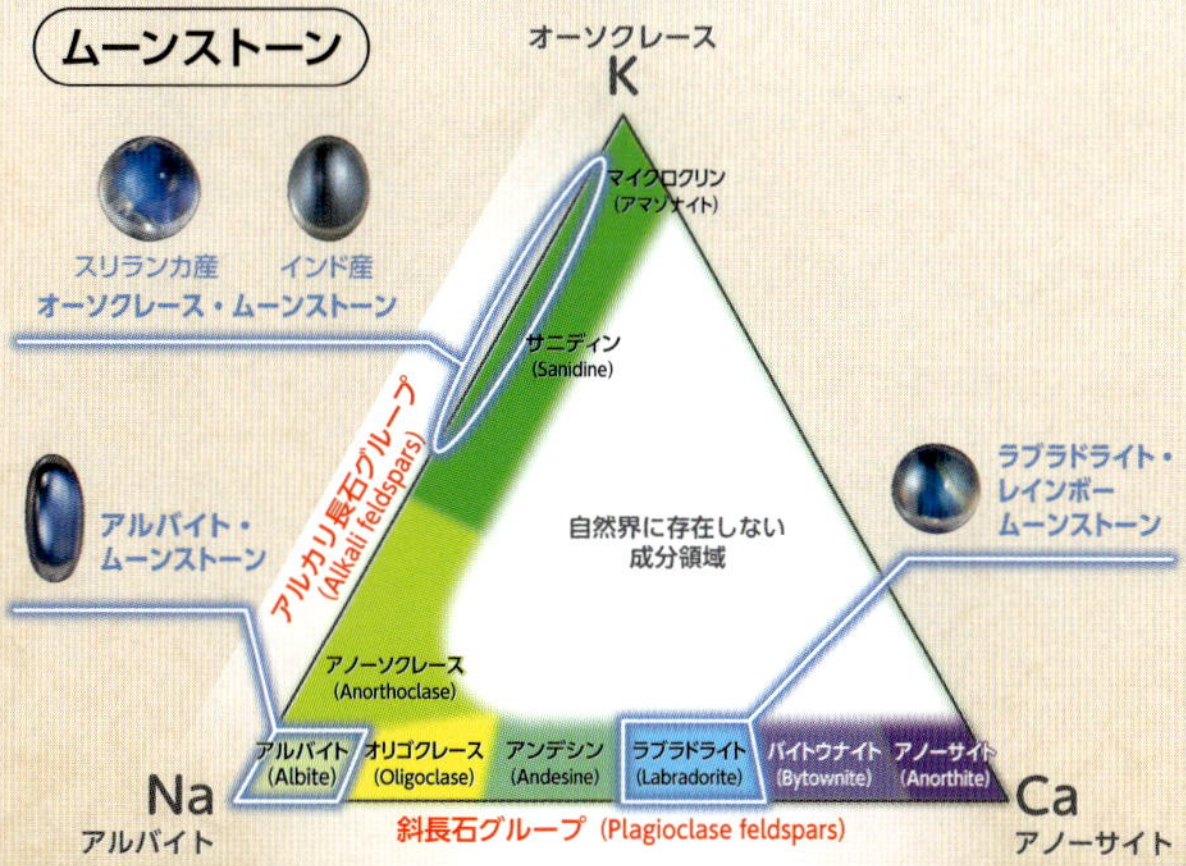

マダガスカル産
ラブラドライト・レインボー
ムーンストーン

また、斜長石グループにも、青色閃光を生じるものがあり、アルバイト・ムーンストーン（高温状態のアルバイトとオリゴクレースの混合、ペリステライトとも呼ばれる）や、ラブラドライト・レインボームーンストーン（アンデシンとラブラドライトの混合）が挙げられます（256ページから参照）。

ムーンストーンの選び方

ムーンストーンは、古代エジプトの時代から今日まで流行してきた宝石の一つです。ボディカラー、光学効果（青色閃光）の強度、光の揺れ動きの方向などの三つの要素が、ムーンストーンを選ぶときに最も重要になります。

ムーンストーンには無色、白色、灰色、青色がありますが、外観は、半透明、無色のボディカラーに、ブルーの青色閃光を放つものが望ましいです。平坦すぎないオーバルや正方形、円形のカボションカットにすれば、光沢の色もよく感じられます。きらめきのある光沢は、最高級の品質だと評価されます。場合によって、青色閃光に伴って「キャッツアイ

タンザニア産
アルバイト・
ムーンストーン

ムーンストーンを選ぶときは、ミルキーな地色の上に青色閃光の強さ、光によるシーンの揺れ動きの方向などを観察する

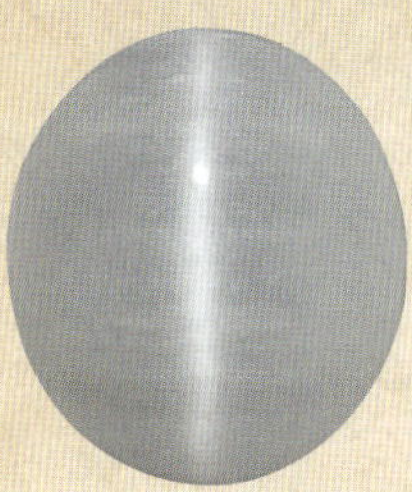
ムーンストーンに見られるキャッツアイ効果

スター効果を示すムーンストーン

効果」や「スター効果」を示すムーンストーンもあります。また、含まれる微量元素の違いによって、黄色やピンク、グリーン、ブラウンなどのボディカラーを持つムーンストーンもあります。

青色閃光の動きは、ムーンストーンを楽しむ最も重要な要素です。石内部から出てくる閃光は凹凸のないスムーズな研磨面で見やすく、動きも明瞭です。しかし、内包物として応力によって発生した「ムカデの足」のような形の亀裂があり、青色閃光が妨げられて光沢が落ちてしまうケースがあります。可能な限り、内包物のない透明なものを選ぶのが賢明です。また、ムーンストーンはサイズが大きいほど価値も上がります。

月をモチーフにしたムーンストーンのジュエリー

宝飾市場でよく見られるムーンストーンのジュエリー

34

サンストーン

斜長石グループに含まれる人気の宝石

ビーズにカットされたチベット産半透明のアンデシンのサンストーン

地元のチベット族夫婦が砂礫層から赤色のアンデシンを採掘している

光学現象の有無でグループ分けされる

長石には多種多様の宝石があり、化学成分によって二つのグループに分類されます。

前ページまでで紹介したアルカリ長石グループ（カリウム長石ーナトリウム長石の固溶体系列）に含まれる最も人気の宝石ムーンストーンは独特な美しさがあり、長石の代表とも言えます。

斜長石グループ（ナトリウム長石ーカルシウム長石の固溶体系列）においても、光学現象を示さないものと示すものがあり、黄色の透明なアンデシン、ラブラドライト、バイトウナイト、アベンチュレッセンスを持つ透明から半透明なオレンジ~赤色を呈するオリゴクレースのサンストーン、アンデシンのサンストーン、ラブラドライトのサンストーン、アノーサイトのサンストーンがあります。さらにアデュラレッセンス（青色閃光ーシラー効果）を示す、アルバイトのムーンストーン、ラブラドライトのレインボームーンストーンなどが挙げられます。

内モンゴル自治区にある固陽産黄色アンデシンの原石

内モンゴル自治区の固陽県にあるアンデシン鉱山

オーストラリアのクイーンズランド州の南部に位置するスプリングシュア(Springsure)地域から黄色のアンデシンが産出する

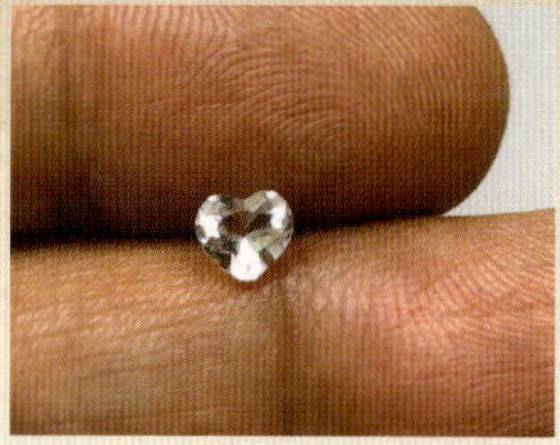

カナダ産、無色のアルバイトのカット石

【斜長石グループに含まれる宝石】

光学現象を示さないもの

無色アルバイト

斜長石グループに属する六つの変種の一つで、組成純度が90～100%のものをアルバイトといいます。通常は白色として産しますが、宝石として使われるものは無色です。良質の石はカナダで産出します。

イエローアンデシン

安山岩によく含まれる斜長石の一種で、アンデス山脈が名称の由来です。モンゴルや内モンゴル自治区、オーストラリアなどで黄色で透明なアンデシンが産出され、宝石用にカットされています。

イエロー～ゴールドラブラドライト

ラブラドライトは斜長石系列で、アルバイトとアノーサイトの成分比率から見ると、アノーサイトが全体成分の50～70%を占めています。ラブラドライトは虹色の光を示すものと思われがちですが、内包物が入っていない透明なイエロー～ゴールドを示すものもあり、メキシコのチワワ

スプリングシュア産の黄色のアンデシンの原石

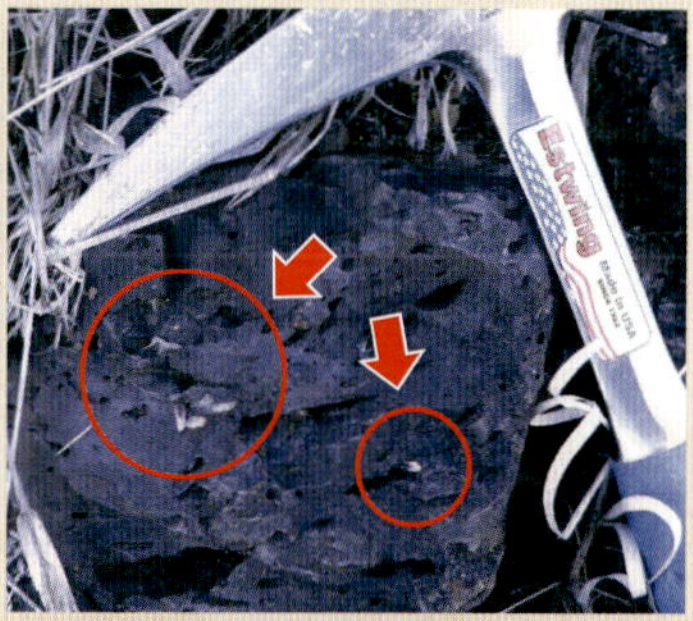

スプリングシュア鉱区の視察中に発見した黄色アンデシンを含む玄武岩

メキシコのチワワ州から産出された黄色のラブラドライト

（Chihuahua）州や、アメリカのオレゴン州などで、サンストーンとともに採掘されています。

イエローバイトウナイト

ラブラドライトと端成分であるアノーサイトの混合でできたカルシウムが豊富な長石です。メキシコのチワワ州のドラド（Dorado）鉱山から、イエローラブラドライトとともに黄色みのあるバイトウナイトも産出しています。

光学現象を示すもの

アルバイトのムーンストーン

斜長石グループに含まれる青色の閃光を示す「ムーンストーン」の一種です。化学組成は、アルカリ長石グループに含まれるオーソクレースの「ムーンストーン」とまったく異なり、アルバイトとオリゴクレースが分離した二層のラメラ構造によって生み出される青色の閃光を示す「ムーンストーン」です。カナダのオンタリオ州から青いシラーの弱いものが産出されています。２００５年にはタンザニアのナマルル（Namalulu）地域で、高品質のアルバイトムーン

タンザニアのナマルルから産出されたアルバイトのムーンストーン

ラブラドライトのレインボームーンストーンの原石

ストーンが発見されています。ラメラ層が薄いため、虹色ではなく均一な青色が形成されています。外観上、スリランカ南部のミーティヤゴダ（Meetiyagoda）地域の「ロイヤルブルー・ムーンストーン」と非常に酷似しているため、肉眼での識別は困難です。

ラブラドライトのレインボームーンストーン

ラブラドライトは通常は鮮やかな虹色を放つ特徴があり、これはイリデッセンス現象によるもので、ラブラドレッセンスとも呼ばれます。１７７０年にカナダのラブラドル半島で発見されたため、この名称になりました。ブルームーンストーンと比べ、灰色や黒色の地にオレンジ、黄、緑、青色などの色彩が同時に現れます。最近、マダガスカルから、虹色の光よりも強い青の閃光を多く示す白色の地を持つラブラドライトが産出され、ブルームーンストーンに非常に似ているため、レインボームーンストーンと呼ぶようになり、宝飾市場で販売されています。

美しい虹色の輝きを放つマダガスカル産ラブラドライトのレインボームーンストーンの表面を研磨した原石

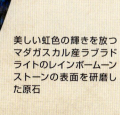

アメリカのオレゴン州に分布する風化した玄武岩からラブラドライトのサンストーンが産出している（GIA提供）

アメリカのオレゴン産自然銅を含むラブラドライトのサンストーン原石

斜長石グループに属する「サンストーン」

サンストーンはムーンストーンと比べて歴史が浅く、アメリカのオレゴン地域に生活していた先住民らが1900年代の初期に溶岩からサンストーンを見つけたという説があります。血のような色の石は彼らにとってパワーの象徴でした。今日の宝飾市場では、ラブラドライトのサンストーンとして宝石愛好家に最も人気の斜長石です。

ラブラドライトのサンストーン

オレゴン州の中南部にある砂漠地帯に分布する火山岩から産出するラブラドライトは、小粒の自然銅を含み、この内包物によってキラキラした反射効果が現れ、オレンジ～赤色～緑色を発色しています。オレゴン産サンストーンの地色は通常は黄色で、サイズの大きな銅インクルージョンが入った場合に、きらめいてアベンチュレッセンスが現れ、黄色の地色の上に赤みを帯

自然銅を含むチベット産アンデシンのサンストーン原石

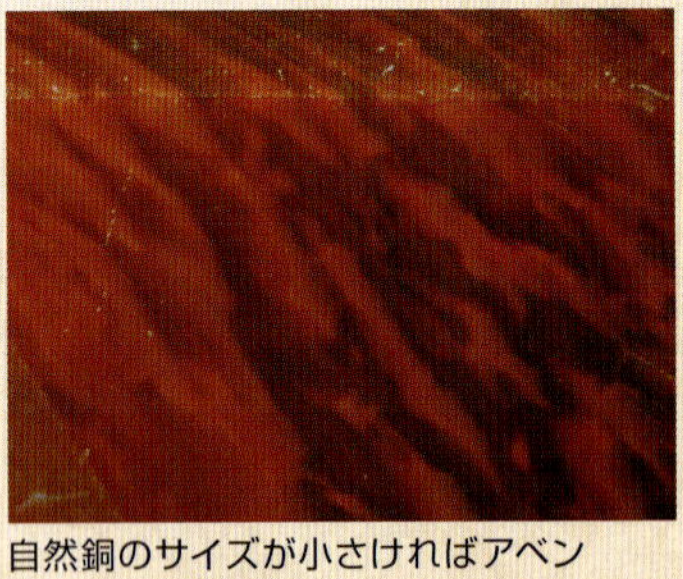

自然銅のサイズが小さければアベンチュレッセンスを示さず、銅のコロイドによって赤色を形成する

バイナンにある山脈中にオレンジ赤色のアンデシンが産出する

バイナン鉱山から採掘された赤色アンデシンの原石

びたオレンジが形成され、メタリックな光沢を示します。小さな銅の場合は、顕微鏡でも見えないほどの微細な銅のコロイドによって赤色が形成されています。さらに小さくなると、緑みを帯びてきます。ツーソンミネラルショーでは「オールアメリカン」の名称で販売されています。

アンデシンのサンストーン

２００５年にチベットの第二都市であるシガツェ（Shigatse）から55㎞ほど南に離れたバイナン（Bainang）地域で発見され、二次鉱床として中生代の泥質砂岩や第三期の堆積岩中から採掘されています。化学成分はカルシウム（Ca）が富むアンデシンに分類され、オレゴン産ラブラドライトのサンストーンと隣り合う変種ですが、微細な自然銅によって、赤みのあるオレンジや赤色、緑色が形成されています。

　チベット産アンデシンのサンストーンは地色の黄色が見えず、石全体としてオレンジ赤色を呈します。インクルージョンが小さいた

代表的な色相を集めたオレゴン産サンストーン

チベット産アンデシンのサンストーンのカット石

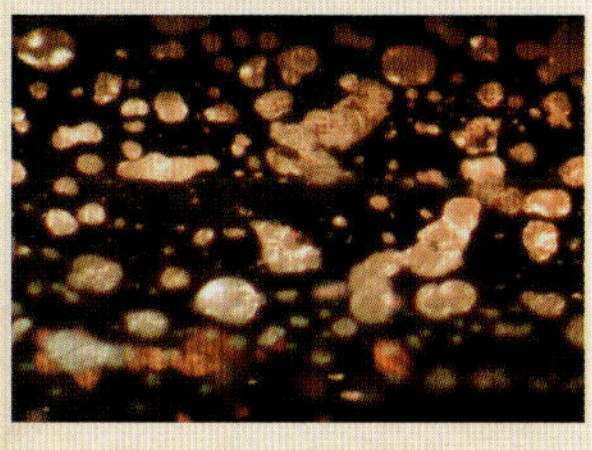

オレゴン産ラブラドライトのサンストーンに含まれる自然銅の粒子

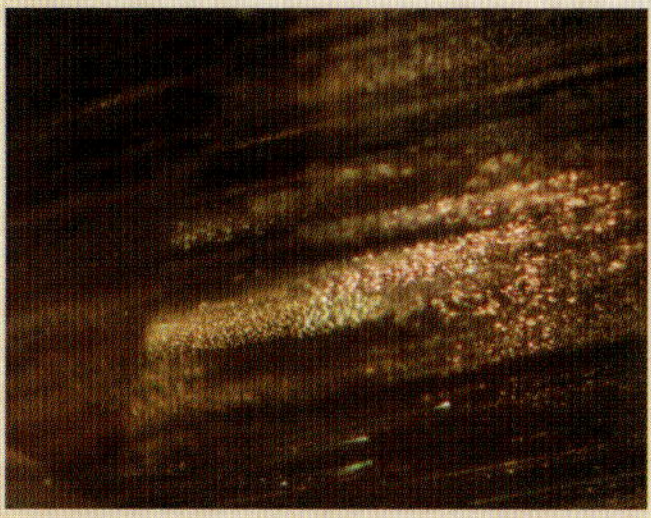

チベット産アンデシンに含まれる自然銅粒子の反射によってキラキラとした輝きを示す

オレゴン産の黄色ラブラドライト

めキラキラしたメタリックの光沢はなく、透明度の高いものは、ファセットカットにされます。半透明なものは一般的にビーズに適し、安価で入手できます。

オリゴクレースのサンストーン

インド中南部のカルール（Karur）地域から産出します。赤鉄鉱や針鉄鉱を含んだキラキラしたアベンチュレッセンスによって、赤オレンジ色の輝きを示すオリゴクレースです。ほとんどカボションカットにされ、ラメラ構造と鱗片状のヘマタイトの配列によって美しい輝きを示します。

オリゴクレースのサンストーンに見られる
鱗片状の赤鉄鉱の内包物

ヘマタイトを含むインド産オリゴクレースの
サンストーン原石

インドのカルール地域
から産出した美しい光
沢を持つオリゴクレー
スのサンストーン

TOPICS

世界中から処理石と疑われた「オリンピック・サンストーン」

チベット高原南部に位置するバイナン地域で二度地質調査を行う筆者。堆積層からオレンジ赤色のアンデシンの存在を確かめた

ジェムショーで見られるさまざまな色のチベット産アンデシンのサンストーン

天然石と処理石の鑑別は大変に困難

宝石質ラブラドライトのサンストーンはアメリカのオレゴン州に産出し、希少石として世界的に認知されています。2002年頃、アフリカのコンゴ産といわれる、赤色のアンデシンのラブラドライトがマーケットに登場しましたが、産地に関する確かな報告は一切なされませんでした。2005年後半に、中国の天津にある宝飾商社ドゥー・ウィン・ディベロップメント(Do Win Development Co. Ltd)がチベットサンストーン(Tibeten Sunstone)と呼ばれる赤色アンデシンを販売し、産出地はチベット中部にあるニマ(Nyima/Nyemo)と紹介しました。その後、2007年2月にアメリカで開催された、ツーソンのジェムショーでは、同様のチベット産アンデシンが「ラザシン(Lazasine)」の名称で香港のキングスター(King Star Co. Ltd)と日本のエムピー(M. P. Gem Corp.)によって販売されました。同じく2008年のツーソンのジェムショーでは、北京オリンピックの公式宝石に認定されたとして「中国産」と称する赤色のアンデシンが大量に販売され、「オリンピック・サンストーン」の名で市場に出回りました。

しかし、こうしたコンゴ産やチベット産、中国の他の産出地からの未処理といわれる赤色のアンデシンに対して、拡散加熱処理の疑いを唱える人々が現れました。このような背景のなかで、筆者は

チベット産アンデシンのリング

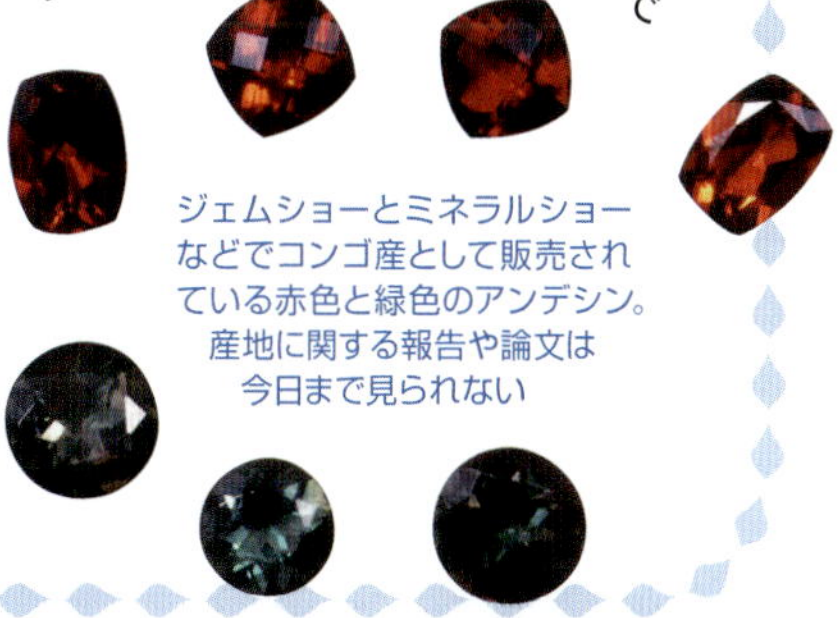
ジェムショーとミネラルショーなどでコンゴ産として販売されている赤色と緑色のアンデシン。産地に関する報告や論文は今日まで見られない

2008年と2010年の2回にわたり、チベットと内モンゴル自治区の両産地を視察しました。その結果、中国における赤色のアンデシンはチベット産のみが本物で、オリンピック・サンストーンといわれたものは黄色のアンデシンを拡散処理し、色を改良したものであることを突き止めました。

2008年にアメリカのツーソンのジェムショーで販売されていたオリンピック・サンストーン（古屋正貴撮影）

北京オリンピック委員会が承認したことを記す証明書と「Beijing 2008」のロゴマークの刻印入りのサンストーン
（上：George Rossman撮影　下：古屋正貴撮影）

アンデシンのサンストーンペンダント

天然起源のオレンジ赤色アンデシンのサンストーンはチベットでしか産出しない

チベットのアンデシンのサンストーンの鉱山は、首都ラサ（Lhasa）から350㎞も離れた第二都市であるシガツェ（Xigazê／Shigatse）の南部にあります。鉱区はバイナン地域の山麓の沖積河床付近にあり、南と北の山坂に分かれて存在しています。それぞれの分布範囲は、東西3～4㎞、南北5～7㎞ほどです。2006年に鉱山の持ち主であるリ・トン（Li Tong）の管理下で正式に採掘がはじまりました。4月から11月まで採掘が行われ、冬季は閉鎖されます。鉱区地域の最表層は0.5～3㎜の厚さの第四紀の腐植土で、赤色のアンデシンは、その下の第三紀の堆積岩である白黄色の砂礫岩と、白亜紀の赤色と灰緑色の泥質砂岩などに分布しています。鉱床は二次鉱床で、山の露出面に向かって数メートルの深さで掘っています。採掘は地元住民が家族で小規模に行い、重機を使わずに手作業で採掘や選別を行っています。

アンデシンの結晶は雪解け水によって運搬され、幅広い領域に分散しています。風化作用により結晶が丸みを帯びた形になっていて、一部の結晶の表面には

ザリン村の沖積《ちゅうせき》河床でアンデシンを採掘するチベット族の鉱夫たち

簡易工具で地層断面を掘りながらアンデシンを探す

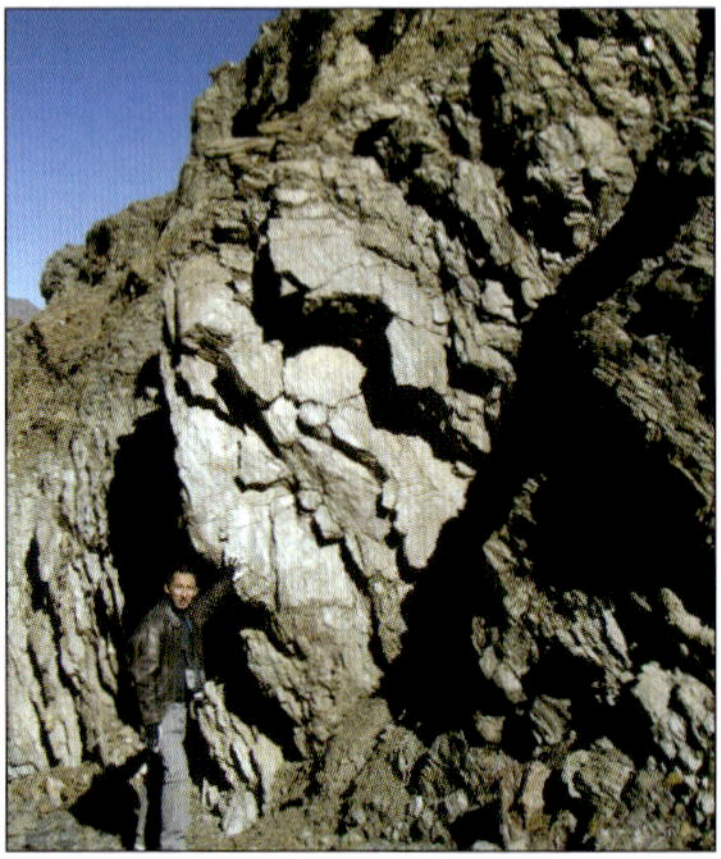

2008年、バイナン地域ナイサ村周囲の地層を観察する筆者

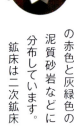

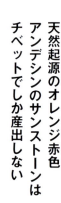

チベットのバイナン地域でアンデシンを調査する国際研究チームと筆者

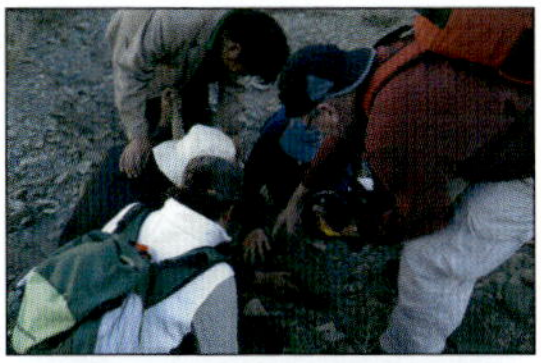

筆者が採取したバイナン鉱山の赤色のアンデシン原石

ザリン(Zha Lin)村の沖積層から掘り出されたアンデシン

チベット産は緑色を含むアンデシンもあり、異なるサイズの微細自然銅と銅イオンの吸収によって形成されている

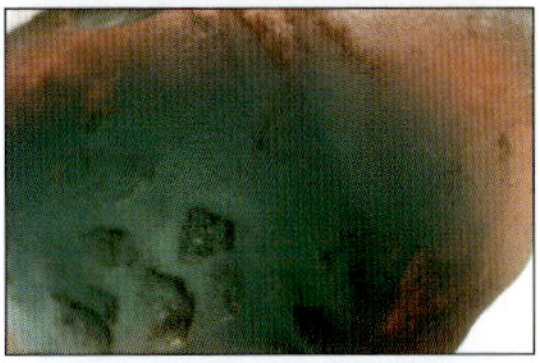

国際調査チームを温かく迎えてくれたザリン村の人々

バイナン地域で生活しているチベット族の家でも、オレンジ赤色のアンデシンを持っていた

チベットでの2008年の地質調査で、バイナン地域から採掘したオレンジ赤色と緑色のアンデシン原石とそのカット石

チベット産の天然のアンデシンのサンストーンによるペンダントとイヤリング

バイナン地域のナイサ(Naisah)村の山麓でアンデシンの採掘を行っているチベット族の夫婦

第三紀と白亜紀のナイサ村の堆積層にオレンジ赤色のアンデシンが含まれている

溶蝕現象が見られます。ほとんどの原石は半透明から透明で、１㎝以下のサイズのものが多く、最大粒のものは４㎝まで達します。掘り出されたアンデシンの色は、オレンジがかった赤色の結晶がほとんどで、真っ赤な結晶は少量でした。光を通すと、微細な自然銅粒子や、クラウド状のインクルージョンが見られました。鉱区の山頂部を視察したところ、火成岩起源である火山岩や砕屑岩などが見られたことから、原生鉱床は火成岩起源であると思われます。

　アンデシンは地下で優先的に成長し、後から上昇した銅を含むマグマの熱水と接触して、結晶のラメラ構造内へ数十ミクロンサイズの自然銅が拡散し、その粒子の反射（アベンチュレッセンス）によってオレンジ赤色が形成されたと考えられます。当該鉱山の年間総産出量は７００～８００㎏で、宝石品質のものは30㎏しかありませんが、現在は鉱山の採掘は停止されています。

内モンゴルから黄色のアンデシンが産出

内モンゴル自治区の首府であるフフホト（Hohhot）市から２００㎞ほど西に位置する、包頭《ボグト》（Baotou）市の固陽県内に分布する砂礫岩の二次鉱床から、アンデシンが採掘されています。露出地層には第四紀の腐植土以外、主に第三紀の砂礫岩、白亜紀の雑色砂礫岩が見られ、アンデシンは灰緑色の砂岩層に含まれています。分布範囲は東西20㎞あまり、南北は約5㎞で、面積は１００㎢におよびます。結晶は集中せず、内陸湖や河川などの運搬により、幅広い範囲に分散し、比較的浅い地層（厚さ1～３ｍ）に埋蔵しています。

固陽県内にある水泉（Shuiquan）村と海卜子（Haibouzi）村において重機械による採掘が行われており、透明度の高い黄色のアンデシンが採掘され、年間の採掘量は１００ｔに達していますが、宝石用に研磨されたものはほとんど淡い黄色を呈し、自然銅のような内包物はほとんど含まれていません。

固陽県の村民たちによってアンデシンの採掘が行われている

河川の運搬によって白亜紀から第三期にかけて堆積した幅20~50cmの褐色層に黄色のアンデシンが含まれている

内モンゴル自治区の固陽県で産出する透明度の高い黄色のアンデシン原石

内モンゴル固陽県で国際研究チームとして二度の視察を行い、アンデシンの産状を観察し、砂礫層に黄色のアンデシンしか産出しないことを確かめた

筆者が砂礫からアンデシンを確認

内モンゴルの北部に位置する固陽県の水泉村と海卜子村でアンデシンの採掘が行われている

採掘されたアンデシンは1kg当たり330~500人民元で販売されていた

黄色のアンデシンが銅による拡散処理に使われている

内モンゴル産黄色アンデシンの色の改良は中国国内、西安のある大学教授によって開発されました。黄色アンデシンをオレゴン産サンストーンのような色に改変するために、10年間にも及ぶ加熱実験の結果、原材料として少量の銅粉末を用いて1000度以上で加熱すると、微細な銅粒子がアンデシンの結晶構造内に拡散し、オレンジ赤色が形成されたのです。しかし、この手法は他人に盗まれ、深圳で大量に処理されたものが、北京オリンピックの公式宝石として、世界の宝飾市場で販売されました。このような銅拡散処理を施したオレンジ赤色のアンデシンは、チベット産天然アンデシンのサンストーンと比べ、ほぼ同範囲内の銅元素とその他の微量元素が含まれ、明確な差異が認められませんでした。

拡散加熱で検証する

通常の加熱法で黄色のアンデシンを加熱すると、色に変化が認められませんでした。次にコバルト60による放射線照射をすると、淡黄色のアンデシンに色の濃色化が見られましたが、赤色への変色は不可能でした。最後に銅による拡散加熱を検証するために、純度の高い酸化アルミナ粉に1~2%の酸化銅の粉末を混ぜ、電気炉で1000度、24時間加熱すると、黄色のアンデシンが緑色に変色し、1160度で50時間加熱すると、オレンジ赤色への変化が見られました。この実験結果から確かな色の変化が得られました。チベット産の天然のアンデシンと識別するには、宝石鑑別機関で使用されている分析手法では、両者の識別は大変に困難です。より高度な同位体分析法では両者に差違が見られるため、識別の一助になるといえます。

中国の深圳にある業者が拡散処理したアンデシン

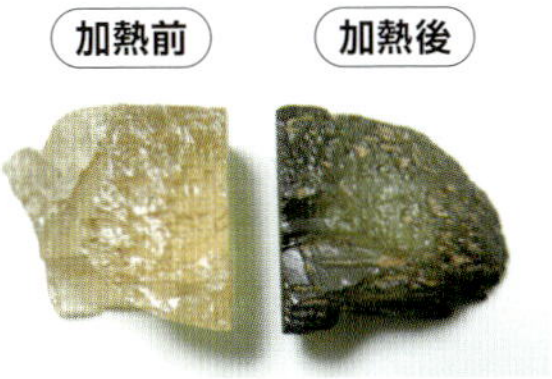

1000度で24時間加熱した結果、緑色のアンデシンが得られた

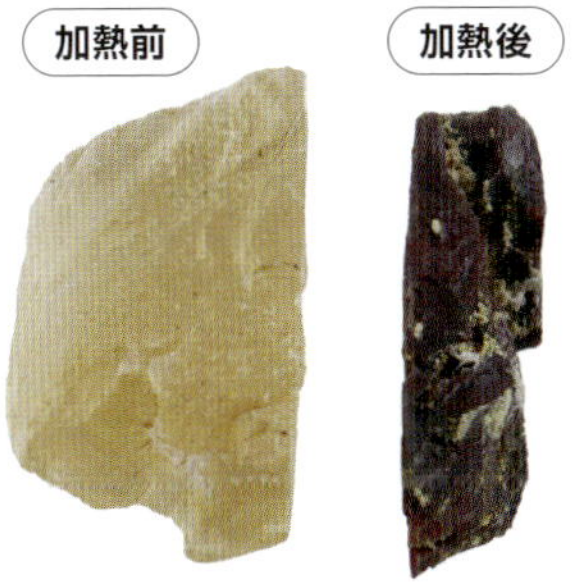

銅による拡散加熱検証実験を行い、酸化アルミナ粉に1～2%の酸化銅を混ぜ込み、1160度の中高温で50時間加熱。アンデシンの黄色はオレンジ赤色に変化

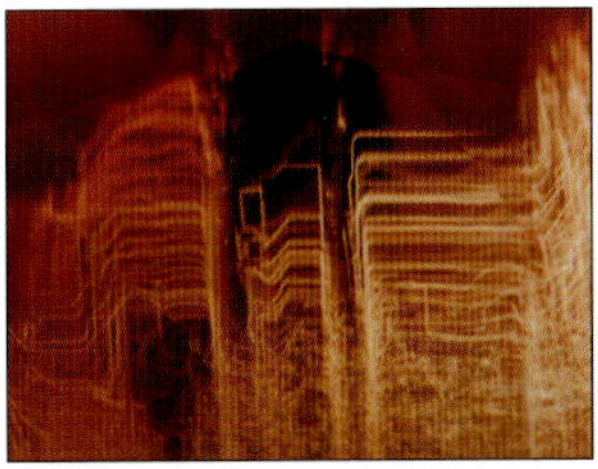
拡散加熱処理後に結晶内部に見られる欠陥に沿って入り込む自然銅粒子

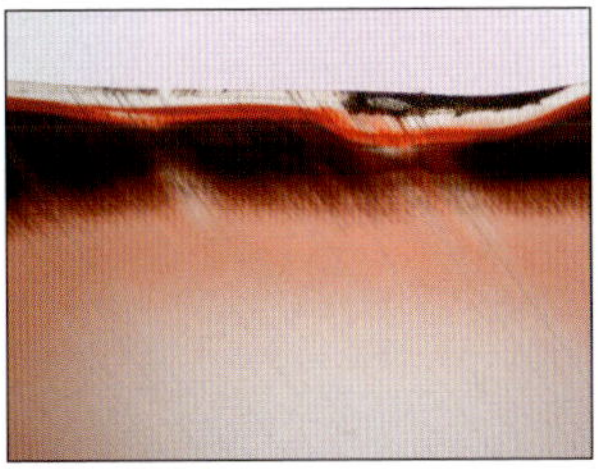
中国で拡散加熱処理されたアンデシンの切断面を観察すると、外縁部は濃い赤色で濃色になり、中心部はほぼ無色のままであった

宝石を鑑別するために

実際に各国の研究所や調査機関で使用されている
宝石鑑別用の分析機器を用途別に紹介します。

✦一般宝石鑑別機器

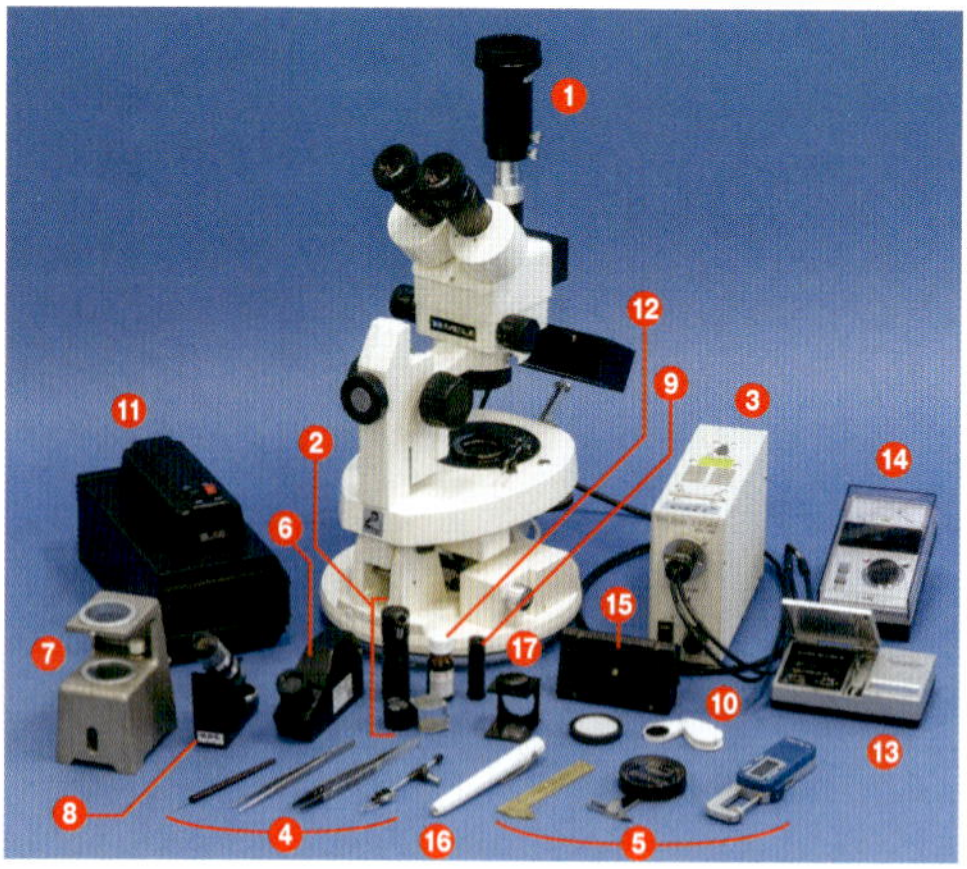

❶実体顕微鏡……資料を10〜70倍まで拡大して観察する
❷宝石鑑定用ルーペ(10倍)　❸⑯宝石鑑別用ライト
❹ピンセット　❺宝石用ゲージ
❻屈折計……光の屈折現象を測る装置
❼⑰偏光器……単屈折か複屈折かを見分ける
❽分光器……光の電磁波スペクトルを測定
❾二色鏡……宝石の多色性を観察する
❿チェルシーフィルター……緑色の合成石や処理石を見分ける
⑪⑮長波短波蛍光ライト
⑫比重液……比重を正確に測る溶液
⑬熱伝導率テスター
⑭ダイヤモンドテスター

✦化学元素による宝石の分析法

【化学組成分析装置(EDXRF)】

宝石の化学組成や含有量を調べるために、X線を宝石に照射して発生する蛍光X線の波長と強度を解析し、各宝石の化学組成の定性(同定)・定量(元素の含有量)を分析する装置。宝石に含まれる元素の情報を非破壊的に分析でき、主元素から微量元素まで測定し、宝石の種類を同定したり、天然石と合成石を識別したり、真珠が淡水か海水起源かを調べたりする

【波長分散型電子プローブ微小領域化学組成定量分析装置(EPMA)】

蛍光X線分析よりも定量精度が高い。真空中で電子線を用いて宝石の表面を照射し、化学組成や形態の観察を行う装置。細く絞られた電子線で宝石の微小領域を明確に分析し、宝石内部の元素の分布状態が調べられる

【レーザーアブレーション誘導結合プラズマ質量分析装置(LA-ICP-MS)】

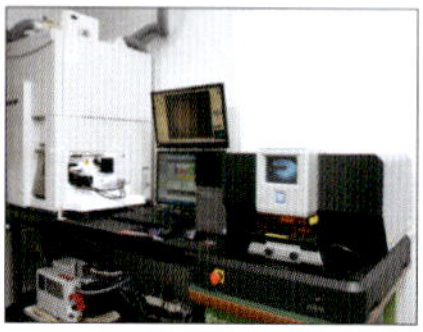

宝石の極小部をレーザーで照射し、固体を微粒子へ融発、その微粒子をさらに高周波のプラズマによりイオン化し、宝石に含まれる主元素から超微量元素(ppm〜ppb、100万〜10億個中の1個までのレベル)、軽元素(Li=リチウム)から重元素(U=ウラン)までを高感度に分析し、構成する元素の含有量と同位体を精査する装置。宝石の軽元素による拡散処理の看破、原産地の同定、年代測定などに非常に有効な分析法

✦光による宝石の分析法

【赤外線分光分析装置】

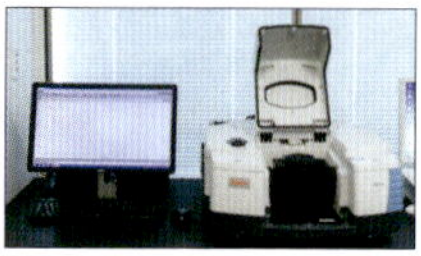

ダイヤモンドのタイプ分類、カラーストーンの樹脂とオイルによる含浸処理、コランダムの加熱処理、宝石の天然と合成の識別に欠かせないフーリエ変換赤外線分光分析手法(FT-IR)。測定対象の宝石に赤外線を当て、一部の赤外線が吸収され、透過または反射したスペクトルの特徴を測定する

【ラマン分光分析装置】

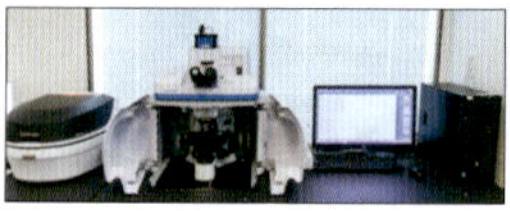

単色光のレーザーを宝石に当てると、光は物質の構造に応じて相互作用し、入射光と異なる波長の散乱光(ラマン効果)が生じる。このラマン線の波長と強度を測定し、宝石の同定と定量を行う分光分析の装置。ラマンスペクトルにより宝石の種類を容易に判定でき、顕微鏡を用いてジュエリーの中の小さな宝石や内包物を同定できる。また、宝石の割れ目に充填した物質の識別やダイヤモンドの高温高圧処理などを看破できる

【宝石観察用標準ライトボックス】

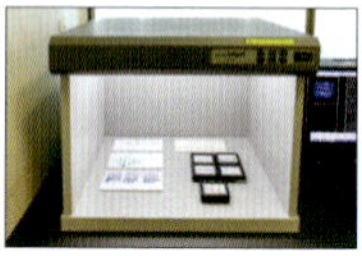

宝石観察に最適な日射条件である北光線を再現した照明機器。ダイヤモンドのカラーグレーディングやカラーストーンの観察に必須

【紫外線による蛍光・燐光検査装置】

合成ダイヤモンドの観察に有効な機器。特殊なフィルターで調整された紫外線を照射し、蛍光反応や燐光を確認する

✦成長構造の観察法

【紫外線による結晶構造のイメージ観察装置 Diamond View TM】

天然と合成宝石では成長環境が異なるため、成長累帯構造も違って見える。強い紫外線を宝石に当て、宝石に含まれる不純物の発光現象によって、宝石の成長パターンを観察する装置。特に天然と合成ダイヤモンドの観察に非常に有効な観察法で、エメラルドの割れ目に含浸した樹脂やルビーに含浸した鉛ガラスなども観察できる

索引

筆者による参考論文

PUBLICATIONS

English Articles

Abduriyim, A. (2019)
The Gemological Characteristics of Japanese Freshwater Cultured Pearls from the Lake Kasumigaura
Gemmologie, Zeitschrift der Deutschen Gemmologischen Gesellschaft, Vol. 68, No. 1/2, pp. 60–65.

Abduriyim, A.(2018)
Cultured Pearls from Lake Kasumigaura : Production and Gemological Characteristics
Gems & Gemology, Vol. 54, No. 2, pp. 166–183.

Abduriyim, A. (2018)
Gem Zircon and Sapphire Ages and Origins, New England Sapphires Fields, New South Wales, Australia
22nd Meeting of IMA, Book of Abstract, Melbourne, Australia.
Abstract No. 126, pp. 317.

Abduriyim, A. (2017)
Trésors d'Orient : la Jadéite du Japon-son histoire et sa gemmologie
Revue de Gemmologie AFG, No. 201, pp. 4–11.

Abduriyim, A., Kazuko, S., Yusuke, K. (2016)
Jadeite Jade from Japan-Its history and Gemology
Gems & Gemology, in press.

Saruwatari, K., Katsurada, Y., Odake, S., **Abduriyim, A.** (2015)
Uranium contents of Hyalite
Gems & Gemology, Vol. 51, No. 4, pp. 431–432.

Sutherland, F.L., Coenraads, R.R., **Abduriyim, A.**, Meffre, S., Hoskin, P.W.O., Giuliani, G., Wuhrer, R., Sutherland, G.B. (2015).
Corundum (sapphire) and zircon relationships, Lava Plains gem fields, NE Australia: Integrated mineralogy, geochemistry, age determination, genesis and geographic typing.
Mineralogical Magazine, Vol.79, No.3, pp. 545-581.

Abduriyim, A., Kamegata, N., Noguchi, N., Kagi, H., Sutherland, F.L., Coldham, T. (2014)
Residual pressure distribution and visualization of mineral inclusion in corundum: "Application of photoluminescence spectroscopy in relation to sapphires from New England, New South Wales, Australia"
The Australian Gemmologist, Vol.25, No.6&7, pp. 245-254.

Sutherland, F.L., **Abduriyim, A.**, Pogson, R.E, Sutherland G., Wuhrer, R. (2014)
Yellow gem plagioclase from Cenozoic basalts, eastern Australia, identity and origin.
The Australian Gemmologist, Vol.25, No.6&7, pp. 231-238.

Abduriyim, A., Sutherland, F.L., Belousova, E. (2012)
U-Pb age and origin of gem zircon from the New England sapphire fields, New South Wales, Australia.
Australian Journal of Earth Science, Vol. 59, No. 7, pp. 1067–1081.

Abduriyim, A., Sutherland F.L., Coldham, T. (2012)
Old days, present and future of Australian gem corundum
The Australian Gemmologiest, Vol.24, No.10, 234-242.

Lim, Y.C., Choi H.M., Lee, B.Y., **Abduriyim, A.** (2012)
Identification of irradiation South Sea cultured pearls using electron spin resonance spectroscopy.
Gems & Gemology, Vol. 48, No. 4, pp. 292–299.

Noguchi, N., **Abduriyim, A.**, Shimizu, I., Kamegata, N., Odake, S., Kagi, H. (2012)
Imaging of residual stress distribution around an inclusion in sapphire by combination of micro-Raman and photoluminescence spectroscopies
Journal of Raman spectroscopy, Vol.44, No.1, 147-154.

Nagase, T., Hori, H., Kitamine, M., Nagashima, M., **Abduriyim, A.**, Kuribayashi, T. (2012)
Tanohataite, LiMn2Si3O8(OH): a new mineral from the Tanohata mine, Iwata Prefrecture, Japan.
Journal of Mineralogical and Petrological Sciences, Vol.107, No.3, 149-154.

Abduriyim, A., McClure, S.F., Rossman, G.R., Leelawatanasuk, T., Hughes, R.W., Laurs, B.M., Lu, R., Isatelle, F., Scarratt, K., Dubinsky, E.V., Douthit, T.R. and Emmett, J.L. (2011)
Research on gem feldspar from the Shigatse region of Tibet.
Gems & Gemology, Vol. 47, No. 2, pp. 167–180.

Abduriyim, A. and Pogson, R. (2011)
Separation of natural red andesine from Tibet and copper-diffused red andesine from China.
GIA: News from Research, 14 pp.

Abduriyim, A., Laurs B., Hughes R., Leelawatanasuk T. and Isatelle F. (2011)
Second field research of andesine mine in Tibet.
Gemmology (in Japanese), Vol. 42, No. 490, pp. 3–5.

Laurs, B.M., **Abduriyim, A.** and Isatelle, F. (2011)
Geology and field studies of reported andesine occurrences in the Shigatse region of Tibet.
GIA: News from Research, 10 pp.

Peretti, A., Bieri, W., Hametner. K., Gunther, D., Hughes, R., **Abduriyim, A.** (2011)
Fluid inclusions confirm authenticity of Tibetan andesine.
InColor, No. 17, Summer, pp. 50–55.

Abduriyim, A. (2011)
Geographic typing of world class Gemstones of metamorphic, magmatic placer origin.
2011 KACG International Symposium on Crystal Growth, proceeding, pp. 103–108.

Abduriyim, A. & Laurs, B.L. (2010)
New Field Research Confirms Tibetan Andesine.
GIA.edu, 1 p.<http://www.gia.edu/research-resources/gems-gemology/Tibetan-andesine.pdf>

Abduriyim, A., Laurs, B.L. et al. (2010)
Andesine in Tibet: A second field study.
InColor, No.15, Fall–Winter, pp. 62–63.

Kitawaki, H., **Abduriyim, A.**, Kawano, J., Okano, M. (2010)
Treated CVD-grown pink synthetic diamond melee.
Gems & Gemology, 46 (1), Gem News International, pp. 68-69

Kitawaki, H; **Abduriyim, A**; Kawano, J; Okano, M. (2010)
Identification of CVD-grown synthetic melee pink diamond.
Gems & Gemology, 46 (1), Gem News International: accepted.

Abduriyim, A. (2009)
The characteristics of red andesine from the Himalaya Highland, Tibet.
The Journal of Gemmology, Vol. 31, No. 5/8, pp. 283-298.

Abduriyim, A; Kimura, H; Yokoyama, Y; Nakozono, H; Wakatsuki, M; Shimizu, T; Tansho, M; Ohki, S. (2009)
Characterization of "Green Amber" with Infrared and Nuclear Magnetic Resonance Spectroscopy.
Gems & Gemology, 45 (3): 158-177 FAL 2009

Abduriyim, A. (2009)
A Mine Trip to Tibet and Inner Mongolia: Gemological Study of Andesine Feldspar.
News from Research. Sept. 10, 2009. http://www.gia.edu/research-resources/news-from-research

Abduriyim, A. (2009)
Green Amber- Characteristics and Treatment.
InColor, Vol.12, pp. 26-31.

Abduriyim, A. (2009)
Natural color Andesine-Labradorite from Tibet and Inner Mongolia.
InColor, Vol.11, pp. 32-36.

Sutherland F.L., **Abduriyim, A.** (2009)
Geological typing of gem corundum: A test case from Australia.
The Journal of Gemmology, Vol. 31, No. 5/8, pp. 203-210.

Abduriyim, A., Kitawaki, H. (2008)
Application of LA-ICP-MS (Laser Ablation System with Inductively Coupled Plasma-Mass Spectrometry) to the Gemological Field.
2008 Third Asia-Pacific Winter Conference on Plasma Spectrochemistry. pp. 68, 11/2008.

Abduriyim, A. (2008)
Gem News International: Visit to andesine mines in Tibet and Inner Mongolia, Gemological properties of andesine collected in Tibet and Inner Mongolia.
Gems & Gemology, 44 (4): 369-373 WIN 2009

Kitawaki, H; **Abduriyim, A**; Okano, M (2008)
Identification of Melee-Size Synthetic Yellow Diamond in Jewelry.
Gems & Gemology, 44 (3): 202-213 FAL 2008

Abduriyim, A., Kobayashi, T., Fukuda, C. (2008)
Identification of Taaffeite and Musgravite Using a Non-destructive Single-Crystal X-ray Diffraction Technique with an EDXRF Instrument.
The Journal of Gemmology, Vol. 31, No. 1/2, pp. 43-54.

Abduriyim, A., Kitawaki, H. (2006)
Applications of LA-ICP-MS (Laser Ablation-Inductively Coupled Plasma-Mass Spectrometry) to the Gemological Field.
Gems & Gemology, 42 (3): 87-88 FAL 2006

Kitawaki, H; **Abduriyim, A.** (2006)
Identification of Heat-treated Corundum.
Gems & Gemology, 42 (3): 84 FAL 2006

Abduriyim, A., Kitawaki, H. (2006)
Applications of Laser Ablation-Inductively Coupled Plasma-Mass Spectrometry (LA-ICP-MS) to Gemology.
Gems & Gemology, 42 (2): 98-118 SUM 2006

Abduriyim, A; Kitawaki, H; Furuya, M; Schwarz, D (2006)
"Paraiba"-Type Copper-Bearing Tourmaline from Brazil, Nigeria, and Mozambique:Chemical Fingerprinting by LA-ICP-MS.
Gems & Gemology, 42 (1): 4-21 SPR 2006

Abduriyim, A., Kitawaki, H. (2006)
Determination of the Origin of Blue Sapphire Using laser Ablation Inductively Coupled Plasma Mass Spectrometry.
The Journal of Gemmology, Vol. 30, No. 1/2, pp. 23-36.

Kanda, H., **Abduriyim, A.**, Kitawaki, H (2005)
Change in Cathodoluminescnece Spectra and Images of Type II High-pressure Synthetic Diamond produced with High Pressure and Temperature Treatment.
DIAMOND AND RELATED MATERIAL, 14: 1928-1931.

Abduriyim, A., Kitawaki, H. (2005)
Application of LA ICP MS (Laser Ablation System with Inductively Coupled Plasma-Mass Spectrometry) to the Gemological Field.
2005 Asia-Pacific Winter Conference on Plasma Spectrochemitry. pp. 93-94, 4/2005.

Abduriyim, A., Kitamura, M. (2002)
Growth Morphology and Change in Growth Conditions of a Spinel-twinned natural Diamond.
JOURNAL OF CRYSTAL GROWTH, Vol. 237-239, pp. 1286-1290.

Abduriyim, A., Kitawaki, H. (2006)
Application of LA-ICP-MS (Laser Ablation System with Inductively Coupled Plasma-Mass Spectrometry) to the Gemological Field.
19th general meeting IMA abstract&programme, Kobe, Japan. pp. A308, 7/2006.

Abduriyim, A., Kitamura, M. (2002)
Re-entrant and Salient Corner Effects of Spinel-twinned Natural Diamond.
18th general meeting IMA abstract&programme, Edinburgh, Scotland. pp. 147, 9/2002.

Abduriyim, A., Kitamura, M. (1998)
Morphology of Spinel –twinned Crystals of Natural Diamond.
17th general meeting IMA abstract&programme, Poster session in university of Toronto, Canada. pp. A83, 8/1998.

Yang Fuxu., **Abduriyim, A.** (1994)
Honten jade and its marketing
Journal of China Gemstone, Vol.1, pp.81-84.

和文論文・研究報告

Japanese Articles and Research reports

阿依 アヒマディ (2019)
日本の国石―糸魚川のヒスイ：歴史と特徴
CGL通信、第48号刊、pp.7-18.

阿依 アヒマディ、ジョン コイヴラ (2015)
合成宝石の技術進化―合成コランダム
宝石の四季 (FOUR SEASONS OF JEWELRY)、第229号季刊、pp.40-42.

阿依 アヒマディ、Wuyi Wang (2013)
合成ダイヤモンドの現状および、その合成法
宝石の四季(FOUR SEASONS OF JEWELRY)、第224号季刊、pp.36-39.

阿依 アヒマディ、ジョン キング (2013)
GIAラボにおけるカラーダイヤモンドの鑑定現状
宝石の四季(FOUR SEASONS OF JEWELRY)、第223号季刊、pp.72-75.

岡野 誠、**阿依 アヒマディ (Ahmadjan Abduriyim)** (2010)
トラピッチェ・スピネル
GEMMOLOGY、第41巻2月号通巻第485号、pp.14-15.

小林 泰介、**阿依 アヒマディ** (2010)
天然カバンサイトと天然ペンタゴナイト
GEMMOLOGY、第41巻1月号通巻第484号、pp.13-15.

阿依 アヒマディ、横山 幸弘、中園 広行、若槻 雅男、清水 禎、丹所 正孝、大木 忍 (2009)
いわゆる"グリーン・アンバー"のFT-IRおよび13C-NMR分光分析による分子構造の研究
日本琥珀研究会会誌「こはく」、No.8.

阿依 アヒマディ、北脇 裕士、赤松 蔚 (2009)
様々な養殖用真珠核素材の分析例
GEMMOLOGY、第40巻11月号通巻第482号、pp.22-27.

小林 泰介、**阿依 アヒマディ** (2009)
スティブナイト(輝安鉱)を内包した天然ロック・クリスタル
GEMMOLOGY、第40巻10月号通巻第481号、pp.6.

李 宝炫、**阿依 アヒマディ**、 岡野 誠、川野 潤 (2009)
ダイヤモンド合成技術の最先端：大阪大学伊藤研究室で合成されたCVDダイヤモンドの分析
GEMMOLOGY、第40巻10月号通巻第481号、pp.23-25.

阿依 アヒマディ、岡野 誠 (2009)
コーティング処理されたブロック・スピネル
GEMMOLOGY、第40巻5月号通巻第476号、pp.2-3.

岡野 誠、**阿依 アヒマディ** (2009)
コーティング処理されたゾイサイト(タンザナイト)
GEMMOLOGY、第40巻3月号通巻第474号、pp.2-3.

岡野 誠、北脇 裕士、**阿依 アヒマディ**、川野 潤 (2009)
天然オンファサイト
GEMMOLOGY、第40巻3月号通巻第474号、pp.24-27.

Hyun Min Choi、Young Chool Kim、Sunki Kim、**阿依 アヒマディ** (2009)
窒素イオンにより黒色化されたブラック・ダイヤモンドと照射処理グリーン・ダイヤモンドについての研究
GEMMOLOGY、第40巻2月号通巻第473号、pp.2-6.

阿依 アヒマディ (2009)
チベットおよび内モンゴル産アンデシン
GEMMOLOGY、第40巻1月号通巻第472号、pp.2-5.

阿依 アヒマディ (2009)
いわゆる"グリーン・アンバー"のFT-IRおよび13C-NMR分光分析による研究-2-
GEMMOLOGY、第40巻1月号通巻第472号、pp.24-27.

阿依 アヒマディ (2008)
いわゆる"グリーン・アンバー"のFT-IRおよび13C-NMR分光分析による研究-1-
GEMMOLOGY、第39巻12月号通巻第471号、pp.22-27.

小林 泰介、**阿依 アヒマディ** (2008)
天然シャッタカイトと天然プランシェアイト
GEMMOLOGY、第39巻11月号通巻第470号、pp.4-5.

川野 潤、**阿依 アヒマディ** (2008)
最新のDTC-DiamondViewTMを用いたダイヤモンドの観察
GEMMOLOGY、第39巻10月号通巻第469号、pp.24-27.

北脇 裕士、**阿依 アヒマディ** (2008)
Be拡散処理コランダムの鑑別-最近の進展について-
GEMMOLOGY、第39巻9月号通巻第468号、pp.24-27.

阿依 アヒマディ、北脇 裕士 (2008)
新産地：タンザニアWinza産のルビー
GEMMOLOGY、第39巻8月号通巻第467号、pp.4-7.

阿依 アヒマディ (2008)
Cu(銅)を含有する"パライバ・カラー"の合成ベリル
GEMMOLOGY、第39巻6月号通巻第465号、pp.26-27.

小林 泰介、**阿依 アヒマディ** (2008)
"MexiFire"および"PeruBlu"と呼ばれる合成オパール
GEMMOLOGY、第39巻5月号通巻第464号、pp.2-3.

阿依 アヒマディ (2008)
ブルー・アラゴナイト
GEMMOLOGY、第39巻2月号通巻第461号、pp.2-3.

阿依 アヒマディ (2008)
ブルー・サファイアの処理："Super Diffusion Tanusorn"コバルト着色された鉛ガラス処理
GEMMOLOGY、第39巻1月号通巻第460号、pp.16-18.

北脇 裕士、**阿依 アヒマディ**、岡野 誠 (2007)
合成ダイヤモンドの鑑別
材料の科学と工学、第44巻第3号、pp.85-88.

川野 潤、**阿依 アヒマディ** (2007)
天然ジョウハチドーライト
GEMMOLOGY、第38巻12月号通巻第459号、pp.12-14.

阿依 アヒマディ、小林 泰介、福田 千紘(2007)
"MexiFire"および"PeruBlu"と呼ばれる合成オパール
GEMMOLOGY、第38巻11月号通巻第458号、pp.11-15.

北脇 裕士、**阿依 アヒマディ**、岡野 誠 (2007)
合成ダイヤモンド鑑別の現状(1)
GEMMOLOGY、第38巻9月号通巻第456号、pp.12-15.

北脇 裕士、**阿依 アヒマディ**、岡野 誠 (2006)
Be拡散処理ブルー・サファイアの現状について
GEMMOLOGY、第37巻12月号通巻第447号、pp.23-27.

岡野 誠、北脇 裕士、**阿依 アヒマディ** (2006)
最近のラボ・トピックス
GEMMOLOGY、第37巻10月号通巻第445号、pp.21-25.

阿依 アヒマディ、北脇 裕士、古屋正司、デイートマーシュワルツ (2006)
ブラジル、ナイジェリア及びモザンビーク産Cu(銅)"パライバ"タイプ・トルマリン：LA-ICP-MSによるケミカル・フィンガープリント
GEMMOLOGY、第37巻7月号通巻第442号、pp.19-24.

北脇 裕士、**阿依 アヒマディ**、岡野 誠 (2005)
加熱コランダムの鑑別
GEMMOLOGY、第36巻9月号通巻第432号、pp.24-27.

阿依 アヒマディ、北脇 裕士 (2005)
"センター・クロス"ダイヤモンドの観察
GEMMOLOGY、第36巻5月号通巻第428号、pp.4-9.

北脇 裕士、**阿依 アヒマディ**、岡野 誠 (2005)
CVD合成ダイヤモンドの鑑別(2)
GEMMOLOGY、第36巻4月号通巻第427号、pp.4-8.

北脇 裕士、**阿依 アヒマディ**、岡野 誠 (2005)
CVD合成ダイヤモンドの鑑別(1)
GEMMOLOGY、第36巻3月号通巻第426号、pp.4-7.

阿依 アヒマディ、北脇 裕士、岡野 誠 (2005)
新種のバイオレット・カルセドニー
GEMMOLOGY、第36巻2月号通巻第425号、pp.4-7.

阿依 アヒマディ、伊藤 映子、北脇 裕士、岡野 誠 (2004)
LA-ICP-MS(誘導結合プラズマ質量分析)法の真珠核判別への応用
GEMMOLOGY、第35巻12月号通巻第423号、pp.24-27.

神田 久生、北脇 裕士、**阿依 アヒマディ** (2004)
ダイヤモンドの塑性変形とカソード・ルミネセンス・スペクトル-ダイヤモンドのHPHT処理-
GEMMOLOGY、第35巻11月号通巻第422号、pp.4-7.

阿依 アヒマディ、北脇 裕士 (2004)
LA-ICP-MS(誘導結合プラズマ質量分析)法の宝石分野への応用
GEMMOLOGY、第35巻10月号通巻第421号、pp.23-27.

北脇 裕士、**阿依 アヒマディ**、岡野 誠 (2004)
合成ダイヤモンド鑑別の現状
GEMMOLOGY、第35巻9月号通巻第420号、pp.4-7.

北脇 裕士、**阿依 アヒマディ**、岡野 誠 (2004)
カシミール・ルビー
GEMMOLOGY、第35巻7月号通巻第418号、pp.22-24.

阿依 アヒマディ、北脇 裕士 (2004)
LA-ICP-MS分析法を用いたブルー・サファイアの産地同定の研究
GEMMOLOGY、第35巻6月号通巻第417号、pp.4-7.

阿依 アヒマディ、北脇 裕士 (2004)
ルビー・イン・ファクサイト
GEMMOLOGY、第35巻4月号通巻第415号、pp.4-7.

志田 淳子、北脇 裕士、**アヒマディジャン・アブドレイム** (2004)
新しい技法によるコランダムの加熱処理
宝石学会誌、第24巻第1-4号、pp.13-23.

アヒマディジャン・アブドレイム、北脇 裕士 (2003)
LA-ICP-MS装置を用いたCsピンク"ベリル"の分析
GEMMOLOGY、第34巻12月号通巻第411号、pp.24-26.

アヒマディジャン・アブドレイム、北脇 裕士、志田 淳子 (2003)
LA-ICP-MS(誘導結合プラズマ質量分析)装置を用いた新技法コランダムの分析
GEMMOLOGY、第34巻11月号通巻第410号、pp.4-7.

アヒマディジャン・アブドレイム、北脇 裕士 (2003)
ラボラトリーの技法-9
GEMMOLOGY、第34巻7月号通巻第406号、pp.22-23.

アヒマディジャン・アブドレイム、北村 雅夫 (2003)
スピネル双晶した天然ダイヤモンドの凹入角およびSalient corner効果(2)
GEMMOLOGY、第33巻12月号通巻第399号、pp.4-6.

アヒマディジャン・アブドレイム、北村 雅夫 (2003)
スピネル双晶した天然ダイヤモンドの凹入角およびSalient corner効果(1)
GEMMOLOGY、第33巻11月号通巻第398号、pp.24-26.

Ahmadjan Abduriyim、北村 雅夫 (1998)
スピネル型diamond双晶的形態
日本鉱物学会1998年度会論文集、pp.61, 10/1998.

湊 淳一、**Ahmadjan Abduriyim**、下林 典正、北村 雅夫 (1998)
多結晶組織解析用X線分析顕微鏡の開発および応用
日本鉱物学会1998年度会論文集、pp.104, 10/1998.

謝辞

これまで株式会社GSTVにおいて、「宝石の科学」というタイトルで番組ガイド誌『GSTV FAN』にて、愛好家や宝石初心者の方に向けた宝石の基礎知識や歴史、原産地などの最新情報を含めた記事を執筆してきました。ご覧になった多くの方々から記事を書籍にまとめてほしい、宝石に関する知識をもっと学びたい、という声をいただいたため、これまでの内容に加えてさらに重要な基礎知識や鉱山の現状、宝石の最新処理などに関する情報を集大成し、『宝石学』というタイトルで刊行することにいたしました。

書籍の企画と編集担当の株式会社アーク・コミュニケーションズの成田潔氏と平澤香織氏に感謝をいたします。また『GSTV FAN』誌の作成にご協力いただいたアロウズ株式会社にお礼を申し上げます。特に宝石試料の撮影では、近山哲也氏及び近山晶宝石研究所から多大なご協力をいただきました。また日々の研究に対する家族の励ましが何よりの支えとなりました。

下記の宝石研究機関や会社、個人の方からサンプルや写真などを提供していただきました。使用を許可してくださったことに、心よりお礼を申し上げます。

国内

株式会社GSTV
日本宝石協会
日独宝石研究所
翡翠原石館
諏訪貿易株式会社
株式会社ミユキ
株式会社インフィニティ
株式会社BS-TBS
Tokyo Gem Science LLC 阿依 サリタナ氏
東京大学総合研究博物館 三河内 岳教授

海外

Gemological Institute of America (GIA)
Pala International
The Bahrain Institute for Pearls and Gemstones (DANAT) Laboratory / Kenneth Scarratt
Field Gemologist & Consultant / Vincent Pardieu
Lotus Gemology / Richard W. Hughes
The University of Tehran / Bahareh Shirdam
Gemological Institute of Myanmar (GIM) / Wai Win
Gem Diamonds Ltd. / Lesotho Diamond Mine
Namdeb Diamond Corporation Ltd.
Turkey Topkapi Palace Museum
Matter Jewelers

最後に、本書の製作にあたり、GSTVスタッフからの多大なご支援に感謝いたします。

フィールド取材　今橋徹、三宅智明、川口安里、佐々木陽介
試料撮影　近山哲也、柏原智、佐藤英二
編集協力　江口由美、長谷川洋

阿依　アヒマディ　Dr.Ahmadjan Abduriyim

理学博士。Tokyo Gem Science 社の代表であり GSTV 宝石学研究所の所長。FGA 資格を持ち、宝石学における研究、教育セミナー、宝石鑑別などの技術サポートを行っている。2002 年に京都大学地球惑星科学専攻の博士課程を修了し、全国宝石学協会で研究主幹として活動する。天然、合成および処理ダイヤモンド、有色宝石と真珠などの研究と鑑別を行う。2011 年に GIA に入社し、2012 年から 2016 年 3 月まで、GIA Tokyo ラボの Senior Scientist および Tokyo ラボのカラーストーン鑑別部門の Senior Manager として勤務。

17 年間の研究活動を通じて、宝石の天然合成の鑑別、諸宝石の原産地同定の研究や LA-ICP-MS(レーザーアブレーション誘導結合プラズマ質量分析) 法の宝石学における応用を開発。多数の学術論文を国内外の学術誌に発表し、Gems & Gemology 学術誌の Dr. Edward J. Gübelin Most Valuable Article Award を二度受賞、各学術学会において数度の最優秀発表賞を授与される。

編集	平澤香織、成田潔（株式会社アーク・コミュニケーションズ）
おもな撮影	近山哲也
おもな写真協力	GIA、Pala International、 Field Gemologist & Consultant、Lotus Gemology、 株式会社 GSTV、Tokyo Gem Science LLC、 全国宝石学協会 Gemmology、Shutterstock
校正	大道寺ちはる
図版	すどうまさゆき、大竹裕之（アロウズ株式会社）
装丁・デザイン	小西幸子
協力	Tokyo Gem Science LLC、株式会社 GSTV

※本書の内容は 2019 年 8 月現在のものです
※本書で掲載している宝石の写真は印刷加工により実物と異なる場合があります

アヒマディ博士の
宝石学

2019 年 8 月 15 日　初版発行
2021 年 5 月 15 日　第二刷発行

著　者　阿依　アヒマディ　©Ahmadjan Abduriyim
発行人　川口渉

発行所　株式会社アーク出版
〒102－0072　東京都千代田区飯田橋 2-3-1 東京フジビル 3F
TEL.03-5357-1511　FAX.03-5212-3900
制　作　株式会社アーク・コミュニケーションズ
印刷所　新灯印刷株式会社

ISBN　978-4-86059-206-6